# 土木工程材料试验精编

施惠生 郭晓潞 主编

中国建材工业出版社

图书在版编目(CIP)数据

土木工程材料试验精编/施惠生,郭晓潞主编. —北京:中国建材工业出版社,2010.8
 ISBN 978-7-80227-803-5

Ⅰ.①土… Ⅱ.①施… ②郭… Ⅲ.①土木工程—建筑材料—实验 Ⅳ.①TU5-33

中国版本图书馆 CIP 数据核字（2010）第 115995 号

## 内 容 简 介

本书精选了与土木工程材料密切相关的 42 个试验,内容涉及土木工程材料的众多领域,包括材料性能的检测、材料制备和生产过程中工艺技术参数的测定,以及与土木工程材料研究、开发直接相关的部分基础试验。全书分为土木工程材料的基本性质试验、水泥试验、石灰和石膏试验、建筑砂浆和混凝土试验、建筑结构材料与功能材料试验五章。书末还收录了本书引用和涉及的有关标准、规范的目录,便于读者查询。

本书适合从事土木工程材料相关领域的设计、生产、施工、研究、教学、管理、监理等工作的各类技术人员使用,也可作为高等院校土木工程专业和其他相关专业的实验教学用书或教学参考书。

**土木工程材料试验精编**
施惠生　郭晓潞　主编

出版发行：中国建材工业出版社
地　　址：北京市西城区车公庄大街 6 号
邮　　编：100044
经　　销：全国各地新华书店
印　　刷：北京鑫正大印刷有限公司
开　　本：787mm×1092mm　1/16
印　　张：16.5
字　　数：407 千字
版　　次：2010 年 8 月第 1 版
印　　次：2010 年 8 月第 1 次
书　　号：ISBN 978-7-80227-803-5
定　　价：38.00 元

本社网址：www.jccbs.com.cn
本书如出现印装质量问题,由我社发行部负责调换。联系电话：(010) 88386906

# 前　言

随着社会和科技的发展，建筑物的规模、功能、造型和相应的建筑技术越来越大型化、复杂化和多样化。在我国的现代化建设中，土木工程业已成为国民经济发展的支柱产业。现代土木工程不断地为人类社会创造崭新的物质环境，成为人类社会现代文明的重要组成部分。土木工程材料是材料科学的一个重要分支。材料、能源和信息一起组成了客观世界的三大要素，材料的发展已成为人类发展时代的重要标志，正是由于人类对材料认识的不断深入，才使得人类从石器时代走进了信息时代。对土木工程的发展起关键作用的，首先是作为工程物质基础的土木工程材料，每当出现新的、优良的土木工程材料时，土木工程就会有飞跃式的发展。

土木工程材料试验在土木工程发展中占有举足轻重的地位。现代科学技术同试验同步发展，试验已成为科学发展的重要基础，成为科学研究的重要组成。从某种意义上来说，可以认为土木工程材料是一门试验科学，土木工程新材料的开发离不开试验研究。土木工程材料试验不仅是评定和控制土木工程材料质量的依据和必要手段，也是节能减排，保证土木工程质量的重要措施。

近几年来，土木工程材料发展很快，新材料、新工艺、新技术不断涌现，大量的技术标准、规范相继更新和颁布，为适应时代的发展需求，与时俱进，我们应中国建材工业出版社之邀编写了《土木工程材料试验精编》这本书。本书具有三大特点：1. 及时性。本书广泛引用了国家和行业的最新的标准、规范，并考虑了我国标准向国际标准靠拢和接轨的趋势。2. 实践性。本书编写过程中还广泛听取了来自教学、科研、工程第一线的专家和技术人员的意见，从不同的角度详细介绍了各种土木工程材料的试验方法，使之更适合土木工程材料试验的不同需求。3. 实用性。本书精选了土木工程材料领域最常用的42个试验，包括材料性能的检测、材料制备和生产过程中工艺技术参数的测定，以及与土木工程材料研究、开发直接相关的部分基础试验，适合从事土木工程材料相关领域的设计、生产、施工、研究、教学、管理、监理等工作的各类技术人员使用。

同济大学以土木工程见长并闻名于世，在"城市，让生活更美好"的中国2010上海世界博览会举办之际，我们编写这本书，以期为城市建设和土木工程材料的发展尽微薄之力。本书由同济大学环境材料研究所所长、博士生导师施惠生教授和郭晓潞博士主编，参加编写的人员还有王程、吴凯、陈邦威、宗永红、朱瑜凯、韩曦、苏钦、林茂松、李东峰、黄昆生、阚黎黎、沙丹丹。本书由中国建材工业出版社组稿，本书的出版得到了吕佳丽编辑的大力帮助，在此我们表示衷心感谢。

由于编者水平和时间有限，书中难免有疏漏和不当之处，敬请广大读者批评指正。

编　者
2010年5月于同济园

# 目 录

**第1章 土木工程材料的基本性质试验** ........................................ 1

1.1 真实密度、表观密度、容积密度和吸水率试验 ........................ 1
1.2 水分、烧失量和不溶物的测定 ................................................ 4

**第2章 水泥试验** ............................................................................. 8

2.1 水泥生料中碳酸钙滴定值的测定 ............................................. 8
2.2 物料易磨性的测定 ................................................................... 11
2.3 水泥生料易烧性的测定 ........................................................... 15
2.4 水泥熟料中游离氧化钙的测定 ................................................ 17
2.5 水泥中三氧化硫的测定 ........................................................... 20
2.6 水泥混合材的检验 ................................................................... 30
2.7 水泥细度的检验 ....................................................................... 37
2.8 水泥比表面积的测定 ............................................................... 39
2.9 水泥标准稠度用水量、凝结时间、安定性的测定 .................... 44
2.10 水泥胶砂强度检验 ................................................................. 49
2.11 水泥胶砂流动度的测定 ......................................................... 54
2.12 水泥水化过程的观测——显微镜法 ....................................... 56
2.13 用结合水法测定水泥水化速度 .............................................. 57
2.14 水泥水化热的测定 ................................................................. 62
2.15 水泥石中氢氧化钙的分析 ..................................................... 68
2.16 膨胀水泥膨胀性能的测定 ..................................................... 71
2.17 硬化自应力水泥中剩余石膏量的分析 .................................. 74
2.18 水泥-水体系减缩试验 ........................................................... 76

**第3章 石灰和石膏试验** ................................................................. 78

3.1 生石灰消化速度的测定 ........................................................... 78
3.2 建筑石膏标准稠度用水量和强度的测定 ................................. 80

**第4章 建筑砂浆和混凝土试验** ...................................................... 83

4.1 建筑砂浆基本性能试验 ........................................................... 83
4.2 混凝土用骨料试验 ................................................................... 97

4.3 普通混凝土拌合物稠度和表观密度测定 …………………………… 117
4.4 普通混凝土力学性能试验 …………………………………………… 120
4.5 混凝土耐久性试验 …………………………………………………… 134
4.6 混凝土外加剂性能试验 ……………………………………………… 173
4.7 高强高性能混凝土用矿物外加剂试验 ……………………………… 180
4.8 水泥和混凝土用粒化高炉矿渣微粉检测 …………………………… 184
4.9 水泥和混凝土用粉煤灰检测 ………………………………………… 188
4.10 预应力高强混凝土管桩用硅砂粉试验 …………………………… 194

# 第5章 建筑结构材料与功能材料试验 …………………………………… 197

5.1 钢筋拉伸和弯曲试验 ………………………………………………… 197
5.2 木材含水率和顺纹强度试验 ………………………………………… 201
5.3 烧结普通砖抗压强度试验 …………………………………………… 207
5.4 石油沥青试验 ………………………………………………………… 210
5.5 沥青混合料表观密度、稳定度试验 ………………………………… 215
5.6 建筑密封材料试验 …………………………………………………… 221
5.7 建筑防水涂料试验 …………………………………………………… 232
5.8 绝热材料稳态热性能试验 …………………………………………… 237
5.9 建筑吸声产品吸声系数测量试验 …………………………………… 242
5.10 建筑材料色度、白度和光泽度测定 ……………………………… 246

附录 本书引用与涉及的有关标准 ………………………………………… 255

参考文献 …………………………………………………………………… 257

# 第1章 土木工程材料的基本性质试验

## 1.1 真实密度、表观密度、容积密度和吸水率试验

土木工程材料的基本性质很多，相应的试验方法也很多，而且对于不同材料同一性质的测试方法也各有差异，但其基本原理是一致的。本试验主要列举了块状石材的密度、表观密度、孔隙率、吸水率的基本测试方法。通过试验，不仅可以熟悉和掌握材料的基本试验方法，而且可以更好地了解材料的基本性质。

### 1.1.1 试验目的

测定密度、表观密度和容积密度，计算孔隙率、吸水率，了解材料的基本性质。

### 1.1.2 采用标准

《天然饰面石材试验方法 第3部分：体积密度、真密度、真气孔率、吸水率试验方法》（GB/T 9966.3—2001）。

### 1.1.3 试验设备

1. 电热干燥箱：温度可控制在（105±2）℃范围内；干燥器。
2. 天平：最大称量1000g，感量10mg；最大称量200g，感量1mg。
3. 比重瓶：容积25~30mL，如图1-1所示。
4. 63μm标准筛。

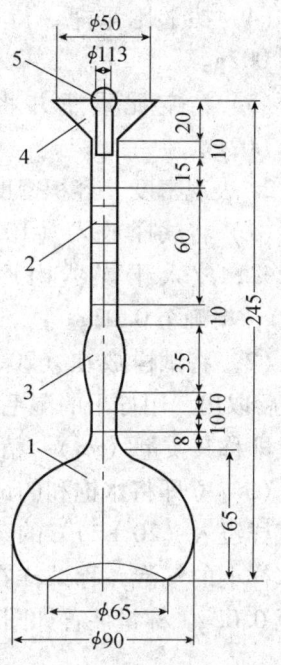

图1-1 比重瓶
1—底瓶；2—细颈；3—鼓形扩大颈；
4—喇叭形漏斗；5—玻璃磨口塞

### 1.1.4 试样及其制备

1. 密度、孔隙率试样

取洁净样品1000g左右，并将其破碎成小于5mm的颗粒，以四分法缩分到150g，再用瓷研钵研磨成可通过63μm标准筛的粉末。

2. 表观密度、容积密度、吸水率试样

试样为边长50mm立方体或直径、高度均为50mm的圆柱体。每组5块。试样不允许有裂纹。

### 1.1.5 试验步骤

**1. 密度、孔隙率测定试验**

(1) 将试样装入称量瓶中,放入 (105±2)℃干燥箱内,干燥 4h 以上,取出,放入干燥器内冷却至室温。

(2) 称取三份试样,每份 10g($m'_0$),精确至 0.002g。每份试样分别装入洁净的比重瓶中。

(3) 向李氏比重瓶内注入蒸馏水,其体积不超过比重瓶容积的一半,将比重瓶放入水浴中煮沸 10~15min 或将比重瓶放在真空干燥器内,以排除试样中的气泡。

(4) 擦干比重瓶,待冷却至室温后,用蒸馏水装至标记处,称质量($m'_2$),精确至 0.002g。

(5) 清空比重瓶并将其冲洗干净,用蒸馏水装至标记处,称质量($m'_1$),精确至 0.002g。

**2. 表观密度、容积密度测定试验**

(1) 将试样放入 (105±2)℃电热干燥箱内干燥至恒重,连续两次质量之差小于 0.02%,放入干燥器内冷却至室温,称其质量($m_0$),精确至 0.02g。

(2) 将试样放在 (20±2)℃的蒸馏水中浸泡 48h 后取出,用拧干的湿毛巾擦去试样表面的水分,并立即称其质量($m_1$),精确至 0.02g。

(3) 立即将水饱和的试样置于网篮中,将网篮与试样浸入 (20±2)℃的蒸馏水中,小心除去网篮和试样上的气泡,称试样在水中的质量($m_2$),精确至 0.02g。称量装置如图 1-2 所示。

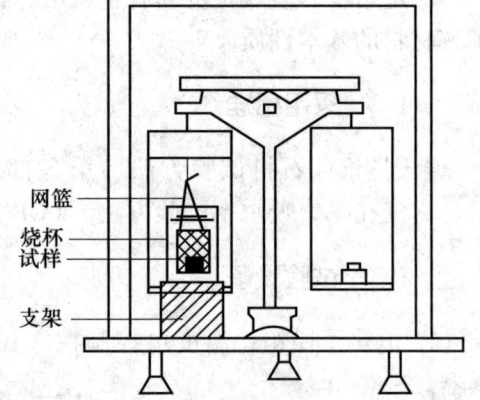

图 1-2 称量($m_2$)装置示意图

### 1.1.6 结果计算

**1. 密度**

密度 $\rho$(又称真密度、绝对密度,g/cm³)是材料在绝对密实状态下单位体积的质量,按下式计算(三位有效数字):

$$\rho = \frac{m'_0}{V_0} = \frac{m'_0 \rho_\omega}{m'_1 - m'_2} \tag{1-1}$$

式中 $m'_0$——干粉试样在空气中的质量,g;
$V_0$——干粉试样的体积,cm³;
$m'_1$——只装蒸馏水的比重瓶质量,g;
$m'_2$——装粉样加水的比重瓶质量,g;
$\rho_\omega$——试验时室温水的密度,g/cm³。

计算精度为 0.01g/cm³,以两次试验结果的算术平均值作为测定值。两次结果相差不应大于 2%。

2. 表观密度、容积密度

表观密度 $\rho'$（又称视密度、近似密度，$g/cm^3$）表示材料单位细观外形体积（包括内部封闭孔隙）的质量，按下式计算（三位有效数字）：

$$\rho' = \frac{m_0}{V'} = \frac{m_0 \rho_\omega}{m_0 - m_2} \tag{1-2}$$

容积密度 $\rho_0$（又称体积密度、表观毛密度、容重，$g/cm^3$）表示材料单位宏观外形体积（包括内部封闭孔隙和开口孔隙）的质量，按下式计算（三位有效数字）：

$$\rho_0 = \frac{m_0}{V_0} = \frac{m_0 \rho_\omega}{m_1 - m_2} \tag{1-3}$$

上两式中　　$V'$——材料细观外形体积，$cm^3$；

　　　　　　$V_0$——材料宏观外形体积，$cm^3$；

　　　　　　$m_0$——干燥试样在空气中的质量，g；

　　　　　　$m_1$——水饱和试样在空气中的质量，g；

　　　　　　$m_2$——水饱和试样在水中的质量，g。

3. 孔隙率

总孔隙率 $P(\%)$ 按下式计算（两位有效数字）：

$$P = \left(1 - \frac{\rho_0}{\rho}\right) \times 100\% \tag{1-4}$$

开口孔孔隙率 $P_K(\%)$ 按下式计算（两位有效数字）：

$$P_K = \frac{V_K}{V_0} = \frac{m_1 - m_0}{V_0 \rho_\omega} \times 100\% \tag{1-5}$$

闭口孔孔隙率 $P_B(\%)$ 按下式计算（两位有效数字）：

$$P_B = \frac{V_B}{V_0} = \frac{(V_0 - V) - V_K}{V_0} = P - P_K \tag{1-6}$$

式中　　$V_K$——开口孔孔隙体积，$cm^3$；

　　　　$V_B$——闭口孔孔隙体积，$cm^3$。

4. 吸水率

吸水率 $W(\%)$ 按下式计算（两位有效数字）：

$$W = \frac{m_1 - m_0}{m_0} \times 100\% \tag{1-7}$$

## 1.2 水分、烧失量和不溶物的测定

### 1.2.1 试验目的

为进行配料计算和物料平衡计算,需要测定物料附着水分的百分含量,以及将水泥原料的化学组成换算成灼烧基,故需要对水分和烧失量进行测定;不溶物是衡量水泥质量的一项不可忽视的指标,通过对不溶物的测定能判断熟料煅烧质量的好坏。

### 1.2.2 采用标准

《水泥化学分析方法》(GB/T 176—2008)。

### 1.2.3 试验设备

1. 天平:一台天平的分度值为 0.1g;另一台的分度值为 0.0001g。
2. 红外线灯:250W。
3. 铂、瓷坩埚:带盖,容量 20~30mL。
4. 干燥器:内装变色硅胶。
5. 干燥箱:可控制温度 (105±5)℃。
6. 高温炉:隔焰加热炉,在炉膛外围进行电阻加热。应使用温度控制器准确控制炉温,可控制温度 (700±25)℃、(800±25)℃、(950±25)℃。
7. 蒸汽水浴。
8. 滤纸:快速、中速、慢速三种型号的定量滤纸。
9. 玻璃器皿:滴定管、容量瓶、移液管、烧杯、表面皿、平头玻璃棒。

### 1.2.4 试剂与材料

1. 盐酸 (HCl):1.18~1.19g/cm$^3$,质量分数 36%~38%。
2. 硝酸铵溶液 (20g/L):将 2g 硝酸铵 ($NH_4NO_3$) 溶于水中,加水稀释至 100mL。
3. 氢氧化钠溶液 (10g/L):将 10g 氢氧化钠溶于水,加水稀释至 1L,贮存于塑料瓶中。
4. 甲基红指示剂溶液 (2g/L)。

### 1.2.5 水分的测定

矿物和岩石中的水分,一般以附着水和化合水两种形态存在。附着水不是物质的固有组成部分,其含量与其细度以及周围空气的湿度有关。化合水有结晶水和结构水两种形式:结晶水是以 $H_2O$ 分子状态存在于物质的晶格中(如二水石膏 $CaSO_4 \cdot 2H_2O$),通常在400℃以下加热便可完全除去;结构水是以化合态的氢和氢氧基的形式存在于物质的晶格中,一般需加热到高温才能分解并放出水分。

附着水分通常在 105~110℃下就能除掉,在测定矿物和岩石中的附着水分时,可将试样在 105~110℃下烘干至恒重。天然二水石膏由于其失去结晶水的温度较低,在 80~90℃

时即可开始分解成半水石膏,故测定其附着水通常在50~60℃的温度下进行。

水泥在吸水后,熟料矿物即发生水化,水以化合水形态存在,在105~110℃下不可能将其烘出。有时掺入水泥中的混合材含水量较大。水分的存在实际上是降低了水泥的有效质量,影响了水泥的品质,此水分应包括在烧失量的测定中,不应另行扣除。

物料水分的测定就是测定物料附着水分的百分含量。

1. 用干燥箱测定水分

用分度值为0.1g的天平准确称取试样50g,倒入小盘内,对于一般的物料,放于105~110℃的恒温控制的干燥箱中烘干至恒重,取出冷却后称量。对石膏等物料,控制温度应根据物料性质另定。

物料中水分的质量百分含量按下式计算:

$$X = \frac{m - m_1}{m} \times 100 \qquad (1\text{-}8)$$

式中　$m$——烘干前试样的质量,g;
　　　$m_1$——烘干后试样的质量,g。

2. 用红外干燥仪测定水分

用分度值为0.1g的天平称取试样50g,置于已知质量的小盘内,放在250W红外线灯下3cm处烘10min左右(湿物料需20~30min)。取下,置于干燥器内冷却后称量,计算公式同上。

用红外线干燥仪烘干水分时,严防冷物触灯,以免引起灯泡爆裂。

3. 注意事项

(1) 石膏附着水分测定时烘干温度应为50~60℃,不得使用红外线干燥仪。

(2) 测定时尽量采用物料的粉体试样,大块样品应先破碎至1cm以下再测定。

### 1.2.6　烧失量的测定——灼烧差减法

1. 方法提要

试样在(950±25)℃的高温炉中灼烧,驱除二氧化碳和水分,同时将存在的易氧化的元素氧化。通常矿渣硅酸盐水泥应对由硫化物的氧化引起的烧失量的误差进行校正,而其他元素的氧化引起的误差一般可忽略不计。

2. 分析步骤

称取约1g试样,精确至0.0001g,放入已灼烧恒重的容量为20~30mL的带盖瓷坩埚中,将盖斜置于坩埚上,放在高温炉内,从低温开始升高温度,在(950±25)℃下灼烧15~20min,取出坩埚置于内置变色硅胶的干燥器中冷却至室温,称量。如此反复灼烧,直至恒重。

3. 结果的计算与表示

(1) 烧失量的计算

烧失量的质量百分含量$X_{LOI}$按下式计算:

$$X_{LOI} = \frac{m - m_1}{m} \times 100 \qquad (1\text{-}9)$$

式中　$X_{LOI}$——烧失量的质量百分含量，%；
　　　$m$——灼烧前试样的质量，g；
　　　$m_1$——灼烧后剩余物的质量，g。

（2）矿渣硅酸盐水泥和掺入大量矿渣的其他水泥烧失量的校正

称取两份试样，一份用来直接测定其中的三氧化硫含量；另一份则按测定烧失量的条件于（950±25）℃下灼烧15~20min，然后测定灼烧后的试样中的三氧化硫含量。

根据灼烧前后三氧化硫含量的变化，矿渣硅酸盐水泥在灼烧过程中由于硫化物氧化引起的烧失量的误差可按下式进行校正：

$$W'_{LOI} = W_{LOI} + 0.8 \times (W_{后} - W_{前}) \quad (1\text{-}10)$$

式中　$W'_{LOI}$——校正后烧失量的质量分数，%；
　　　$W_{LOI}$——实际测定的烧失量质量分数，%；
　　　$W_{前}$——灼烧前试样中三氧化硫的质量分数，%；
　　　$W_{后}$——灼烧后试样中三氧化硫的质量分数，%。

4. 注意事项

（1）灼烧应该从低温升起达到规定温度并保温半小时以上。含碱量大的试样常会侵蚀瓷坩埚而造成误差，因此这样的试样应在容量为20~30mL的带盖铂坩埚中测定。含煤量大的生料更要避免直接在高温下进行灼烧。

（2）为了正确反映灼烧基化学组分，烧失量试样和进行全分析的试样应同时称取。

（3）在对水泥试样进行烧失量测定时应直接取样测定，不能将水泥试样先经过烘样处理后再称样测定。

### 1.2.7　不溶物的测定——盐酸-氢氧化钠处理

1. 方法提要

试样先以盐酸溶液处理，尽量避免可溶性的二氧化硅的析出，滤出的不溶渣再以氢氧化钠溶液处理，进一步溶解可能已沉淀的痕量二氧化硅，以盐酸中和、过滤后，残渣经灼烧后称量。

2. 分析步骤

（1）称取约1g试样，精确至0.0001g，置于150mL烧杯中，加入25mL水，搅拌使试样完全分散，在不断搅拌下加入5mL盐酸（1+1），用平头玻璃棒压碎块状物使试样分解完全（必要时可将溶液稍稍加温几分钟）。用近沸的热水稀释至50mL，盖上表面皿，将烧杯置于蒸汽水浴中加热15min，用中速定量滤纸过滤，用热水充分洗涤烧杯、滤纸和残渣10次以上。

（2）将残渣连同滤纸一并移入原烧杯中，加入100mL 10g/L近沸的氢氧化钠溶液，盖上表面皿置于蒸汽水浴中加热15min，加热期间搅动滤纸和残渣2~3次。取下烧杯，加入1~2滴甲基红指示剂溶液（2g/L），滴加盐酸（1+1）至溶液呈红色，再过量8~10滴。用中速定量滤纸过滤，用热的20g/L硝酸铵溶液充分洗涤14次以上。

（3）将残渣和滤纸一并移入已灼烧至恒重的瓷坩埚中，灰化后在（950±25）℃的高温炉内灼烧30min，取出坩埚，置于内置变色硅胶的干燥器中冷却至室温后称量，如此反复灼烧，直至恒重。

3. 结果的计算与表示

不溶物的质量百分含量 $X_{IR}$ 按下式计算：

$$X_{IR} = \frac{m_1}{m} \times 100 \tag{1-11}$$

式中　$X_{IR}$——不溶物的质量分数，%；

　　　$m_1$——灼烧后不溶物的质量，g；

　　　$m$——试样的质量，g。

4. 注意事项

（1）不溶物的测定方法是一个规范性很强的经验方法。结果正确与否同试剂浓度、试剂量、温度、处理时间等密切相关。为了减少误差，提高精确度，在操作步骤上应更为严密。

（2）在加水分散试样及加酸分解试样时，切勿使试样结块。

（3）如果试样中锰含量高，在加酸分散试样时，可使溶液稍稍加温。

（4）将烧杯置于蒸汽水浴中加热，指使烧杯处于水蒸气包围之中（杯中溶液应完全浸入蒸汽中），而杯底不能与水相接触。

（5）经酸处理后过滤时，如果滤液不清，可再次过滤。

# 第2章 水泥试验

## 2.1 水泥生料中碳酸钙滴定值的测定

在硅酸盐水泥生产中，为了对生料质量进行快速、准确的控制，除了要测定各氧化物的百分含量外，还需要检验其碳酸钙滴定值的合格率是否符合工艺指标，这是生料质量控制的主要项目之一。

### 2.1.1 测定原理

水泥生料中的碳酸盐（包括碳酸钙和碳酸镁），与盐酸标准溶液作用，生成相应的盐和碳酸（碳酸又分解为 $CO_2$ 和 $H_2O$）。在生料中先加入过量的已知浓度的盐酸溶液，加热使其与碳酸盐完全反应，剩余的碳酸以酚酞为指示剂，用氢氧化钠标准溶液滴定过量的盐酸，根据盐酸的实际消耗量计算碳酸的含量，即为生料中碳酸钙的滴定值。反应如下：

$$CaCO_3 + 2HCl = CaCl_2 + H_2O + CO_2\uparrow$$
$$MgCO_3 + 2HCl = MgCl_2 + H_2O + CO_2\uparrow$$
$$NaOH + HCl = NaCl + H_2O$$

### 2.1.2 测定方法

1. 试剂及配制

（1）10g/L 酚酞指示剂溶液：将 1g 酚酞溶于 100mL 乙醇中。

（2）0.2500mol/L 的氢氧化钠标准溶液：将 100g 氢氧化钠溶于 10L 水中，充分摇匀，贮存在带胶塞的硬质玻璃瓶或塑料瓶中①。

标准方法：准确称取约 1g 苯二甲基酸氢钾②，置于 400mL 烧杯中，加入约 150mL 新煮沸过并已用氢氧化钠溶液中和至酚酞呈微红色的冷水，搅拌使其溶解。然后加入 2~3 滴 10g/L 酚酞指示剂溶液，用配好的氢氧化钠标准滴定溶液滴定至微红色。

氢氧化钠标准溶液的浓度按下式计算：

$$c(NaOH) = \frac{m \times 1000}{V \times 204.2} \qquad (2\text{-}1)$$

式中 $c(NaOH)$ ——氢氧化钠标准滴定溶液的浓度，mol/L；

$m$ ——苯二甲基酸氢钾的质量，g；

---

① 氢氧化钠溶液容易吸收空气中的二氧化碳，应在瓶口上连接一盛有钠石灰的洗气瓶，以免在使用过程中二氧化碳侵入而影响其浓度。

② 苯二甲酸氢钾不易吸水，故在使用时一般不必干燥。如无苯二甲酸氢钾，可以用碳酸钠或碳酸钙先标定配制好的盐酸溶液的浓度，然后再用盐酸来标定氢氧化钠溶液的浓度。

$V$——滴定时消耗氢氧化钠标准滴定溶液的体积,mL;

204.2——苯二甲基酸氢钾的摩尔质量,g/mol。

(3) 0.5000mol/L 盐酸标准溶液:将 420mL 盐酸注入 9660mL 水中,充分摇匀。

标定方法:

准确吸取 10.00mL 配制好的盐酸初始溶液,注入 400mL 烧杯中,加入约 150mL 煮沸过的蒸馏水和 2~3 滴 10g/L 酚酞指示剂溶液,用已知浓度的氢氧化钠标准滴定溶液滴定至微红色出现。

盐酸标准滴定溶液的浓度按下式计算:

$$C = \frac{C_1 V_1}{10} \tag{2-2}$$

式中 10——吸取盐酸标准滴定溶液的体积,mL;

$C$——盐酸标准滴定溶液的浓度,mol/L;

$C_1$——已知氢氧化钠标准滴定溶液的密度,mol/L;

$V_1$——滴定时消耗氢氧化钠标准滴定溶液的体积,mL。

2. 测定步骤

准确称取约 0.5g 试样,置于 250mL 锥形瓶中。用少量水冲洗内壁使试样润湿,然后从滴定管中准确加入 25mL 0.5000mol/L 盐酸标准滴定溶液($V_1$),用水冲洗瓶口和瓶壁,并用量筒加入 30mL 水,将锥形瓶放在小电炉上加热,在加热过程中,应将锥形瓶摇荡 2~3 次,以促进试样完全分解。待溶液沸腾后,继续在电炉上微沸 2~3min。取下,用水冲洗瓶口以及瓶壁,加 5 滴 10g/L 酚酞指示剂溶液,用 0.2500mol/L 氢氧化钠标准滴定溶液滴定至淡红色,在 30s 内不消失为止(耗量为 $V_2$)。

碳酸钙滴定值按下式计算:

$$CaCO_3 = \frac{(C_1 V_1 - C_2 V_2) \times 50}{m \times 1000} \times 100 \tag{2-3}$$

式中 $C_1$——盐酸标准滴定溶液的浓度,mol/L;

$V_1$——加入盐酸标准滴定溶液的体积,mL;

$C_2$——氢氧化钠标准滴定溶液的浓度,mol/L;

$V_2$——滴定时消耗氢氧化钠标准滴定溶液的体积,mL

50——$\frac{1}{2} CaCO_3$ 的摩尔质量,g/mol;

$m$——试样的质量,g。

3. 注意事项

(1) 所用的酸碱滴定管最好是专供测定碳酸钙滴定值用的滴定管。

(2) 为防止溶液在沸腾时溅出,可在锥形瓶中预先加入十余粒小玻璃珠。

(3) 加酸时应随时摇荡,以防止试样粘在瓶底不易分解。

(4) 用酸碱中和法测定硅酸盐水泥生料中的碳酸钙滴定值,试验中所消耗的酸除了碳酸钙所耗酸以外,实际上还包括了碳酸镁和少量有机物所耗酸。这样计算出来的碳酸钙百分含量称为碳酸钙滴定值。另外，从理论上讲，碳酸钙滴定值可以利用分式 $1.789CaCO_3 + 2.48MgO$ 计算出来，但由于生料中部分氧化钙和氧化镁是以不溶于盐酸的盐类形式存在，或者采用石膏作矿化剂，在酸碱滴定时，不能将这部分钙全部测出来，所以，实际测定值与理论计算值之间存在一定的差数。在确定碳酸钙滴定值实际控制范围内时，要考虑这一因素。

## 2.2 物料易磨性的测定

克服物体变形时的应力与质点之间的内聚力以及生成新的被粉磨物料的表面能,主要取决于被粉磨物料的性质。它可以概括地用易磨性或易磨性系数来表示。物料的易磨性是表示物料被粉磨的难易程度的一种物理性质。物料的易磨性与物料的强度、硬度、密度、结构的均匀性、含水量、黏性、裂痕、表面形状等许多因素有关。

物料的易磨性一般采用相对易磨性系数来表示。水泥原料易磨性测试方法的标准 JC/T 734—2005 还规定了以粉磨功指数表示水泥原料的易磨性。

### 2.2.1 易磨性系数的测定

测定物料相对易磨性系数的方法是用水泥厂化验室用 $\phi 500mm \times 500mm$ 试验磨将标准砂磨至表面积 $(300 \pm 10)m^2/kg$,并记录其粉磨时间,然后以相同的粉磨时间将被测物料(粒度控制在 7mm 以下)进行粉磨并测出其比表面积值,两种被粉磨物料的比表面积值之比即为物料的相对易磨性系数。

计算公式如下:

$$K_m = \frac{S_o}{S_s} \tag{2-4}$$

式中 $K_m$——物料的相对易磨性系数;
$S_o$——被测物料经过粉磨 $t$ 时间后的比表面积,$m^2/kg$;
$S_s$——标准砂经过粉磨 $t$ 时间后的比表面积,$m^2/kg$。

几种典型物料的相对易磨性系数见表 2-1。

**表 2-1 物料的相对易磨性系数**

| 物料名称 | $K_m$ | 物料名称 | $K_m$ |
| --- | --- | --- | --- |
| 立窑熟料 | 1.12 | 中硬石灰石 | 1.50 |
| 硬质石灰石 | 1.27 | 软质石灰石 | 1.70 |

相对易磨性系数越大,物料越容易粉磨,磨机的产量高,且磨得较细。

物料相对易磨性系数的测定比较简单,它被广泛地应用于各行各业,尤其是无机非金属材料各种物料易磨性的研究。

### 2.2.2 粉磨功指数的测定

粉磨功指数是表示水泥原料与其混合料的易磨性的指数。其测定原理是物料经规定的磨机研磨至平衡状态后,以磨机每转生成的成品量计算粉磨功指数,用以表示物料粉磨的难易程度。

1. 设备与仪器
(1) 球磨机
内径 305mm、内长 305mm 的铁制圆筒状球磨机(图 2-1);转速:70r/min。
(2) 钢球
钢球构成见表 2-2,总质量不小于 19.5kg。

表 2-2　试验用钢球

| 尺寸（mm） | 个数 |
| --- | --- |
| φ37.5 | 43 |
| φ30.2 | 67 |
| φ26.4 | 10 |
| φ19.1 | 71 |
| φ16.9 | 94 |
| 总数 | 285 |

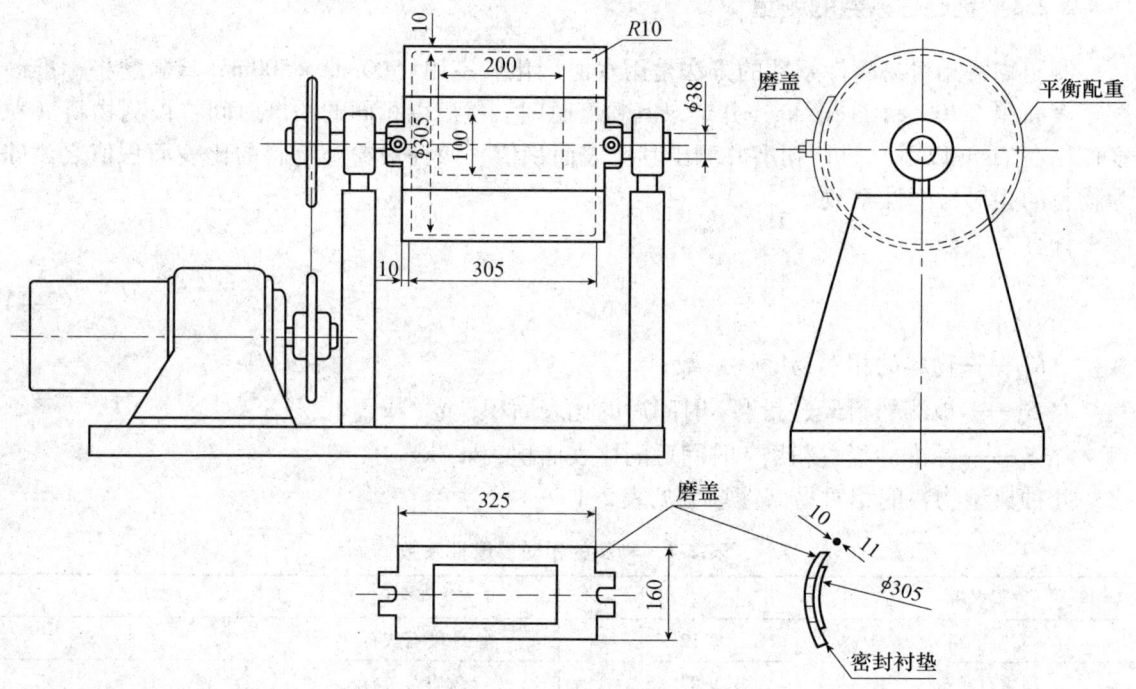

图 2-1　试验用球磨机及磨机转速图

（3）试验筛

符合 GB/T 6003.1 的规定。

（4）称量设备

量程不小于 2000g，最小分度值不大于 1g；量程不小于 200g，最小分度值不大于 0.1g。

（5）容重测定设备

漏斗和量筒如图 2-2 所示。

2. 试样准备

（1）制备粒度小于 3.35mm 的干燥试样约 10kg。

（2）将试样混匀，用设备中规定的漏斗和量筒测定 1000mL 松散试样的质量，求得 700mL 松散试样的质量。

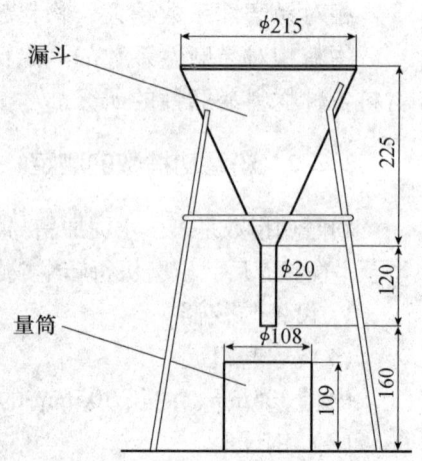

图 2-2　测定容重的漏斗及量筒

(3) 用筛孔尺寸为 1mm 的试验筛将全部试样筛分成粗细两部分，称量求得两部分试样的质量比。

(4) 将粗细两部分试样各铺成一长形料堆——铺料沿纵向往复多层，取料从一端横向截取。

3. 试验步骤

(1) 按试样准备中第三条的质量比分别称取粗细两部分试样，总质量 500g，用筛分法测定其粒度分布，求试样的 80% 通过粒度。

(2) 按试样准备中第三条的质量比称取粗细两部分试样，总量为 700mL 松散试样的质量，稍作混拌后倒入已装钢球的磨机，根据经验选定磨机第一次运转的转数（通常为 100~300r）。

(3) 运转磨机至预定的转数，将磨内物料连同钢球一起卸出，扫清磨内残留物料。

(4) 用成品筛筛分所有卸出的物料，称得筛上粗粉质量。

(5) 按式（2-5）计算磨机每转产生的成品质量：

$$G_j = \frac{(w-a_j)-(w-a_{j-1})m}{N_j} \tag{2-5}$$

式中　$G_j$——第 $j$ 次粉磨后磨机每转产生的成品质量，g/r；

　　　$w$——700mL 松散试样的质量，g；

　　　$a_j$——第 $j$ 次粉磨后，卸出磨机的全部物料经筛分未通过成品筛的粗粉质量，g；

　　　$a_{j-1}$——上一（$j-1$）次粉磨后，卸出磨机的全部物料经筛分未通过成品筛的粗粉质量（当 $j=1$ 时，$a_{j-1}$ 为 0），g；

　　　$m$——试样中由破碎作用导致的可通成品筛的细粉含量（当原料的自然粒度小于 3.35mm 而无需破碎制备试样时，$m$ 为 0），%；

　　　$N_j$——第 $j$ 次粉磨的磨机转数，r。

(6) 以 250% 的循环负荷（循环负荷是指卸出磨机的物料中，需要返回磨机的粗粉质量与通过成品筛的细粉质量之比）为目标，按式（2-6）计算磨机下一次运转的转数：

$$N_{j+1} = \frac{\dfrac{w}{2.5+1}-(w-a_j)m}{G_j} \tag{2-6}$$

(7) 按试样准备中第三条质量比称取粗细两部分试样总量 $w-a_j$，与筛上粗粉 $a_j$ 混合后一起倒入已装钢球的磨机。

(8) 重复步骤（3）到步骤（7）的操作，直至平衡状态（图 2-3）。平衡状态是指试验磨机每转产生的产品量误差小于 3%，循环负荷在（250±5）% 范围内。

(9) 计算平衡状态下三个 $G_j$ 的平均值。

(10) 将平衡状态下粉磨所得的成品一起混匀，测定其粒度分布，求成品的 80% 通过粒度。

4. 结果计算

(1) 按式（2-7）计算粉磨功指数：

$$W_i = \frac{176.2}{P^{0.23} \times G^{0.82} \times \left(\frac{10}{\sqrt{P_{80}}} - \frac{10}{\sqrt{F_{80}}}\right)} \tag{2-7}$$

式中 $W_i$——粉磨功指数，MJ/t；

$P$——成品筛的筛孔尺寸，μm；

$G$——平衡状态下三个 $G_j$ 的平均值，g/r；

$P_{80}$——成品的80%通过粒度，μm；

$F_{80}$——试样的80%通过粒度，μm。

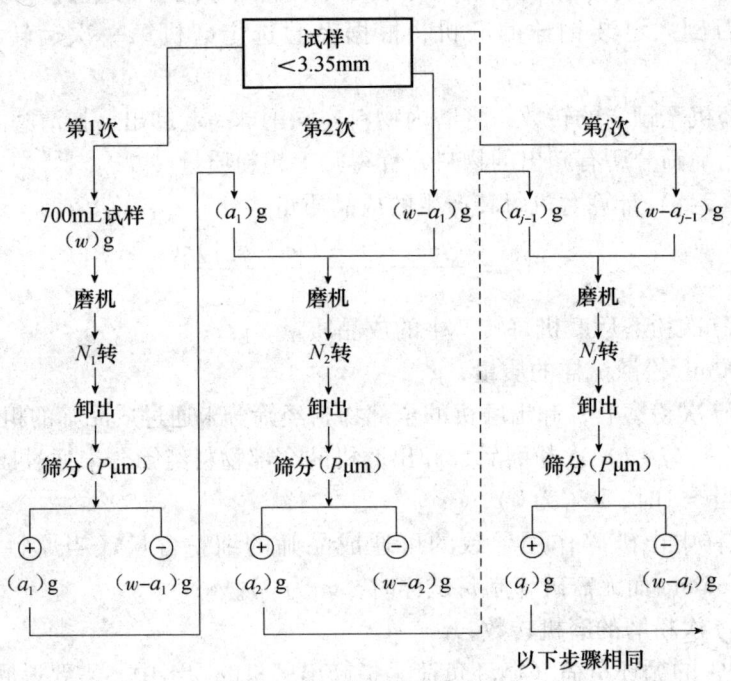

图2-3 粉磨试验操作顺序图

（2）结果表示

粉磨功指数的表示应包括成品筛的筛孔尺寸。以成品筛的筛孔尺寸为80μm为例，某粉磨功指数可表示为：

$$W_i = 59.8 \text{MJ/t}(P = 80\mu m) \tag{2-8}$$

## 2.3 水泥生料易烧性的测定

水泥生料易烧性是指水泥生料煅烧形成熟料的难易程度，其测定原理是按一定的煅烧制度对一种水泥生料进行煅烧后，测定其游离氧化钙（$f\text{-}CaO$）含量，用该游离氧化钙含量表示该生料的煅烧难易程度。游离氧化钙含量愈低，易烧性愈好。

### 2.3.1 试验目的

测定水泥生料易烧性，了解生料的煅烧难易程度。

### 2.3.2 采用标准

水泥生料易烧性试验方法 JC/T 735—2005。

### 2.3.3 试验设备

1. 试验球磨机：符合 JC/T 734 的规定；
2. 预烧用高温炉：额定温度不小于1000℃，温度控制精度1.0%；
3. 煅烧用高温炉：额定温度不小于1600℃，温度控制精度0.5%；
4. 电热干燥箱：可控制温度 105~110℃；
5. 平底耐高温容器、坩埚夹钳；
6. 干燥器；
7. 天平：量程不小于 200g，最小分度值不大于 0.1g；
8. 试验筛：符合 GB/T 6003.1 的规定；
9. 压力机：最大压力50kN，精度0.1kN；
10. 试体成型磨具（图2-4），材质为45号钢。

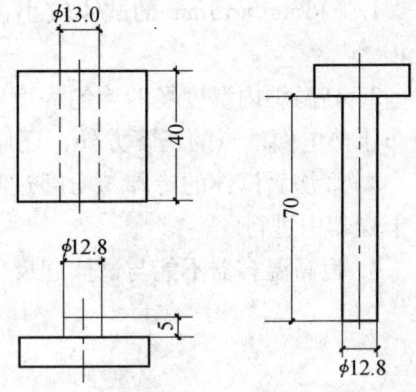

图 2-4 试体成型磨具示意图

### 2.3.4 试样及其制备

1. 以实验室制备的生料或掺适量煤灰混匀的工业生料作为试验生料。实验室使用球磨机制备生料；一次制备一种生料约 1.5kg；控制细度 80μm 筛余为 10%±1%，其 200μm 筛余不得大于 1.5%。
2. 称取生料100g，置于洁净容器中，边搅拌边加入10mL蒸馏水，拌合均匀。
3. 每次取湿生料（3.6±0.1）g，放入试体成型模内，使用压力机以 10.6kN 制成 $\phi$13mm 的小试体。
4. 将试体置于已恒温至 105~110℃ 的电热干燥箱内烘 60min 以上。

### 2.3.5 试验温度

试体煅烧可按下列温度进行：1350℃、1400℃、1450℃。特殊需要时，也可增加其他温度。

### 2.3.6 试验步骤

取相同试体 6 个为一组，均匀且不重叠地直立于平底耐高温容器内。将盛有试体的容器放入恒温 950℃ 的预烧高温炉内，恒温预烧 30min。将预烧完毕的试体随同容器立即转放到恒温至试验温度的煅烧高温炉内，恒温煅烧 30min。容器尽可能放置在热电偶端点的正下方。

煅烧后取出的试体置于空气中自然冷却至室温。将冷却后的试体研磨成通过 80μm 试验筛的分析样，混匀后装入贴有标签的磨口小瓶内，然后放入干燥器内保存，3d 内按 GB/T 176 完成游离氧化钙含量测定。

### 2.3.7 结果表示

易烧性试验结果以试样在各试验温度煅烧后的游离氧化钙含量表示，同时标注熟料三率值（KH，SM，AM）。

### 2.3.8 影响因素及注意事项

1. $\phi 13mm \times 13mm$ 的试体较小，成型及脱模放置时均应十分小心，以确保试体的完整无损。
2. 高温炉内温度场的均匀程度对试验结果影响很大，试验时，除应注意同组试体均匀分布于热电偶端点的正下方外，还应注意确保不同组试体的放置位置完全相同。
3. 煅烧后试体的冷却与粉磨过程中，均应注意防止试体中 $f\text{-}CaO$ 受潮消解。冷却可置于干燥器中进行。
4. 耐高温容器不能与试体起反应。

## 2.4 水泥熟料中游离氧化钙的测定

在水泥熟料煅烧过程中，由于原料的成分与结构、生料配比、细度、均匀性以及熟料煅烧温度、时间和冷却制度等因素的影响，有少量的 CaO 没能与酸性氧化物 $SiO_2$、$Al_2O_3$ 和 $Fe_2O_3$ 等结合形成矿物，而以游离状态存在，称之为游离氧化钙（$f\text{-}CaO$）。$f\text{-}CaO$ 含量直接表明了熟料煅烧质量的好坏，$f\text{-}CaO$ 的存在不同程度地影响水泥的安定性和其他性能，因而是水泥熟料生产质量控制的主要项目之一。另外，在评价生料易烧性时，$f\text{-}CaO$ 也是一个重要指标。

### 2.4.1 采用标准

水泥化学分析方法 GB/T 176—2008。

### 2.4.2 测定原理

水泥熟料中的游离氧化钙可用化学分析方法和显微分析方法测定。化学分析方法是采用适当的溶剂如甘油乙醇溶液或乙二醇溶液等萃取氧化钙，使其生成相应的钙盐，再用苯甲酸标准溶液或盐酸标准溶液滴定所生成的钙盐，根据所消耗的标准溶液的浓度和体积，计算出试样中的 $f\text{-}CaO$ 含量。

1. 甘油乙醇法的测定原理

在无水甘油乙醇混合溶液中，加入硝酸锶作催化剂，在加热微沸水下与水泥熟料中游离氧化钙作用，生成甘油酸钙。由于甘油酸钙呈弱碱性并溶于溶液中，使酚酞指示剂变红色，然后用苯甲酸标准溶液滴定至溶液红色消失，根据滴定时消耗的苯甲酸标准溶液的毫升数，计算游离氧化钙 $f\text{-}CaO$ 的含量。

2. 乙二醇法的测定原理

乙二醇在 65~75℃时与水泥熟料中游离氧化钙作用生成弱碱性的乙二醇钙并溶于溶液中，经过滤分离残渣后，以甲基红-溴甲酚绿为指示剂，用盐酸标准溶液滴定至溶液由褐色变为橙色。再由消耗的盐酸标准溶液的体积，计算游离氧化钙 $f\text{-}CaO$ 的含量。

### 2.4.3 甘油乙醇法

1. 试剂及配制

（1）无水乙醇：含量不低于 99.5%（$V/V$）。

（2）0.1mol/L 氢氧化钠无水乙醇溶液配制：将 0.4g 氢氧化钠溶于 100mL 无水乙醇中。

（3）无水甘油乙醇溶液的配制：将 500mL 丙三醇与 1000mL 无水乙醇混合，加入 0.1g 酚酞指示剂，混匀，用氢氧化钠无水乙醇溶液中和至微红色，贮存于干燥密封的瓶中，防止吸潮。

（4）苯甲酸无水乙醇标准溶液的配制：称取 12.2g 已在干燥器中干燥 24h 后的苯甲酸溶于 1000mL 无水乙醇中，贮存于带胶塞（装有硅胶的干燥管）的玻璃瓶内。

标定方法：取一定量碳酸钙（$CaCO_3$）置于铂（或瓷）坩埚中，在（950±25）℃下灼烧至恒定质量，从中称取 0.04g 氧化钙，精确至 0.0001g，置于 250mL 干燥锥形瓶内，加入

30mL 无水甘油-乙醇溶液，加入约 1g 硝酸锶，放入一根搅拌子，装上冷凝管，置于游离氧化钙测定仪上，以适当的速度搅拌溶液，同时升温并加热煮沸，在搅拌下微沸 10min 后，取下锥形瓶，立即用苯甲酸无水乙醇标准溶液滴定至微红色消失，再如此反复操作，直至加热 10min 后不再出现红色为止。

（5）结果计算

$$T_{CaO} = \frac{m \times 1000}{V} \tag{2-9}$$

式中　$T_{CaO}$——苯甲酸无水乙醇标准滴定溶液对氧化钙的滴定度，mg/mL；
　　　$V$——滴定时消耗苯甲酸无水乙醇标准溶液的总体积，mL；
　　　$m$——氧化钙的质量，g。

2. 试样制备

熟料磨细后，用磁铁吸除样品中的铁屑，然后装入带有磨口塞的广口瓶中密封。试样总量不得少于 200g。分析前，将试样混合均匀，以四分法缩减至 25g，然后取出 5g 左右放在玛瑙研钵中研磨至全部通过 0.080mm 方孔筛，再将样品混合均匀。贮存在带有磨口塞的小广口瓶中，放在干燥器内保存备用。

3. 测定步骤

准确称取 0.5g 试样，精确至 0.0001g，置于 250mL 干燥锥形瓶中，加入 30mL 无水甘油乙醇溶液，加入约 1g 硝酸锶，放入一根搅拌子，装上冷凝管，置于游离氧化钙测定仪上，以适当的速度搅拌溶液，同时升温并加热煮沸，在搅拌下微沸 10min 后，取下锥形瓶，立即用苯甲酸无水乙醇标准溶液滴定至微红色消失，再如此反复操作，直至加热 10min 后不再出现红色为止。

试样中游离氧化钙含量按下式计算：

$$f\text{-}CaO(\%) = \frac{T_{CaO} V}{m \times 1000} \times 100(\%) \tag{2-10}$$

式中　$T_{CaO}$——苯甲酸无水乙醇标准滴定溶液对氧化钙的滴定度，mg/mL；
　　　$V$——滴定时消耗苯甲酸无水乙醇标准溶液的总体积，mL；
　　　$m$——试样质量，g。

每个试样应分别测两次，当 $f$-CaO 含量小于 2% 时，两次结果的绝对误差应在 0.1% 以内；当含量大于 2% 时，两次结果的绝对误差应在 0.2% 以内。如超出允许范围，应在短时间内进行第三次测定，测定结果与前两次或任一次分析结果之差值符合允许误差规定，则取平均值；否则，应查找原因，重新按上述规定进行分析。

4. 注意事项

（1）用甘油乙醇法所测得的氧化钙，实际上是游离氧化钙与氢氧化钙的总量。因此在测定过程中，试样、试剂和仪器均要注意防潮。试样和试剂必须无水，保存时注意密封。甘油吸水能力强，煮沸后要抓紧时间进行滴定，以防止吸水，煮沸尽可能充分，尽量减少滴定次数。因为甘油与氧化钙反应生成水，水与熟料矿物的水化作用会生成氢氧化钙，如果煮沸时间过长，则始终会有微红色呈现，测定值会偏高，因此，一定要控制煮沸和滴定次数。

（2）分析游离氧化钙的试样必须充分磨细至全部通过 0.080mm 方孔筛。熟料中游离氧化钙除分布于中间体外,尚有部分游离氧化钙以矿物的包裹体存在,被包裹在 A 矿等矿物晶粒内部。若试样较粗,这部分游离氧化钙将难以与甘油反应,测定时间拉长,测定结果偏低。此外,煅烧温度较低的欠烧熟料,游离氧化钙含量较高,但却较易磨细。因此,制备试样时,应把试样全部磨细过筛并混匀,不能只取其中容易磨细的试样分析,而把难磨的试样抛去。

(3) 甘油无水乙醇溶液必须用 NaOH 中和至微红色(酚酞指示),使溶液呈弱碱性,以稳定甘油酸钙。若实际存放一定时间,吸收了空气中的 $CO_2$ 等使微红色褪去时,必须再用 NaOH 中和至微红色。

(4) 甘油与游离石灰反应比较慢,在甘油无水乙醇溶液中加入适量的无水硝酸锶可起催化作用。无水氯化钡、无水氯化锶也是有效的催化剂。甘油无水乙醇溶液中的乙醇是助溶剂,促进石灰和甘油酸钙溶解。

(5) 煮沸的目的是加速反应,加热温度不宜过高,微沸即可,以防试液飞溅。若在锥瓶中放入几粒玻璃球珠,可减少试液的飞溅。

(6) 在加热开始时,每隔 5~10min 摇动锥形瓶一次,以防止试样粘结瓶底。

### 2.4.4 乙二醇法

1. 试剂与配制

(1) 无水乙醇:含量不低于 99.5%(*V/V*)。

(2) 乙二醇:含量 99%(*V/V*)。

2. 测定步骤

准确称取 0.5g 试样,精确至 0.0001g,置于 250mL 干燥锥形瓶中,加入 30mL 乙二醇-乙醇溶液,放入一根搅拌子,装上冷凝管,置于游离氧化钙测定仪上,以适当的速度搅拌溶液,同时升温并加热煮沸。当冷凝下的乙醇开始连续滴下时,继续在搅拌下加热微沸 4min 后,取下锥形瓶,用预先用无水乙醇润湿过的快速滤纸抽气过滤或预先用无水乙醇洗涤过的玻璃砂芯漏斗抽气过滤,用无水乙醇洗涤锥形瓶和沉淀 3 次,过滤时等上次洗涤液过滤完后再洗涤下次。滤液及洗液收集于 250mL 干燥的抽滤瓶中,立即用苯甲酸无水乙醇标准溶液滴定至微红色消失(提示:尽可能快速地进行抽气过滤,以防止吸收大气中的二氧化碳)。

$$f\text{-}CaO(\%) = \frac{T_{CaO}V}{m \times 1000} \times 100(\%) \tag{2-11}$$

式中 $T_{CaO}$——苯甲酸无水乙醇标准滴定溶液对氧化钙的滴定度,mg/mL;

$V$——滴定时消耗苯甲酸无水乙醇标准滴定溶液的体积,mL;

$m$——试样质量,g。

数据处理方法同甘油乙醇法。

## 2.5 水泥中三氧化硫的测定

### 2.5.1 实验目的

水泥中的三氧化硫是由石膏、熟料或混合材料引入。在水泥制造时加入适量石膏可以调节凝结时间，还具有增强、减缩等作用。制造膨胀水泥时，石膏还是一种膨胀组分，赋予水泥以膨胀等性能。但水泥中的三氧化硫含量过多，却会引起水泥体积安定性不良等问题。因此，在水泥生产过程中必须严格控制水泥中的三氧化硫含量。

测定水泥中三氧化硫含量的方法有多种，如硫酸钡质量法、碘量法、离子交换法、铬酸钡分光光度法以及库仑滴定法。

### 2.5.2 采用标准

水泥化学分析方法 GB/T 176—2008。

### 2.5.3 测定方法

#### 2.5.3.1 硫酸钡质量法

1. 测定原理

用盐酸分解试样，使试样中不同形态的硫全部转变成可溶性的硫酸盐，以氯化钡 $BaCl_2$ 作沉淀剂，使之生成 $BaSO_4$ 沉淀。此沉淀的溶解度极小，化学性质非常稳定，经灼烧后称重，再换算得出三氧化硫 $SO_3$ 的含量。反应式如下：

$$Ba^{2+} + SO_4^{2-} = BaSO_4 \downarrow （白色）$$

2. 试验试剂及配置

（1）盐酸（1+1）：用1份体积的市售盐酸与1份体积的水相混合。

（2）氯化钡溶液（100g/L）：将100g二水氯化钡（$BaCl_2 \cdot 2H_2O$）溶于水中，加水稀释至1L。

（3）硝酸银溶液（5g/L）：将0.5g硝酸银（$AgNO_3$）溶于水中，加1mL硝酸（$HNO_3$），用水稀释至100mL，贮存于棕色瓶中。

3. 试验装置

（1）高温炉：隔焰加热炉，在炉膛外围进行电阻加热。应使用温度控制器准确控制炉温，可控制温度（700±25）℃、（800±25）℃、（900±25）℃。

（2）干燥器：内装变色硅胶。

4. 检查 $Cl^-$ 离子

按规定洗涤沉淀数次后，用数滴水淋洗漏斗的下端，用数毫升水洗涤纸和沉淀，将滤液收集在试管中，加几滴硝酸银溶液，观察试管中溶液是否浑浊，如浑浊，继续洗涤并定期检查，直至用硝酸银检验不再浑浊为止。

5. 试样制备

取具有代表性的均匀样品，采用四分法缩分至100g左右，经0.080mm方孔筛筛析，用磁铁吸去筛余物中的金属铁，将筛余物经过研磨后使其全部通过0.080mm方孔筛。将样品充分混匀后,装入带有磨口塞的瓶中并密封。

6. 测定步骤

称取约0.5g试样,精确至0.0001g,置于200mL烧杯中,加入约40mL水,搅拌使试样完全分散,在搅拌下加10mL盐酸(1+1),用平头玻璃棒压碎块状物,加热煮沸并保持微沸(5±0.5)min。用中速滤纸过滤,用热水洗涤10~12次,滤液及洗涤收集于400mL烧杯中。加水稀释至约250mL,玻璃棒底部压小片定量滤纸,盖上表面皿,加热煮沸,在微沸下从杯口缓慢滴加入10mL热的氯化钡溶液,继续微沸3min以上使沉淀良好地形成,然后在常温下静置12~14h或温热处静置至少4h(仲裁分析应在常温下静置12~14h),此时溶液体积应保持在约200mL。用慢速定量滤纸过滤,以温水洗涤,直至检验无氯离子为止。

将沉淀及滤纸一并移入已灼烧恒重的瓷坩埚中,灰化完全后,放入800~950℃的高温炉内灼烧30min,取出坩埚,置于干燥器中冷却至室温,称量。反复灼烧,直至恒重。

试样中的三氧化硫含量按下式计算:

$$\omega_{SO_3} = \frac{m_1 \times 0.343}{m_2} \times 100 \tag{2-12}$$

式中 $\omega_{SO_3}$——三氧化硫的质量分数,%;

$m_1$——灼烧后沉淀的质量,g;

$m_2$——试样的质量,g;

0.343——硫酸钡对三氧化硫的换算系数。

同一试样应分别测两次,两次结果的绝对误差应在0.15%以内。如超出允许范围,应在短时间内进行第三次测定,若结果与前两次或任一次分析结果之差符合规定,则取平均值;否则,应查找原因,重新按上述规定进行分析。

7. 注意事项

(1)为了减少共存离子的干扰,沉淀应在稀溶液中及加热煮沸的条件下进行过滤。加入氯化钡溶液后,应煮沸3~5min,并在温热处静止4h或过夜。

(2)沉淀在灼烧前应将滤纸充分灰化。若有为燃尽的碳粒存在,将沉淀直接置于高温下灼烧时,可能会有部分硫酸钡被还原成硫化钡,使测定结果偏低:

$$BaSO_4 + 2C = BaS + 2CO_2 \uparrow$$

### 2.5.3.2 碘量法

1. 测定原理

水泥中的硫主要以硫酸盐(石膏)存在,部分硫则存在于硫化钙、硫化亚锰、硫化亚铁等硫化物中。用磷酸溶解水泥试样时,水泥中的硫化物与磷酸发生下列反应,生成磷酸盐和硫化氢气体。其反应式如下:

$$3CaS + 2H_3PO_4 = Ca_3(PO_4)_2 + 3H_2S \uparrow$$

$$3MnS + 2H_3PO_4 = Mn_3(PO_4)_2 + 3H_2S \uparrow$$

$$3FeS + 2H_3PO_4 = Fe_3(PO_4)_2 + 3H_2S \uparrow$$

在有还原剂并加热的条件下,用浓磷酸溶解试样时,不仅硫化物与磷酸发生上述反应,硫酸盐也将与磷酸反应,生成的硫酸与还原剂氯化亚锡发生氧化还原反应,放出硫化氢气体:

$$3CaSO_4 + 3H_3PO_4 =\!=\!= Ca_3(PO_4)_2 + 3H_2SO_4$$
$$2H_2SO_4 + 12SnCl_2 =\!=\!= 6SnCl_4 + 6SnO_2 + 3H_2S\uparrow$$

根据碘酸钾溶液（加有碘化钾）在酸性溶液中析出碘的性质，在 $H_2S$ 的吸收液中加入过量的碘酸钾标准溶液，使在溶液酸化时析出碘，并与硫化氢作用，剩余的碘则用硫代硫酸钠回滴。其反应式如下：

$$IO_3^- + 5I^- + 6H^+ =\!=\!= 3I_2 + 3H_2O$$
$$H_2S + 5I_2 =\!=\!= 2HI + S$$
$$2Na_2S_2O_3 + I_2 =\!=\!= 2NaI + Na_2S_4O_6$$

利用上述反应，先用磷酸处理试样，使水泥中的硫化物生成硫化氢逸出，然后用氯化亚锡－磷酸溶液处理试样，测定试样中的硫酸盐。

2. 试剂及配制

（1）硫酸铜溶液（50g/L）。

（2）铵性硫酸锌溶液（100g/L）：将100g 硫酸锌（$ZnSO_4 \cdot 7H_2O$）溶于水后加700mL 铵水，用水稀释至1L。静止24h，过滤后使用。

（3）硫酸（1+2）。

（4）无水碳酸钠（$Na_2CO_3$），将无水碳酸钠用玛瑙研钵研细至粉末状保存。

（5）氯化亚锡－磷酸溶液：将1000mL 磷酸放在烧杯中，在通风橱中于电热板上加热脱水，超过至溶液体积缩减至850~950mL 时，停止加热。待溶液温度降至100℃以下时，加入100g 氯化亚锡（$SnCl_2 \cdot 2H_2O$），继续加热至溶液透明且无大气泡冒出为止（此时溶液的使用期一般以不超过两周为宜）。

（6）明胶溶液（5g/L）：将5g 明胶（动物胶）溶于100mL 70~80℃的水中。用时现配。

（7）碘酸钾标准溶液（0.03mol/L）：称取5.4g 碘酸钾（$KIO_3$）溶于200mL 新煮沸过的冷水中，加入5g 氢氧化钾（NaOH）及150g 碘化钾（KI），溶解后移入棕色玻璃磨口瓶中，再以新煮沸过的冷水稀释至5L，摇匀，贮存于棕色瓶中。

（8）重铬酸钾基准溶液（0.03mol/L）：称取1.4710g 已于150~180℃烘过2h 的重铬酸钾（$K_2Cr_2O_7$，基准试剂），精确至0.0001g，置于烧杯中，加水溶解后，移入1000mL 容量瓶中，用水稀释至标线，摇匀。

（9）硫代硫酸钠标准溶液（0.03mol/L）：将37.5g 硫代硫酸钠（$Na_2S_2O_3 \cdot 5H_2O$）溶于200mL 新煮沸过的冷水中，加入约0.25g 无水碳酸钠，搅拌溶解后移入棕色玻璃磨口瓶中，再以新煮沸过的冷水稀释至5L，摇匀，贮存于棕色瓶中。

（10）淀粉溶液（10g/L）：将1g 淀粉（水溶性）置于小烧杯中，加水调成糊状后，加入沸水稀释至100mL，再煮沸约1min，冷却后使用。

（11）硫代硫酸钠标准溶液浓度的标定：

取15.00mL 重铬酸钾基准溶液放入带有磨口塞的200mL 锥形瓶中，加入3g 碘化钾（KI）及50mL 水，搅拌溶解后加入10mL 硫酸（1+2），盖上磨口塞，于暗处放置15~20min。用少量水冲洗瓶壁及瓶塞，以硫代硫酸钠标准溶液滴定至淡黄色，加入约2mL 淀粉溶液，再继续滴定至蓝色消失。

另以15mL 水代替重铬酸钾基准溶液，按上述分析步骤进行空白试验。

硫代硫酸钠标准溶液的浓度按下式计算：

$$c(\text{Na}_2\text{S}_2\text{O}_3) = \frac{0.03 \times 15.00}{V_2 - V_1}(\text{mol/L}) \tag{2-13}$$

式中　0.03——重铬酸钾基准溶液的浓度，mol/L；
　　　$V_1$——空白试验时消耗硫代硫酸钠标准溶液的体积，mL；
　　　$V_2$——滴定时消耗硫代硫酸钠标准溶液的体积，mL；
　　15.00——加入重铬酸钾基准溶液的体积，mL。

（12）碘酸钾标准溶液与硫代硫酸钠标准溶液的体积比的标定：

从滴定管中缓慢地放出15.00mL碘酸钾标准溶液溶于200mL锥形瓶中，加25mL水及10mL硫酸（1+2），在摇动下用硫代硫酸钠标准溶液滴定至淡黄色，加入约2mL淀粉溶液，继续滴定至蓝色消失。

碘酸钾标准溶液与硫代硫酸钠标准溶液体积比按下式计算：

$$K_1 = \frac{15.00}{V_3} \tag{2-14}$$

式中　$K_1$——每毫升硫代硫酸钠标准溶液相当于碘酸钾标准溶液的毫升数；
　　　$V_3$——滴定时消耗的硫代硫酸钠标准溶液的体积，mL；
　　15.00——加入碘酸钾标准溶液的体积，mL。

（13）碘酸钾标准溶液对三氧化硫的滴定度按下式计算：

$$T_{\text{SO}_3} = \frac{c(\text{Na}_2\text{S}_2\text{O}_3) V_3 \times 40.03}{15.00}(\text{mg/mL}) \tag{2-15}$$

式中　$T_{\text{SO}_3}$——每毫升硫酸钾标准溶液相当于三氧化硫的毫升数，mg/mL；
　　　$c(\text{Na}_2\text{S}_2\text{O}_3)$——硫代硫酸钠标准溶液的浓度，mol/L；
　　　$V_3$——标定体积比$K_1$时消耗的硫代硫酸钠标准溶液的体积，mL；
　　40.03——（1/2SO$_3$）的摩尔质量，g/mol；
　　15.00——标定体积比$K_1$时加入的碘酸钾标准溶液的体积，mL。

3. 仪器装置

测定硫化物及硫酸盐的仪器装置如图2-5所示。

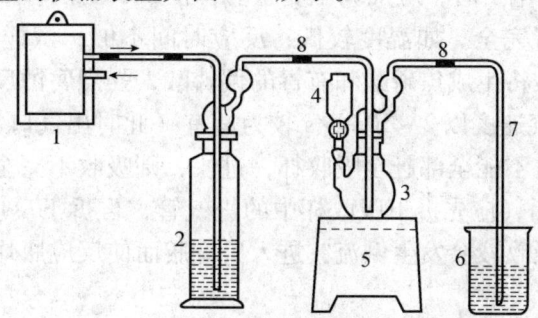

图2-5　测定硫化物及硫酸盐的仪器装置图
1—微型空气泵；2—洗气瓶（250mL），内盛100mL硫酸铜溶液（50g/L）；3—反应瓶（100mL）；
4—加液漏斗（25mL）；5—电炉（600W，与1～2kVA调压变压器相连接）；
6—吸收杯（400mL），内盛300mL水及20mL铵性硫酸锌溶液；7—导气管；8—硅橡胶管

### 4. 测定步骤

称取 0.5g 试样，精确到 0.0001g，置于 100mL 的干燥反应瓶内，加 10mL 磷酸，置于小电炉上加热至沸，然后继续在微沸温度下加热至无大气泡、液面平静、无白烟出现为止。放冷，向反应瓶中加入 10mL 氯化亚锡－磷酸溶液，按图 2-5 中仪器装置方法连接各部件。

开动空气泵，保持通气速度为每秒 4~5 个气泡，于 200V 电压下加热 10min，然后将电压降至 160V，加热 5min 后停止加热，取下吸收杯，关闭空气泵。

用水冲洗插入吸收液内的玻璃导气管，加 10mL 明胶溶液，用滴定管准确加入 15.00mL 的碘酸钾标准溶液（5.83），在搅拌下一次加入 30mL 硫酸（1+2），用硫代硫酸钠标准溶液滴定至淡黄色，加入 2mL 淀粉溶液（5.105），再继续滴定至蓝色消失。

三氧化硫百分含量按下式计算：

$$\omega_{SO_3} = \frac{T_{SO_3} \times (V_4 - K_1 \times V_5)}{m_3 \times 1000} \times 100 \\ = \frac{T_{SO_3} \times (V_4 - K_1 \times V_5) \times 0.1}{m_3} \tag{2-16}$$

式中 $T_{SO_3}$——每毫升硫酸钾标准溶液相当于三氧化硫的毫升数，mg/mL；

$V_4$——加入碘酸钾标准溶液的体积，mL；

$V_5$——滴定时消耗硫代硫酸钠标准溶液的体积，mL；

$K_1$——每毫升硫代硫酸钠标准溶液相当于碘酸钾标准溶液的毫升数；

$m_3$——试样的质量，g。

数据处理方法与硫酸钡质量法一样。

### 5. 注意事项

（1）试样的称取量，以三氧化硫含量为 10~15mg 为宜。

（2）为消除试样中硫化物的影响，还原前，先往带试样的反应瓶中加入 15mL 不含氯化亚锡的磷酸，在通风柜中微热至不再冒泡（约 5min），将反应生成的硫化氢逐去。然后再补加 5mL 含氯化亚锡的磷酸溶液，进行还原反应。

（3）还原硫酸盐时，加热时间及加热温度要严格控制。还原反应在 250~300℃下进行得较快。使用 600W 专用电炉时，应加调压变压器，在 220V 保持 10min，然后在 180V 保持 5min，可使还原反应进行完全。如温度较低，反应时间不够，试样分解不完全；如温度过高，反应时间太长，磷酸将生成焦磷酸和有毒的偏磷酸，强烈腐蚀反应瓶。

（4）还原过程中通气速度以 2~10mL/s 较为适宜（此时出气口每秒钟冒 4~5 个气泡），过慢，反应产生的硫化氢不能全部赶至吸收杯；过快，则吸收不完全，都将导致结果偏低。

（5）还原反应结束后，应先拆下吸收杯中的进气管，再拆下反应瓶，最后关闭空气泵。如按相反次序操作，则吸收液会发生倒流，进入反应瓶而使反应瓶炸裂，试验作废，且易发生事故。

（6）向吸收液中加入硫酸溶液（1+2）时，要充分搅拌（用进气管作搅棒），防止部分生成的硫化氢逸出，而未与同时生成的碘反应，使结果偏低。硫酸溶液（1+2）加入量要控制在 30mL 左右，不要过多，以防溶液酸度过高。如果氢离子浓度超过 1mol/L，则滴定时淀粉和碘将生成红色化合物，使终点不正常。

(7) 用硫代硫酸钠标准滴定溶液回滴定时，杯中溶液温度不应太高，以防碘挥发，且温度高时，淀粉与碘的显色反应不灵敏。回滴定速度也不应太快，且应加强搅拌，防止硫代硫酸钠溶液局部过浓，遇酸形成极不稳定的硫代硫酸而分解，使结果偏低。

(8) 淀粉溶液要现用现配，加防腐剂，不能久置，防止淀粉水解产生具有还原作用的化合物，起到硫代硫酸钠的作用，而使结果偏高。

(9) 磷酸–氯化亚锡溶液每次不宜多配制，使用时间不宜超过两周，因为在酸性介质中，氯化亚锡被空气中的氧氧化，导致三氧化硫测定结果偏低。

#### 2.5.3.3 离子交换法

1. 测定原理

水泥中的三氧化硫主要来自石膏。在强酸性阳离子交换树脂 $R—SO_3·H$ 的作用下，石膏在水中迅速溶解，离解成 $Ca^{2+}$ 和 $SO_4^{2-}$ 离子。$Ca^{2+}$ 离子迅速与树脂酸性基团的 $H^+$ 离子进行交换，析出 $H^+$ 离子，它与石膏离解所得 $SO_4^{2-}$ 生成硫酸 $H_2SO_4$，直至石膏全部溶解，其离子交换反应式为：

$$CaSO_4(固体) \rightleftharpoons Ca^{2+} + SO_4^{2-}$$
$$+$$
$$2(R—SO_3·H)$$
$$\rightleftharpoons$$
$$(R—SO_3)_2·Ca + 2H^+$$

或 $$CaSO_4 + 2(R—SO_3·H) \rightleftharpoons (R—SO_3)_2·Ca + H_2SO_4$$

在石膏与树脂发生离子交换的同时，水泥中的 $C_3S$ 等矿物将水解，生成氢氧化钙与硅酸：

$$3CaO·SiO_2 + nH_2O \longrightarrow Ca(OH)_2 + SiO_2·mH_2O$$

所得 $Ca(OH)_2$，一部分与树脂发生离子交换，另一部分与 $H_2SO_4$ 作用，生成 $CaSO_4$，再与树脂交换，反应式为：

$$Ca(OH)_2 + 2(R—SO_3·H) \rightleftharpoons (R—SO_3)_2·Ca + 2H_2O$$
$$Ca(OH)_2 + H_2SO_4 \rightleftharpoons CaSO_4 + 2H_2O$$
$$CaSO_4 + 2(R—SO_3·H) \rightleftharpoons (R—SO_3)_2·Ca + H_2SO_4$$

熟料矿物水解，当水解产物参与离子交换达到平衡时，并影响石膏与树脂进行交换生成的 $H_2SO_4$ 量，但树脂消耗量增加，同时，溶液中硅酸含量的增多，使溶液 pH 值减小，用 NaOH 滴定滤液时，所用指示剂必须与进行溶液的硅酸量相适应。

当石膏全部溶解后，将树脂及残渣滤除，所得的滤液，由于 $C_3S$ 等矿物水解的影响，使其中尚含 $Ca(OH)_2$ 和 $CaSO_4$。为使存在于滤液中的 $Ca(OH)_2$ 中和，并使滤液中尚未转化的 $CaSO_4$ 全部转化成等当量的 $H_2SO_4$，必须在滤除树脂和残渣后的滤液中再加入树脂进行第二次交换。然后滤除树脂，用已知浓度的氢氧化钠标准溶液滴定生成的硫酸，根据消耗氢氧化钠标准溶液的毫升数，计算试样中的三氧化硫百分含量：

$$2NaOH + H_2SO_4 \rightleftharpoons Na_2SO_4 + 2H_2O$$

在强酸性阳离子交换树脂中，若为含钠型树脂时，它提供交换的阳离子为 $Na^+$，与石膏

交换的结果将生成 $Na_2SO_4$，使交换产物 $H_2SO_4$ 量减少，由 NaOH 溶液滴定算得 $SO_3$ 含量偏低。强酸性阳离子交换树脂出厂时一般为钠型，所以在使用时须预先用酸处理成氢型。用过的树脂（主要是钙型），可用酸进行再生，使其重新转变成氢型以继续使用。

2. 试剂及配制

（1）H 型 732 苯乙烯强酸性阳离子交换树脂（1×12）：将 250g 钠型 732 型苯乙烯强酸性阳离子交换树脂（1×12）用 250mL 95%（$V/V$）乙醇浸泡 12h 以上，然后倒出乙醇，再用水浸泡 6~8h。将树脂装入离子交换柱中，用 1500mL 盐酸（1+3）以每分钟 5mL 的流速进行淋洗。然后再用蒸馏水逆洗交换柱中的树脂，直至流出液中无氯离子。将树脂倒出，用布氏漏斗以抽气泵抽滤，然后贮存在广口瓶中备用（树脂久放后，使用时应用水清洗数次）。

用过的树脂应浸泡在稀酸中，当积至一定数量后，倾出其中夹带的不溶残渣，然后再用上述方法进行再生。

（2）酚酞指示剂：将 1g 酚酞溶于 100mL 95%（$V/V$）乙醇中。

（3）NaOH 标准溶液（0.06mol/L）：将 12g 氢氧化钠（NaOH）溶于 5L 水中，充分摇匀，贮存于带胶塞（装有钠石灰干燥管）的硬质玻璃瓶或塑料瓶内。称取 0.3g 苯二甲酸氢钾（$C_8H_5KO_4$），精确至 0.0001g，置于 300mL 烧杯中，加入约 200mL 新煮沸过的已用氢氧化钠溶液中和至酚酞呈微红色的冷水，搅拌使其溶解，加入 6~7 滴酚酞指示剂溶液，用氢氧化钠标准溶液滴定至微红色。

氢氧化钠标准溶液的浓度为：

$$c'(NaOH) = \frac{m \times 1000}{V \times 204.2} (mol/L) \tag{2-17}$$

式中　$c'(NaOH)$——氢氧化钠标准滴定溶液的浓度，mol/L；

　　　　$m$——苯二甲酸氢钾的质量，g；

　　　　$V$——滴定时消耗氢氧化钠标准溶液的体积，mL；

　　　　204.2——苯二甲酸氢钾的摩尔质量，g/mol。

氢氧化钠标准溶液对三氧化硫的滴定度为：

$$T'_{SO_3} = c'(NaOH) \times 40.03 (mg/L) \tag{2-18}$$

式中　$T'_{SO_3}$——氢氧化钠标准滴定溶液对三氧化硫的滴定度，mg/mL；

$c'(NaOH)$——氢氧化钠标准溶液的浓度，mol/L；

40.03——（$1/2SO_3$）的摩尔质量，g/mol。

3. 测定步骤

称取 0.2g 试样，精确至 0.0001g，置于已盛有 5g 树脂、10mL 热水及一根磁力搅拌子的 150mL 烧杯中，摇匀烧杯使其分散。向烧杯中加入 40mL 沸水，置于磁铁搅拌器上，加热搅拌 10min，以快速滤纸过滤，并用热水洗涤烧杯与滤纸上的树脂 4~5 次。滤液及洗液收集于另一装有 2g 树脂及一根搅拌子的 150mL 烧杯中（此时溶液体积在 100mL 左右）。再将烧杯置于磁铁搅拌器上搅拌 3min，用快速滤纸过滤，再用热水冲洗烧杯与滤纸上的树脂 5~6 次，滤液及洗液收集于 300mL 烧杯中。

向溶液中加入 5~6 滴酚酞指示剂溶液，用 NaOH 标准溶液（0.06mol/L）滴定至微红色。保存用过的树脂以便再生。

三氧化硫的百分含量按下式计算：

$$\omega_{SO_3} = \frac{T'_{SO_3} \times V_6}{m_4 \times 1000} \times 100 = \frac{T'_{SO_3} \times V_6 \times 0.1}{m_4} \quad (2-19)$$

式中　$\omega_{SO_3}$——三氧化硫的质量分数，%；

　　　$T'_{SO_3}$——每毫升氢氧化钠标准溶液相当于三氧化硫的毫克数，mg/mL；

　　　$V_6$——滴定时消耗的氢氧化钠标准溶液的体积，mL；

　　　$m_4$——试样的重量，g。

数据处理方法同硫酸钡质量法。

4. 注意事项

（1）为了避免 $C_3S$ 和 $C_2S$ 大量水化，第一次交换时溶液体积不应过大，以 50mL 为宜。

（2）树脂用量必须严格控制，因树脂过少时，交换不完全，而树脂过多时，则大大加速 $C_3S$ 和 $C_2S$ 的水化作用，故树脂量以干树脂量 2g 为宜。

（3）第一次交换后，过滤洗涤 3~4 次足够，次数不宜太多，以防止 $C_3S$ 和 $C_2S$ 水化。

（4）当水泥中掺入的是硬石膏或混合石膏时，由于某些硬石膏溶解慢，而离子交换时间较短，以至于石膏不能完全提取到溶液中去，使测定结果偏低。可适当延长搅拌时间，也可适当增加树脂的用量以及将试样研磨得更细一些。

（5）若水泥采用氟石膏、盐田石膏或磷石膏作缓凝剂，由于 $F^-$、$Cl^-$、$PO_4^{3-}$ 等离子将与 NaOH 反应，使滴定结果偏高。这时宜采用离子交换分离——EDTA 返滴定法或硫酸盐返滴定法。

#### 2.5.3.4　铬酸钡分光光度法

1. 测定原理

试样经盐酸溶解，在 pH2.0 的溶液中，加入过量铬酸钡，生成与硫酸根等物质的量的铬酸根。在微碱性条件下，使过量的铬酸根重新析出。干过滤后在波长 420nm 处测定游离铬酸根离子的吸光度。

试样中除硫化物（$S^{2-}$）和硫酸盐外，还有其他状态的硫存在时，将给测定结果造成误差。

2. 测定步骤

称取 0.33~0.36g 试样，精确至 0.0001g，置于带有标线的 200mL 烧杯中。加 4mL 甲酸（1+1），分散试样，低温干燥，取下。加 10mL 盐酸（1+2）及 1~2 滴过氧化氢（1.11g/cm³，质量分数 30%），将试料搅起后加热至小气泡冒尽，冲洗杯壁，再煮沸 2min，期间冲洗杯壁 2 次。取下，加水至约 90mL，加 5mL 铵水（1+2），并用盐酸（1+1）和铵水（1+1）调节至 pH2.0（用精密 pH 试纸检验），稀释至 100mL。加 10mL 铬酸钡溶液（称取 10g 铬酸钡置于 1000mL 烧杯中，加入 700mL 水，搅拌下缓慢加入 50mL 盐酸（1+1），加热溶解，冷却至室温后，移入 1000mL 容量瓶中，用水稀释至标线，摇匀），搅匀。流水冷却至室温并放置，时间不小于 10min，放置期间搅拌 3 次。加入 5mL 铵水（1+2），将溶液连同沉淀移入 150mL 容量瓶中，用水稀释至标线，摇匀。用中速滤纸干过滤，滤液收集于 50mL 烧杯中，用分光光度计（可在波长 400~800nm 范围内测定溶液的吸光度，带有 10mm、20mm）、20mm 比色皿，以水作参比，于波长 420nm 处测定溶液的吸光度。在工作曲线上查出三氧化硫的含量（$m_2$）。

工作曲线的绘制。吸取每毫升相当于 0.5mg 三氧化硫的标准溶液 0mL、5.00mL、10.00mL、15.00mL、20.00mL、25.00mL、30.00mL 分别放入 150mL 容量瓶中，加入 20mL 离子强度调节溶液，用水稀释至 100mL，加入 10mL 铬酸钡溶液，每隔 5min 摇荡溶液一次。30min 后，加入 5mL 铵水（1+2），用水稀释至标线，摇匀。用中速滤纸干过滤。滤液收集于 50mL 烧杯中，用分光光度计，20mm 比色皿，以水作参比，于波长 420nm 处测定溶液的吸光度。用测得的吸光度作为相对应的三氧化硫的含量的函数，绘制工作曲线。

3. 计算方法

三氧化硫的质量分数 $\omega_{SO_3}$ 按下式计算：

$$\omega_{SO_3} = \frac{m_5}{m_6 \times 1000} \times 100 = \frac{m_5 \times 0.1}{m_6} \tag{2-20}$$

式中　$\omega_{SO_3}$——三氧化硫的质量分数，%；

$m_6$——试料的质量，g；

$m_5$——测定溶液中三氧化硫的含量，mg。

#### 2.5.3.5　库仑滴定法

1. 测定原理

试样经甲酸处理，将硫化物分解除去。在催化剂的作用下，于空气流中燃烧分解，试样中的硫生成二氧化硫并被碘化钾溶液吸收，以电解碘化钾溶液所产生的碘进行滴定。

2. 测定步骤

使用库仑积分测硫仪（由管式高温炉、电解池、磁力搅拌器和库仑积分器组成）进行测定，将管式高温炉升温并控制在 1150~1200℃。开动供气泵和抽气泵并将抽气流量调节至约 1000mL/min。在抽气下，将约 300mL 电解液（将 6g 碘化钾和 6g 溴化钾溶于 300mL 水中，加入 10mL 冰醋酸）加入电解池内，开始磁力搅拌器。

调节电位平衡：在瓷舟中放入少量含一定硫的试样，并盖一薄层五氧化二钒（$V_2O_5$），将瓷舟置于一稍大的石英舟上，送进炉内，库仑滴定随即开始。如果试验结束后库仑积分器的显示值为零，应再次调节直至显示值不为零为止。

称取约 0.04~0.05g 试样，精确至 0.0001g，将试样均匀地平铺于瓷舟中，慢慢滴加 4~5 滴甲酸（1+1），用拉细的玻璃棒沿瓷舟方向搅拌几次，使试样完全被甲酸润湿，再用 2~3 滴甲酸（1+1）将玻璃棒上沾有的少量试样冲洗与瓷舟中，将瓷舟放在电炉上，控制电炉丝呈暗红色，低温加热并烤干，防止溅失，再升高温度加热至 2min。取下冷却后在试料上覆盖一薄层五氧化二钒，将瓷舟置于石英舟上，送进炉内，库仑滴定随即开始，试验结束后，库仑积分器显示出三氧化硫（或硫）的毫克数（$m_4$）。

3. 计算方法

三氧化硫的质量分数 $\omega_{SO_3}$ 按下式计算：

$$\omega_{SO_3} = \frac{m_7}{m_8 \times 1000} \times 100 = \frac{m_7 \times 0.1}{m_8} \tag{2-21}$$

式中　$\omega_{SO_3}$——三氧化硫的质量分数，%；

$m_8$——试料的质量，g；

$m_7$——库仑积分器上三氧化硫的显示值，mg。

### 2.5.4 测定方法的适应性

上述各种测定方法因其测试原理不同，因而它们的适应性也不同。

硫酸钡质量法测水泥中三氧化硫含量准确、测量范围宽、适应性强；但费时长，不宜作为生产控制例行分析方法。碘量法快速，适应性强。离子交换法较为简便、快速，对掺加天然二水石膏和某些天然硬石膏的水泥是适应的。分光光度法具有适应性强、抗氟及磷的干扰、所用试剂少、分析成本低等特点，但显色剂的选择性差、线性范围窄，测定结果的再现性难以保证。库仑滴定法虽然快速准确，但其价格比较昂贵，而且对仪器调试和周围环境的要求比较严格。所以，测定水泥中三氧化硫的含量应根据实际需要和生产流程的不同，选择合适的测定方法。

## 2.6 水泥混合材的检验

### 2.6.1 试验目的

混合材料是制造水泥的主要组成材料之一。混合材料的质量，不仅影响水泥强度、安定性等性能，还影响其在水泥中的掺量。因此，需要不同的方法对不同的混合材料的活性进行综合评定。

用作制造水泥的活性混合材料，常用的有：粒化高炉矿渣、粉煤灰、火山灰质混合材料等。近年来，除了这几种之外，还常采用其他工业废渣，如：化铁炉渣、粒化铬铁渣和粒化高炉钛矿渣等。

### 2.6.2 水泥混合材的种类及其评定方法

#### 2.6.2.1 粒化高炉矿渣

在高炉冶炼生铁时，所得以硅酸钙与铝酸钙为主要成分的熔融物，以淬冷成粒后，即为粒化高炉矿渣，简称矿渣。

矿渣的活性主要取决于其化学成分和玻璃体含量。根据国标中对矿渣的技术要求，须对矿渣进行化学成分、有害成分、放射性物质含量、物理性能及杂物进行检验，以确定矿渣的品质和等级。

1. 矿渣的技术要求

国家标准《用于水泥中的粒化高炉矿渣》（GB/T 203—2008）对用于水泥中的粒化高炉矿渣的技术要求见表2-3。

表2-3 用于水泥中的粒化高炉矿渣的技术要求

| 序号 | 项目 | 技术指标 |
| --- | --- | --- |
| 1 | 质量系数 $K = \dfrac{CaO + MgO + Al_2O_3}{SiO_2 + MnO + TiO_2}$ | ≥1.20 |
| | 二氧化钛（$TiO_2$）含量（%） | ≤2.0① |
| | 氧化亚锰（MnO）含量（%） | ≤2.0② |
| | 氟化物含量（以F计）（%） | ≤2.0 |
| | 硫化物含量（以S计）（%） | ≤3.0 |
| 2 | 放射性物质 | 须符合 GB 6566 |
| 3 | 松散容重（kg/L） | ≤1.2×10³ |
| | 最大粒度（mm） | ≤50 |
| | 大于10mm颗粒含量（以质量计）（%） | ≤8.0 |
| 4 | 杂物（如含铁尘泥、未充分淬冷矿渣） | 不得混有 |

①以钒钛磁铁矿为原料在高炉冶炼生铁时所得的矿渣，二氧化钛的质量分数可以放宽到10%。
②在高炉冶炼锰铁时所得的矿渣，氧化亚锰的质量分数可以放宽到15%。

2. 矿渣的活性的评定方法

（1）化学成分分析法

用化学成分分析法来评定矿渣的活性，尽管不够全面，但已能很好地表达出矿渣的特性，因此是目前国内外评定粒化矿渣活性的主要方法。我国国标规定，矿渣的质量系数 $K$ 须大于 1.2；若小于 1.2，则只能作为非活性混合材料。质量系数 $K$ 反映了矿渣中活性组分与低活性和非活性组分之间的质量比例。质量系数越大，则活性越高。

（2）物理法

由于矿渣主要被用作硅酸盐水泥的混合材料，所以用直接测定矿渣硅酸盐水泥强度的方法来评定矿渣活性的活性比较符合生产实际。其方法是，用同一种熟料，制成掺一定量的矿渣水泥和仅用该种熟料制成的硅酸盐水泥，在严格控制比表面积和石膏加入量的条件下，测定其 28d 的抗压强度，然后用强度比值 $R$ 评定矿渣的活性：

$$R = \frac{\text{矿渣水泥 28d 时的抗压强度}}{\text{硅酸盐水泥 28d 时的抗压强度} \times (1 - \text{矿渣掺入量 \%})} \tag{2-22}$$

$R$ 值 <1，说明矿渣的活性不佳；$R$ 值越大，说明矿渣质量越好。

（3）其他方法

除了以上两种方法外，还有一些评定矿渣活性的方法，比如用质量系数与矿渣玻璃体含量的乘积表示活性，其值越高，表示活性越大；也可采用 NaOH 激发强度法和消石灰激发强度法评定矿渣的活性，但这两种方法尚未获得广泛应用。

2.6.2.2 粉煤灰

粉煤灰是火力发电厂燃烧煤粉从烟气中收集下来的微细烟灰，其化学组成和矿物组成上的特点决定了粉煤灰具有火山灰性，也属于火山灰质材料之一。但它具有与其他火山灰材料不同的特点，我国国家标准因此把它单列出来，对其提出了专门的技术要求。

粉煤灰的活性，从物相结构看，主要来源于其中的玻璃体；从化学组成看，主要来源于能与氧化钙结合的 $SiO_2$ 和 $Al_2O_3$ 这两个组分。另外，粉煤灰的颗粒形状及大小，未燃尽的碳粒等也会影响其活性，细小密实球形玻璃体含量越高，烧失量越低，则粉煤灰的活性越高；反之，不规则的多孔玻璃体含量越多，烧失量越高，粒度越粗，则活性越低。

1. 粉煤灰的技术要求

国标《用于水泥和混凝土中的粉煤灰》（GB/T 1596—2005）对用于水泥活性混合材料的粉煤灰的技术要求见表 2-4。

表 2-4　用于水泥活性混合材料的粉煤灰的技术要求

| 项目 | | 技术要求 |
|---|---|---|
| 烧失量，不大于（%） | F 类粉煤灰 | 8.0 |
| | C 类粉煤灰 | |
| 含水量，不大于（%） | F 类粉煤灰 | 1.0 |
| | C 类粉煤灰 | |
| 三氧化硫，不大于（%） | F 类粉煤灰 | 3.5 |
| | C 类粉煤灰 | |
| 游离氧化钙，不大于（%） | F 类粉煤灰 | 1.0 |
| | C 类粉煤灰 | 4.0 |
| 安定性（雷氏夹煮沸增加距离），不大于（%） | C 类粉煤灰 | 5.0 |
| 强度活性指数，不大于（%） | F 类粉煤灰 | 70.0 |
| | C 类粉煤灰 | |

2. 粉煤灰的活性的评定方法

国家标准规定的评定粉煤灰活性的方法是强度法。所谓强度法，是以30%的粉煤灰与70%的硅酸盐水泥混合制成粉煤灰硅酸盐水泥，其28d抗压强度同该硅酸盐水泥28d抗压强度进行比较，根据抗压强度比，定量确定活性大小，当强度比小于62%时，该粉煤灰不能作为活性混合材料。

强度试验法可以实际地反映出粉煤灰掺入水泥中对水泥强度的贡献，其结果可靠、实用，但缺点是必须等近一个月的养护时间才能得出结果。也有人提出用细度、需水量和烧失量等易测的指标通过建立回归方程来快速预测粉煤灰的活性，但尚未得到广泛应用。

2.6.2.3 火山灰质混合材料

凡以氧化硅、氧化铝为主要成分，磨成细末与石灰混合，和水拌合后不但能在空气中硬化，而且能在水中继续硬化的矿物质材料，称为火山灰质混合材料。

火山灰质混合材料按其来源可分为天然火山灰质混合材料和人工火山灰质混合材料。天然火山灰质混合材料有火山灰、凝灰石、浮石、沸石岩、硅藻土和硅藻石等；人工火山灰质混合材料包括自燃或人工焙烧过的煤矸石、烧页岩、烧黏土、煤渣和硅灰等。

火山灰质混合材料的成因各异，其化学成分、矿物组成和物理状态也各不相同。一般而言，其活性常取决于火山灰质混合材料的组成、结构和粒度。能与氧化钙结合的活性氧化硅、氧化铝越多，玻璃体物质越多，粒度越细小，则活性越大。

1. 火山灰质混合材料的技术要求

国标《用于水泥中的火山灰质混合材料》（GB/T 2847—2005）对用于水泥中的火山灰质混合材料做了具体的技术要求，见表2-5。

表2-5 用于水泥中的火山灰质混合材料的技术要求

| 序号 | 项目 | 指标 |
| --- | --- | --- |
| 1 | 烧失量（%） | 不大于10.0 |
| 2 | 三氧化硫含量（%） | 不大于3.5 |
| 3 | 火山灰性试验 | 合格 |
| 4 | 水泥胶砂28d抗压强度比（%） | 不小于65.0 |
| 5 | 放射性物质 | 须符合GB 6566规定 |

2. 火山灰质混合材料的活性的评定方法

（1）火山灰性试验法

火山灰性试验方法是通过分析与水化火山灰水泥共存的溶液是否是饱和石灰溶液来衡量火山灰质混合材料吸收水泥水化时析出的氢氧化钙的能力，以此评定火山灰质混合材料的活性。

火山灰性试验可以定性区别火山灰质混合材料是否具有活性，但由于其吸收的石灰除有化学吸收外，还有物理吸附。而物理吸附主要取决于材料的内外比表面积大小，并不直接反映材料的活性，所以仍不能充分评定火山灰质混合材料用于水泥中所表现出来的活性大小。

（2）强度试验法

强度试验法是以30%的火山灰质混合材料与70%硅酸盐水泥混合制成火山灰硅酸盐

水泥，其28d抗压强度同该硅酸盐水泥28d抗压强度进行比较，根据抗压强度比，定量确定活性大小。

强度试验法可以较直观地反映火山灰质混合材料对水泥的影响，相对地比较不同火山灰质混合材料的活性大小，因此对鉴别火山灰质混合材料和确定其在水泥中的掺量有重要意义。但由于火山灰质混合材料的活性作用常常要在28d龄期以后才能充分发挥，因此，一般而言，以28d抗压强度来表示火山灰质混合材料的活性，仍是不够全面和准确。

3. 火山灰性试验

（1）测试原理

火山灰性是通过在规定时间周期后，水化水泥接触的水溶液中存在的氢氧化钙量与能使同一碱性溶液饱和的氢氧化钙相比较来确定。如果该溶液中氢氧化钙浓度低于饱和浓度，则判定该火山灰水泥具有火山灰性（或火山灰性合格）。

将含有30%的待检火山灰质混合材料的火山灰水泥置于一定量的水中，按水灰比5∶1制成浆体，提高养护温度至40℃以加速水泥的水化和火山灰对石灰的吸收，经一定龄期后过滤，分析所得滤液中的氧化钙浓度与氢氧根离子浓度（即总碱度）。若氧化钙浓度为饱和或过饱和浓度时，表明该材料吸收石灰的能力太低，只能作为非活性混合材料。

由于同离子效应，CaO在水中的溶解度随$OH^-$离子浓度即总碱度提高而减小，以$OH^-$离子为横坐标，以石灰浓度（即CaO）为纵坐标，画出试验温度40℃时氢氧化钙的溶解度曲线，即构成火山灰活性图，如图2-6所示。若待测溶液的$OH^-$离子浓度和CaO浓度所代表的点落在曲线下方，表明该火山灰质混合材料吸收石灰的能力符合活性混合材的要求，称为火山灰性合格。若落在曲线上方或者曲线上，则火山灰性不合格，不能作为活性混合材料使用。

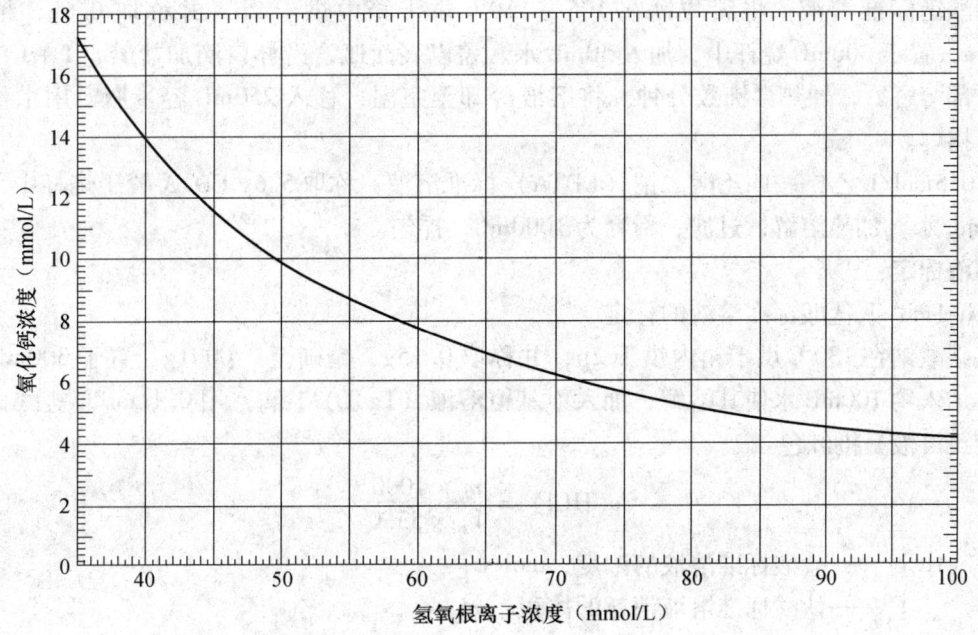

图2-6 评定火山灰活性的曲线图

(2) 试验设备

塑料瓶：500mL 左右，配有螺旋式密封该的圆筒状容器，数个。

粗颈漏斗：1 个。

移液管：25mL，100mL 各 1 支。

洗耳球：1 个。

磨口锥形瓶：300mL，数个。

烧杯：400mL，数个。

容量瓶：250mL，1 个。

酸滴定管：50mL，2 支。

碱滴定管：50mL，2 支。

天平。

(3) 试剂

0.1mol/L 盐酸标准溶液：将 8.5mL 浓度 36%～38%（质量分数）的盐酸加水稀释至 1L，摇匀。

盐酸溶液：1+1。

甲基橙溶液：1g/L。

氢氧化钾溶液：200g/L。

钙黄绿素—甲基百里香酚蓝—酚酞混合指示剂（简称 CMP 混合指示剂）：将 1.000g 钙黄绿素、1.000g 甲基百里香酚蓝、0.200g 酚酞与 50g 已在 105～110℃ 烘干的硝酸钾混合研细，储存磨口瓶中。

三乙醇胺溶液（1+2）：1 体积三乙醇胺与 2 体积水混合。

碳酸钙标准溶液：将碳酸钙在 105～110℃ 烘干箱内烘干 2h，并称取 0.6g，精确至 0.0001g，置于 300mL 烧杯中，加入 50mL 水，盖以表面皿，沿杯口滴加盐酸（1+1）至碳酸钙全部溶解后，加热微沸数分钟。将溶液冷却至室温，移入 250mL 容量瓶，用水稀释至标线，摇匀。

0.015mol/L 乙二胺四乙酸二钠（EDTA）标准溶液：称取 5.6g EDTA 置于烧杯中，加入约 200mL 水，加热溶解，过滤，稀释为 1000mL，摇匀。

溶液标定：

①0.1mol/L 盐酸标准溶液的标定

将碳酸钠在 130℃ 烘干箱内烘干 2h，并称取 0.15g，精确至 0.0001g，置于 300mL 锥形瓶中，加入约 100mL 水使其溶解，加入甲基橙溶液（1g/L）1 滴，用 0.1mol/L 盐酸标准溶液滴定至溶液呈橙红色。

$$c(\text{HCl}) = \frac{m \times 1000}{V_1 \times 53.0} \tag{2-23}$$

式中　$c(\text{HCl})$——盐酸标准溶液的浓度，mol/L；

　　　$V_1$——盐酸标准溶液消耗的体积，mL；

　　　$m$——称取碳酸钠的质量，g；

　　　53.0——碳酸钠的摩尔质量，g/mol。

②0.015mol/L EDTA 标准溶液的标定

吸取 25.00mL 碳酸钙标准溶液，放入 400mL 烧杯中，用水稀释至约 200mL，加入适量的 CMP 混合指示剂，在搅拌下滴加 KOH 溶液（200g/L），至出现绿色荧光后再过量 2~3mL，以 0.015mol/L EDTA 标准溶液滴定至绿色荧光消失并呈现红色。

EDTA 标准溶液对氧化钙滴定按下式计算：

$$T_{CaO} = \frac{c \times V_2}{V_3} \times \frac{M_{CaO}}{M_{CaCO_3}} = \frac{25 \times 0.5603 \times c}{V_3} \tag{2-24}$$

式中 $T_{CaO}$——EDTA 溶液对氧化钙的滴定度，mg/mL；

$c$——每毫升碳酸钙标准溶液中碳酸钙含量，mg；

$V_2$——吸取碳酸钙标准溶液的体积，mL，上式中为 20；

$V_3$——EDTA 标准溶液消耗的体积，mL；

0.5603——氧化钙与碳酸钙的摩尔质量比。

（4）试验材料

火山灰质混合材料：含水量小于 1%，80μm 方孔筛筛余为 1%~3%。

硅酸盐水泥：符合 GB/T 175 有关要求的硅酸盐水泥，强度等级不低于 42.5MPa。

（5）试验步骤

将塑料瓶洗净，干燥（如用锥形瓶，干燥后内壁均匀涂上一层石蜡），冷却至室温，用移液管吸收 100mL 蒸馏水注入瓶中，盖紧（或塞紧）瓶口，放入（40±1）℃恒温箱中 1h。精确称取 20g 试验样品，精确至 0.01g，经粗颈漏斗迅速将水泥注入瓶中，立即盖紧（或塞紧），激烈摇晃 20s，防止水泥结块粘住瓶底，将瓶子再次放入恒温箱中，保证瓶底放平，使瓶底形成一层均匀的水泥层（为了防止瓶内温度明显下降，在恒温箱外的操作，应尽快完成）。在恒温箱内放置 8d 或 15d 之后，将溶液迅速过滤入磨口锥形瓶中，加塞，让滤液冷却至室温，并充分摇匀。

总碱度（氢氧根离子浓度）测定：用移液管吸取 25mL 滤液放入 300mL 锥形瓶中，加水稀释至 100mL 左右，加入甲基橙溶液（1g/L）1 滴，用 0.1mol/L 盐酸溶液滴定到溶液呈橙红色。

总碱度（氢氧根离子浓度）按下式计算：

$$X_{OH^-} = 40 \times c(HCl) \times V_4 \tag{2-25}$$

式中 $X_{OH^-}$——总碱度，mmol/L

$c(HCl)$——盐酸溶液溶度，mol/L；

$V_4$——盐酸溶液消耗的体积，mL；

40——25mL 滤液换算为 1000mL 的比值。

氧化钙的测定：吸取滤液 25.00mL，放入 400mL 烧杯中，滴加盐酸（1+1）使溶液呈酸性（用广范围 pH 试纸检验），加水稀释到 250mL 左右，加三乙醇胺（1+2）1mL，再加入适量的 CMP 混合指示剂，在搅拌下由滴定管加氢氧化钾溶液（200g/L）至溶液出现绿色荧光后，再过量 5~8mL，用 0.015mol/L EDTA 标准溶液滴定至绿色荧光消失并呈红色，氧化钙含量（mmol/L）按下式计算：

$$X_{CaO} = \frac{40 \times T_{CaO} \times V_5}{56.08} \tag{2-26}$$

式中 $X_{CaO}$——氧化钙的含量，mmol/L；

$T_{CaO}$——EDTA 标准溶液对氧化钙的滴定度，mg/mL；

$V_5$——EDTA 标准溶液消耗的体积，mL；

56.08——氧化钙的分子量

40——25mL 滤液换算为 1000mL 的比值。

（6）结果显示

以总碱度（KOH mmol/L）为横坐标，以氧化钙含量（mmol/L）为纵坐标，将试验结果点在火山灰活性图上（图2-6）。如果试验点落在图中曲线（40℃氢氧化钙的溶解度曲线）的下方，则认为该混合材料火山灰性试验合格；如果试验点落在曲线上方或曲线上，则需要重做试验，不过，塑料瓶应在恒温箱内放置15d。此时如试验点落在曲线下方，则认为该混合材料火山灰性试验仍为合格。

（7）注意事项

试验温度不仅影响火山灰材料吸收石灰的速率，同时还影响石灰溶解度。火山灰活性曲线图上氢氧化钙的溶解度是按40℃时溶解度画出溶解度曲线，故试验温度应严格控制在(40±2)℃范围内，不得失控。

火山灰材料磨得较细时，石灰吸收速率较快，故试验用火山灰质材料细度必须按规定控制。对于强度较低、安定性不良的熟料，一般游离石灰较多，用这种熟料试验时，将使溶液石灰浓度提高，干扰试验结果。故安定性不良的熟料制得的水泥试样不适宜于本试验。

## 2.7 水泥细度的检验

### 2.7.1 试验目的

水泥的物理力学性质都与细度有关,因此细度是水泥质量控制指标之一。

细度检验有负压筛法、水筛法和干筛法三种,在检验工作中,如负压筛法与水筛法或干筛法的测定结果有争议时,以负压筛法为准。

### 2.7.2 试验方法

#### 2.7.2.1 负压筛法

1. 主要仪器设备

(1) 负压筛 负压筛由圆形筛框和筛网组成,筛框有效直径为142mm,高为25mm,方孔边长为0.080mm或0.045mm。

(2) 负压筛析仪 负压筛析仪由筛座、负压筛、负压源及收尘器组成,其中筛座由转速为 $(30\pm2)$ r/min 的喷气嘴、负压表、控制板、微电机及壳体等构成。筛析仪负压可调范围为4000~6000Pa,喷气嘴的上口平面与筛网之间距离为2~8mm。

2. 试验方法

(1) 筛析试验前,应把负压筛放在筛座上,盖上筛盖,接通电源,检查控制系统,调节负压至4000~6000Pa范围内。

(2) 若用0.080mm筛称取试样25g,若用0.045mm筛则称取试样10g,精确至0.01g。将试样置于洁净的负压筛中,盖上筛盖,放在筛座上,开动筛析仪连续筛析2min。在此期间如有试样附着在筛盖上,可轻轻地敲击,使试样落下。筛毕,用天平称量筛余物。

(3) 水泥试样筛余百分数按下式计算(结果计算至0.1%):

$$F = \frac{R_s}{W} \times 100\% \tag{2-27}$$

式中 $F$——水泥试样的筛余百分数;
$R_s$——水泥筛余量的质量,g;
$W$——水泥试样的质量,g。

#### 2.7.2.2 水筛法

1. 主要仪器设备

(1) 标准筛 筛布为方孔铜丝网筛布,方孔边长0.080mm或0.045mm;筛框有效直径125mm,高80mm。

(2) 筛支座 能带动筛子转动,转速为50r/min。

(3) 喷头 直径55mm,面上均匀分布90个孔,孔径0.5~0.7mm。

2. 检验方法

(1) 若用0.080mm筛称取试样25g,若用0.045mm筛则称取试样10g,精确至0.01g。将试样倒入筛内,立即用洁净水冲洗至大部分细粉通过,再将筛子置筛座上,用水压0.03~0.070MPa的喷头连续冲洗3min,喷头离筛网约为50mm。

(2) 筛毕取下，将筛余物冲到一边，用少量水把筛余物全部移至蒸发皿（或烘样盘）中，沉淀后将水倾出，烘干后称量，精确至0.01g，以其克数乘2，即得筛余百分数。

(3) 合格评定时，每个样品应称取两个试样分别筛析，取筛余平均值为筛析结果。若两次筛余结果绝对误差大于0.05%时（筛余值大于5.0%时可放至1.0%）应再做一次试验，取两次相近结果的算术平均值，作为最终结果。

3. 注意事项

试验筛必须经常保持洁净，筛孔通畅，使用10次后要进行清洗。金属框筛、铜丝网筛清洗时应用专门的清洗剂，不可用弱酸浸泡。

2.7.2.3 手工筛析法

1. 主要仪器设备。

手工筛结构符合GB/T 6003.1，其中筛框高度为50mm，筛子的直径为150mm。

2. 检验方法。

称取水泥试样精确至0.01g，倒入手工筛内。用一只手持筛往复摇动，另一只手轻轻拍打，往复摇动和拍打过程应保持近于水平。拍打速度每分钟约120次，每一次向同一方向转动60°，使试样均匀分布在筛网上，直至每分钟通过的试样量不超过0.03g为止。称量全部筛余物。

3. 结果计算同负压筛法。

4. 注意事项，筛子必须经常保持干燥洁净，定期检查校正。

## 2.8 水泥比表面积的测定

### 2.8.1 试验目的

单位质量的水泥粉末所具有的总表面积称为水泥的比表面积,以平方厘米每克（$cm^2/g$）或平方米每千克（$m^2/kg$）来表示。测定水泥的比表面积,作为评定水泥质量的依据之一。

### 2.8.2 采用标准

我国国家标准《水泥比表面积测定方法 勃式法》（GB/T 8074—2008）规定采用勃式透气仪测定。

### 2.8.3 试验原理

水泥比表面积是根据一定量的空气通过具有一定空隙率和固定厚度的水泥层时所受阻力不同而引起流速的变化来测定的。在一定空隙率的水泥层中,孔隙的大小和数量是颗粒尺寸的函数,同时也决定了通过料层的气流速度。水泥颗粒越粗,空气透过固定厚度的水泥层所受阻力越小,所需时间越短,因而测得的比表面积也越小;反之,颗粒越细,所测得的比表面积也越大。

### 2.8.4 仪器设备

1. 勃式透气仪

图 2-7 为勃式（Blaine）透气仪结构示意图。它由透气圆筒、压力计、抽气装置三部分

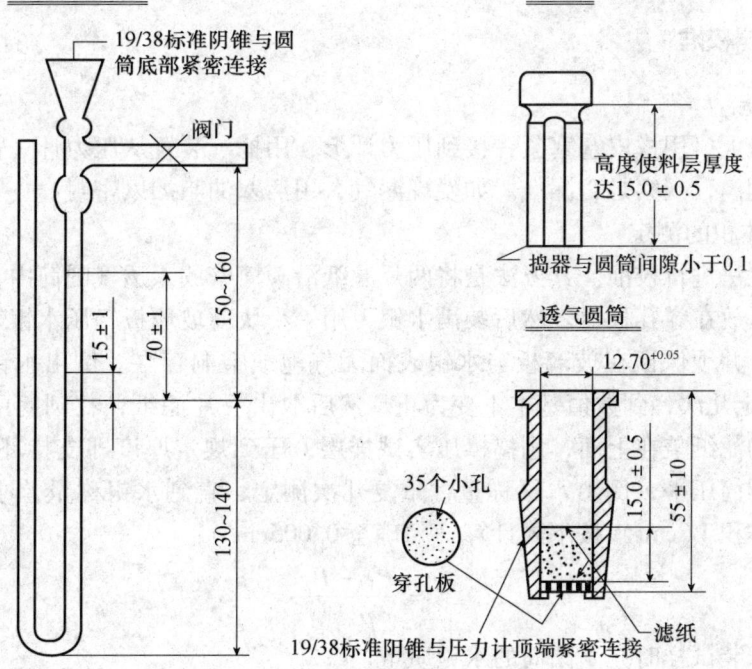

图 2-7 勃式透气仪结构示意图

组成。透气圆筒内径为（12.7±0.05）mm，由不锈钢制成。圆筒内表面的光洁度为▽6，圆筒的上口边应与圆筒主轴垂直，圆筒下部锥度应与压力计上玻璃磨口锥度一致，二者应严密连接。在圆筒内壁距离圆筒上口边（55±10）mm 处有一凸出的宽度为 0.5~1mm 的边缘，以放置金属穿孔板。

穿孔板由不锈钢或其他不受腐蚀的金属材料制成。穿孔板厚度为（1.0±0.1）mm，在其面上等距离地打有35个直径（1.0±0.1）mm 的小孔，穿孔板应与圆筒内壁密合。穿孔板两个平面应平行。

捣器用不锈钢制成。插入圆筒时，其间隙不大于0.1mm。捣器的底面应与主轴垂直，侧面有一个扁平槽，宽度（3.0±0.3）mm。捣器的顶部有一个支持环，当捣器放入圆筒时，支持环与圆筒上口边接触，这时捣器底面与穿孔板之间的距离为（15.0±0.5）mm。

压力计为U形压力计，是由外径为9mm、具有标准厚度的玻璃管制成。压力计一个臂的顶端有一锥形磨口与透气圆筒紧密连接，在连接透气圆筒的压力计臂上刻有环形线。从压力计底部再往上280~300mm 处有一个出口管，管上装有一个阀门，连接抽气装置。

抽气装置用小型电磁泵，电磁泵工作电压为220V，频率为50Hz，功率小于45W。也可以采用抽气球。

2. 滤纸：采用采用符合 GB/T 1914 的中速定量滤纸。

3. 分析天平：分度值为1mg。

4. 计时秒表：精确至0.5s。

5. 烘干箱：控制温度灵敏度±1℃。

6. 压力计液体：采用带有颜色的蒸馏水或直接采用无色蒸馏水。

7. 基准材料：GSB 14—1511 或相同等级的标准物质。

### 2.8.5 仪器校准

1. 漏气检查

将透气圆筒上口用橡皮塞塞紧，接到压力计上，用抽气装置从压力计一臂中抽出部分气体，然后关闭阀门，观察是否漏气。如发现漏气，用活塞油脂加以密封。

2. 试样层体积的测定

用水银排代法进行校准。其方法是将两片滤纸沿圆筒壁放入透气圆筒内，用一细长棒按下，直到滤纸平放在穿孔板上。然后装满水银，用一小块薄玻璃板轻压水银表面，使水银面与圆筒口平齐，并须保证在玻璃板与水银表面无气泡或空洞存在。倒出水银称量，精确至0.05g，重复测定几次，到数值基本不变为止。然后取出一片滤纸，在圆筒中装入适量的试样，再把取出的滤纸盖在上面，用捣棒压实试样层，压到规定厚度即支持环与圆筒边接触，再把水银装满圆筒压平，倒出水银称量，重复几次测定，直到水银称量差小于50mg 为止。圆筒内试样层体积 $V(\text{cm}^3)$ 按下式计算（精确至 0.005cm³）：

$$V = \frac{P_1 - P_2}{\rho_{水银}} \tag{2-28}$$

式中 $P_1$——未装试样时充满圆筒的水银质量，g；

$P_2$——装试样后充满圆筒的水银质量，g；

$\rho_{水银}$——试样温度下水银的密度，g/cm³。

试样层体积的测定，至少应进行两次。每次应单独压实，取两次数值相差不超过 0.005cm³ 的平均值，并记录测定过程中圆筒附近的温度。每隔一季度至半年应重新校正试样层体积。

在无水银情况下，可以用卡尺量取圆筒内径 $D$ 及其高度 $H$，圆筒内试样层体积 $V$(cm³) 按下式计算（精确至 0.005cm³）：

$$V = \frac{\pi}{4}D^2(H - h_1 - h_2) \tag{2-29}$$

式中　$h_1$——穿孔板厚度，cm；

　　　$h_2$——两张滤纸的厚度，cm。

### 2.8.6　试验步骤

**1. 标准试样准备**

将（110±5）℃下烘干并在干燥器中冷却至室温的标准试样倒入 100mL 的密闭容器内，用力摇动 2min，将结块成团的试样振碎，使试样松散。静置 2min 后，打开瓶盖轻轻搅拌，使松散过程中落到表面的细粉分布到整个试样中。

**2. 被测试样准备**

被测水泥试样，应先通过 0.9mm 方孔筛，再在（110±5）℃下烘干，并在干燥器中冷却至室温。

**3. 试样量的确定**

校正试验用的标准试样量和被测试样质量应达到在制备的试样层中孔隙率为 0.500±0.005，计算公式为：

$$W = \rho V(1 - \varepsilon) \tag{2-30}$$

式中　$W$——需要的试样量，g；

　　　$\rho$——试样密度，g/cm³；

　　　$V$——试样层体积，cm³；

　　　$\varepsilon$——试样层孔隙率（一般采用 0.500±0.005）。

**4. 试样层的制备**

将穿孔板放入透气圆筒的突缘上，用一根直径比圆筒内径略小的细棒将一片滤纸送到穿孔板上，压紧边缘。称取已定量的水泥试样，精确到 0.001g，放入圆筒。以水平方向轻轻摇动圆筒，使水泥层表面平坦。然后在水泥层上铺一张圆形滤纸，用捣器均匀捣实试样，直至捣器的支持环紧紧接触圆筒顶边并旋转两周为止，慢慢取出捣器（滤纸不得重复利用）。

**5. 试验操作方法**

（1）把装有试样层的透气圆筒连接到压力计上，要保证紧密连接不透气，不要使准备好的试样层受振动。

（2）打开微型电磁泵，慢慢从压力计一臂中抽出空气，直到压力计液面上升到扩大部下端时关闭阀门。

（3）关闭阀门后，由于液面水平差，即试样层两端的压力差，使空气通过试样层时，压力计闭口端已升高的液面开始下降。

（4）当压力计内液体的凹月面下降到第一个刻度时开始计时，当液体的凹月面下降到第二个刻度时停止计时，记录液面从第一个刻度到第二个刻度所需时间，以秒记录，并记下试验时的温度。

### 2.8.7 比表面积计算公式

$$S = \frac{K}{\rho}\sqrt{\frac{\varepsilon^3}{(1-\varepsilon)^2}}\sqrt{\frac{1}{\eta}}\sqrt{T} \tag{2-31}$$

式中 $S$——试样比表面积，$cm^2/g$；

$\rho$——试样密度，$g/cm^3$；

$\eta$——试验温度下的空气黏度，$Pa \cdot s$（表2-7）；

$\varepsilon$——试样层的空隙率，测定水泥试样时：$\varepsilon = 0.500 \pm 0.005$；

$T$——空气透过试样层需要的时间，$s$；

$K$——仪器常数（测定方法见后文）。

水泥比表面积应由两次试验结果的平均值确定，空气黏度 $\eta$ 由表2-7查得。计算应精确至 $10cm^2/g$，$10cm^2/g$ 以下的数值按四舍五入计算。每次试验结果与所得平均值相差不得超过2%，否则应进行第三次试验，以误差在2%以内的两次试验结果的平均值来确定。当以 $cm^2/g$ 为单位计算得的比表面积值换算为 $m^2/kg$ 时，乘以系数0.1即可。

仪器常数 $K$ 值的测定：用已知密度、比表面积的标准试样（标准石英粉）测定，其方法与水泥表面积测定方法相同，见下式：

$$K = \frac{S_e\rho_e(1-\varepsilon_e)\sqrt{\eta_e}}{\sqrt{\varepsilon_e^3}\sqrt{T_e}} \tag{2-32}$$

式中 $\rho_e$——标准试样的密度，$g/cm^3$；

$S_e$——标准试样的比表面积，$cm^2/g$；

$\varepsilon_e$——标准试样层的空隙率，若标准试样为标准石英粉时：$\varepsilon = 0.48 \pm 0.02$；

$\eta_e$——测定时温度下的空气黏度，$Pa \cdot s$；

$T_e$——空气透过试样层需要的时间，$s$；

$K$——仪器常数。

表2-6 在不同温度下水银的密度和空气的黏度

| 温度（℃） | 水银密度（g/cm³） | 空气黏度 $\eta$（Pa·s） | $\sqrt{\dfrac{1}{\eta}}$ |
| --- | --- | --- | --- |
| 8 | 13.58 | 0.0001749 | 75.61 |
| 10 | 13.57 | 0.0001759 | 75.40 |
| 12 | 13.57 | 0.0001768 | 75.21 |
| 14 | 13.56 | 0.0001778 | 75.00 |
| 16 | 13.56 | 0.0001788 | 74.79 |
| 18 | 13.55 | 0.0001798 | 74.58 |

第2章 水泥试验

续表

| 温度（℃） | 水银密度（g/cm³） | 空气黏度 $\eta$(Pa·s) | $\sqrt{\dfrac{1}{\eta}}$ |
|---|---|---|---|
| 20 | 13.55 | 0.0001808 | 74.37 |
| 22 | 13.54 | 0.0001818 | 74.16 |
| 24 | 13.54 | 0.0001828 | 73.96 |
| 26 | 13.53 | 0.0001837 | 73.78 |
| 28 | 13.53 | 0.0001847 | 73.58 |
| 30 | 13.52 | 0.0001857 | 73.38 |
| 32 | 13.52 | 0.0001867 | 73.10 |
| 34 | 13.51 | 0.0001876 | 73.01 |

## 2.9 水泥标准稠度用水量、凝结时间、安定性的测定

水泥标准稠度用水量、凝结时间、安定性按国家标准《水泥标准稠度用水量、凝结时间、安定性检验方法》(GB/T 1346—2001)进行检验。该标准适用于硅酸盐水泥、普通硅酸盐水泥、矿渣硅酸盐水泥、粉煤灰硅酸盐水泥、火山灰质硅酸盐水泥、复合硅酸盐水泥以及指定采用本方法的其他品种水泥。

水泥标准稠度净浆对标准试杆(或试锥)的沉入具有一定的阻力,通过试验不同含水量水泥净浆的穿透性,以确定水泥标准稠度净浆中所需加入的水量。

凝结时间以试针沉入水泥标准稠度净浆至一定深度所需的时间表示。

安定性测定时,雷氏法是观测由两个试针的相对位移所指示的水泥标准稠度净浆体积膨胀的程度。

试饼法是观测水泥标准稠度净浆试饼的外形变化程度。

### 2.9.1 水泥标准稠度用水量测定

#### 2.9.1.1 试验目的
测定水泥标准稠度用水量,用于水泥凝结时间和安定性试验。

#### 2.9.1.2 主要仪器设备
1. 标准稠度测定仪(图2-8),滑动部分的总重为(300±2)g;金属空心试锥,锥底直径40mm,高50mm(图2-9)。

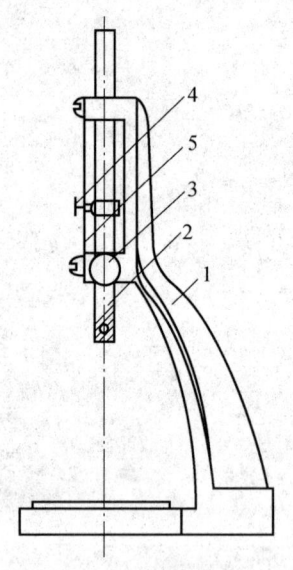

图2-8 标准稠度测定仪
1—铁座;2—金属圆棒;3—松紧;
4—螺丝;5—指针;6—标尺

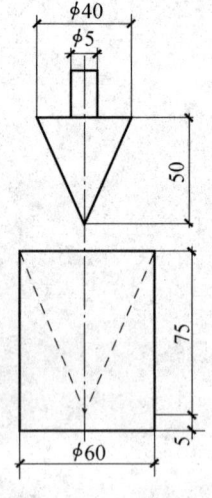

图2-9 试锥和锥模

2. 净浆搅拌机应符合JC/T 729规定的要求。

#### 2.9.1.3 测定方法
1. 标准稠度用水量可用调整水量和固定水量两种方法中的任一种测定,如发生争议时,

以调整水量方法为准。

2. 测定前须检查，测定仪的金属棒应能自由滑动。试锥降至锥模顶面位置时，指针应对标准尺零点。搅拌机应运转正常。

3. 拌合时称取水泥试样500g，拌合用水量当采用调整水量方法时按经验找水，采用固定水量方法时用水量为142.5mL，水量精确至0.5mL。用机械拌合，拌合前先用湿布擦抹拌合用具。

4. 机械拌合时，将水泥试样倒入搅拌锅，将锅置搅拌机上，升至搅拌位置，开动机器，同时徐徐加水；慢速搅拌120s，停拌15s，接着快速搅拌120s后停机。

5. 拌合完毕，立即将净浆一次装入锥模内，用小刀插捣并振动数次，刮去多余净浆，抹平后迅速放到试铰下面的固定位子上。将试锥降至净浆表面，拧紧螺丝，然后突然放松，让试锥自由沉入净浆中，到试锥停止下沉时，记录试锥下沉深度 $S$，或标准稠度用水量百分数。整个操作应在搅拌后1.5min内完成。

6. 用调整水量方法测定，以下沉深度为（28±2）mm时的拌合水量为标准稠度用水量 ($P$)，以水泥质量百分数计 $\left[ P = \dfrac{拌合用水量（mL）}{500} \times 100\% \right]$。如超出范围，须另称试样，调整水量，重新测定，直至 $S$ 达到（28±2）mm时为止。

7. 用固定水量方法测定时，根据测得的试锥下沉深度 $S(\text{mm})$，按下列经验公式计算标准稠度用水量 $P(\%)$：

$$P = 33.4 - 0.185S \tag{2-33}$$

计算所得标准稠度用水量应作试拌验证。如该用水量水泥净浆未能达到标准稠度，则应调整水量重新配料拌合，直至达到标准稠度。

注：当试锥下沉深度小于13mm时，则不能用固定水量方法，应用调整水量方法测定。

### 2.9.2 水泥净浆凝结时间测定

#### 2.9.2.1 试验目的
测定水泥的初凝和终凝时间，作为评定水泥质量的依据之一。

#### 2.9.2.2 主要仪器设备
1. 测定仪：与测定标准稠度时所用的测定仪相同，但试锥应换成试针，装净浆用的锥模应换成圆模（图2-10）。
2. 净浆搅拌机：与测定标准稠度时所用的相同。

#### 2.9.2.3 测定方法
1. 测定前，将圆模放在底板上，在内侧稍涂上一层机油。调整测定仪使试针接触底板时，指针对准标尺零点。

2. 称取水泥试样500g，以标准稠度用水量，按测定标准稠度时拌合净浆的方法制成净浆，立即一次装入圆模，振动数次后刮平，然后放入养护箱内。记录水泥全部加入水中的时间作为凝结时间的起始

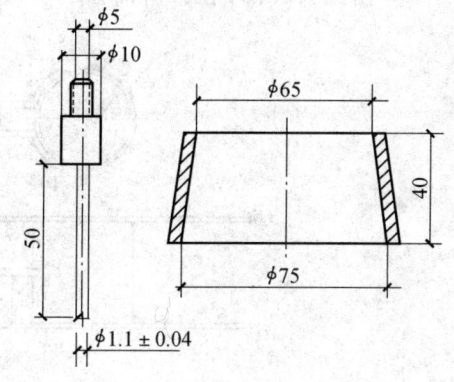

图2-10 试针与圆模

时间。

3. 初凝时间的测定：试件在湿气养护箱中养护至加水后 30min 进行第一次测定。测定时，从湿气养护箱内取出试模放到试针下，降低试针与水泥净浆表面接触，拧紧螺丝（1~2）s 后，突然放松，试针垂直自由地沉入净浆，观察试针停止下沉或释放试针 30s 时指针的读数。当试针沉至距底板（4±1）mm 时，为水泥达到初凝状态，由水泥全部加入水中至初凝状态的时间为水泥的初凝时间，用"min"表示。

4. 终凝时间的测定：为了准确观测试针沉入的状况，在终凝针上安装了一个环形附件。在完成初凝时间测定后，立即将试模连同浆体以平移的方式从玻璃板取下，翻转 180°，直径大端向上、小端向下放在玻璃板上，再放入湿气养护箱中继续养护，临近终凝时，每隔 15min 测定一次，当试针沉入试体 0.5mm 时，即环形附件开始不能在试体上留下痕迹时，为水泥的终凝状态，由水泥全部加入水中至终凝状态的时间为水泥的终凝时间，用"min"表示。

5. 测定时应注意，在最初测定的操作时，应轻轻扶持金属柱，使其徐徐下降，以防试针撞弯，但结果以自由下落为准。在整个测试过程中，试针沉入的位置至少要距试模内壁 10mm。临近初凝时，每隔 5min 测定一次，临近终凝时，每隔 15min 测定一次，到达初凝或终凝时应立即重复测一次，当两次结论相同时，才能定为到达初凝状态或终凝状态。每次测定，不能让试针落入原针孔，每次测试完毕后，须将试针擦净并将试模放回湿气养护箱内，整个测试过程中要防止试模受振。

### 2.9.3 安定性检验

#### 2.9.3.1 试验目的
测定水泥的体积安定性，作为评定水泥质量合格的依据之一。

#### 2.9.3.2 主要仪器设备
1. 净浆搅拌机与标准稠度测定时所用的相同。

2. 沸煮箱有效容积约为 410mm×240mm×310mm，箅板结构应不影响试验结果，箅板与加热器之间的距离大于 50mm。箱的内层由不易锈蚀的金属材料制成，能在（30±5）min 内将箱内的试验用水由室温加热至沸腾并可保持沸腾状态 3h 以上，整个试验过程中不需补充水量。

3. 雷氏夹：由铜质材料制成，其结构如图 2-11 所示。当一根指针的根部先悬挂在一根

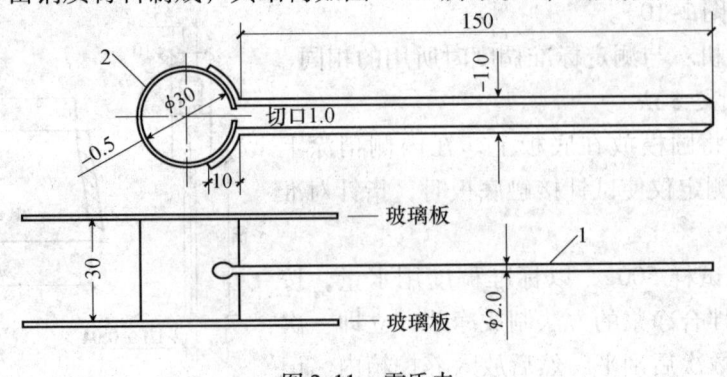

图 2-11 雷氏夹

金属丝或尼龙丝上，另一根指针的根部再挂上300g质量的砝码时，两根指针的针尖距离应在（17.5±2.5）mm范围以内，即$2X=(17.5±2.5)$mm（图2-12），当去掉砝码后针尖的距离能恢复至挂砝码前的状态。

4. 雷氏夹膨胀值测定仪，如图2-13所示，标尺最小刻度为0.5mm。

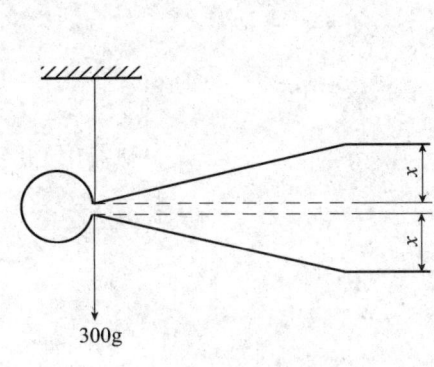

图2-12 雷氏夹受力示意图

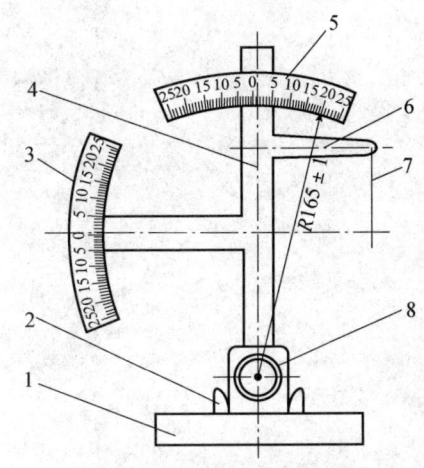

图2-13 雷氏夹膨胀值测量仪
1—底座；2—模子座；3—测弹性标尺；4—立柱；
5—测膨胀值标尺；6—悬臂；7—悬丝；8—弹簧顶钮

#### 2.9.3.3 测定方法

1. 安定性检验方法可以用试饼法也可用雷氏法，有争议时以雷氏法为准。

2. 试饼法

称取水泥试样500g，以标准稠度用水量，按标准稠度测定时拌合净浆的方法制成净浆。从其中取出净浆约150g分成两等份，使成球形，放在涂过油的玻璃板上，轻轻振动玻璃板，并用湿布按过的小刀，由边缘向饼的中央抹动，做成直径70~80mm，中心厚约10mm，边缘渐薄表面光滑的试饼。接着将试饼放入养护箱内，自成型时起，养护（24±2）h。

从玻璃板上取下试饼，置于沸煮箱内水中的算板上，在（30±5）min加热至沸，再连续沸煮3h±5min，在整个沸煮过程中，使水面高出试样。煮毕将水放出，待箱内温度冷却至室温时，取出检查。

试饼煮后，经肉眼观察未发现裂纹，用直尺检查没有弯曲，称为体积安定性合格；反之，为不合格。

3. 雷氏法

采用雷氏法时，每个雷氏夹需配备质量约75~80g的玻璃板两块，将预先准备好的雷氏夹放在已稍擦油的玻璃板上，并立刻将已制好的标准稠度净浆装满试模，装模时一只手轻轻扶持试模，另一只手用宽约10mm的小刀插捣15次左右然后抹平，盖上稍涂油的玻璃板，接着立刻将试模移至养护箱内养护（24±2）h。

调整好沸煮箱内的水位，使能保证在整个煮沸过程中不需中途添水，从玻璃板上取下雷氏夹试件，先测量试件指针尖端间的距离$A$，精确到0.5mm，接着将试件放入水中算板上，指针朝上，试件之间互不交叉，然后在（30±5）min内加热至沸并恒沸3h±5min。

沸煮结束后，即放掉箱中的热水，打开箱盖，待箱体冷却至室温，取出雷氏夹，测量试件指针尖端的距离 $C$，记录至小数点后一位，当两试件煮后增加距离 $(C-A)$ 的平均值不大于 5.0mm 时，即认为该水泥安定性合格。当两个试件的 $(C-A)$ 值相差超过 4.0mm 时，应取同一样品立即重新做一次试验。

## 2.10 水泥胶砂强度检验

水泥强度是指水泥试体在单位面积上所能承受的外力,它是水泥的主要指标。水泥又是混凝土的重要胶结材料,故水泥强度也是水泥胶结力的体现,是混凝土强度的主要来源。同时,水泥强度是水泥质量分级标准的主要依据。

我国采用《水泥胶砂强度检验方法（ISO）》（GB/T 17671—1999）进行检验。该标准适用于硅酸盐水泥、普通硅酸盐水泥、矿渣硅酸盐水泥、粉煤灰硅酸盐水泥、火山灰硅酸盐水泥、复合硅酸盐水泥、石灰石硅酸盐水泥的抗折强度与抗压强度检验。

### 2.10.1 试验目的

测定水泥胶砂试件的抗折强度和抗压强度,评定水泥的强度等级。

### 2.10.2 主要仪器设备

1. 搅拌机：行星式水泥胶砂搅拌机（图2-14），应符合 JC/T 681 的规定。

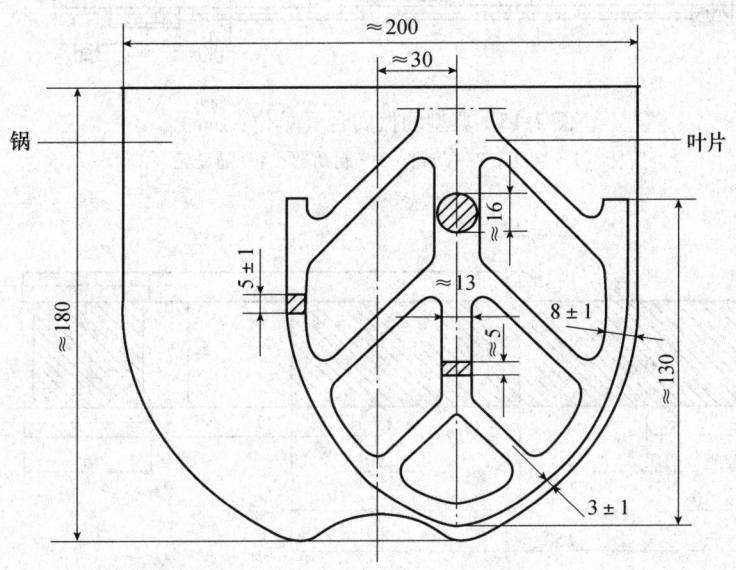

图 2-14 搅拌机叶片与搅拌锅（单位：mm）

2. 试模：试模与 JC/T 726 规定的相同。成型操作时,应在试模上面加有一个壁高 20mm 的金属模套,当从上往下看时,模套壁与试模内壁重叠,超出内壁不应大于 1mm。为了控制料层厚度和刮平胶砂,应备有两个播料器和一根金属刮平直尺。

3. 振实台：振实台（图2-15）应符合 JC/T 682 的要求。同时,该标准还规定可用全波振幅 0.75mm,频率 2800~3000 次/min 的振动台为代用振实设备。

4. 抗折强度试验机和抗折夹具：抗折强度试验机应符合 JC/T 724 的要求,试件在夹具中受力状态如图2-16所示。抗折强度也可用抗压强度试验机来测定,此时应使用符合上述规定的夹具。

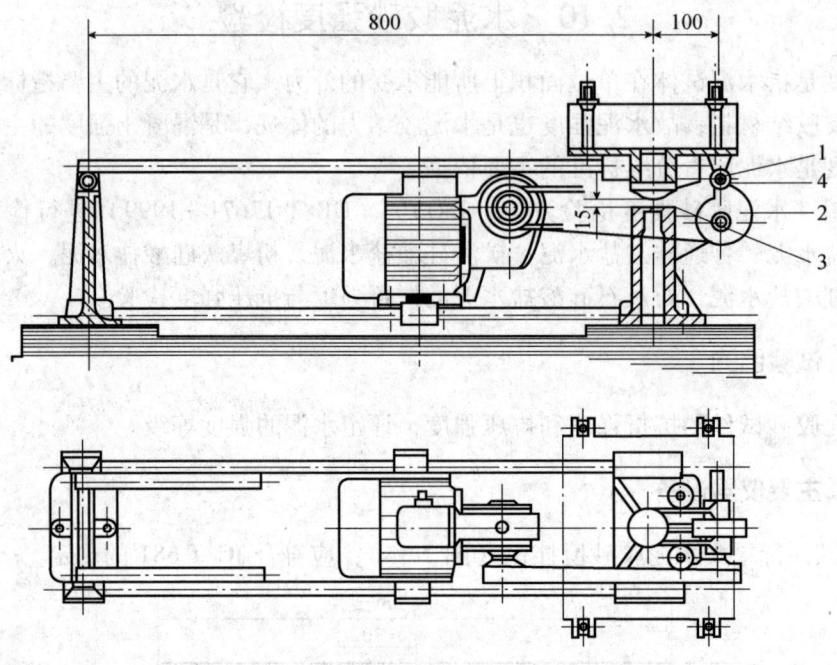

图 2-15 典型的振实台（单位：mm）
1—突头；2—凸轮；3—制动器；4—随动轮

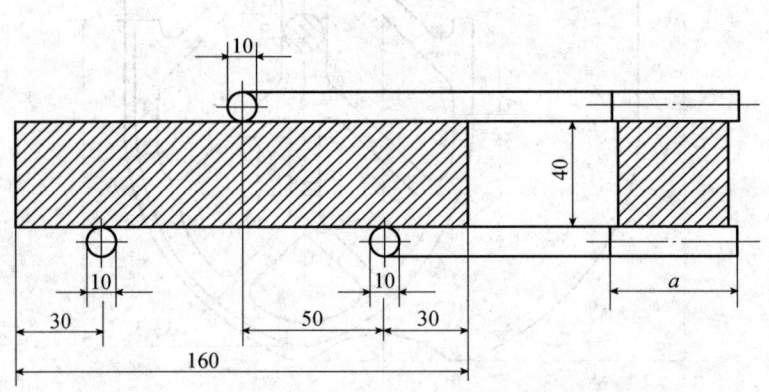

图 2-16 抗折强度测定加荷图

**5. 抗压强度试验机与夹具**：抗压强度试验机的最大荷载以 200～300kN 为佳。

抗压强度试验机，在较大的 4/5 量程范围内使用时，记录的荷载应有 ±1% 的精度，并具有按 (2400±200)N/s 速率的加荷能力，应有一个能指示试件破坏时的荷载并把它保持到试验机卸荷以后的指示器，可以用表盘里的峰值指针或显示器来达到。人工操纵的试验机应配有一个速度动态装置以便于控制荷载增加。

当需要使用夹具时，应把它放在压力机的上、下压板之间并与压力机处于同一轴线，以便将压力机的荷载传递至胶砂试件表面。夹具应符合 JC/T 683 的要求，受压面积为 40mm×40mm。

### 2.10.3 胶砂的组成与制备

1. 砂：ISO 基准砂是由德国标准砂公司制备的 $SiO_2$ 含量不低于 98% 的天然圆形硅质砂组成。中国产的 ISO 标准砂符合 ISO 679 中的要求，其鉴定、质量验证与质量控制以德国标准砂公司的 ISO 标准砂为基准材料。

2. 配合比：胶砂的质量配合比为一份水泥、三份标准砂和半份水。一锅胶砂成型三条试体。每锅材料需要量如下：水泥（450±2）g；标准砂（1350±5）g；水（225±1）g。

3. 搅拌：每锅胶砂用搅拌机进行机械搅拌。先使搅拌机处于待工作状态，然后按以下的程序进行操作：

(1) 把水加入锅里，再加入水泥，把锅放在固定架上，上升至固定位置。

(2) 立即开动机器，低速搅拌 30s 后，在第二个 30s 开始的同时均匀地将砂子加入。当各级砂是分装时，从最粗粒级开始，依次将所需的每级砂量加完。把机器转至高速再拌 30s。

(3) 停拌 90s，在第一个 15s 内用一胶皮刮具将叶片和锅壁上的胶砂刮入锅中间。在高速下继续搅拌 60s。各个搅拌阶段，时间误差应在 ±1s 以内。

### 2.10.4 试件的制备与养护

1. 用振实台成型

胶砂制备后，立即进行成型。将空试模和模套固定在振实台上，用一个适当勺子直接从搅拌锅里将胶砂分两层装入试模，装第一层时，每个槽里约放 300g 胶砂，用大播料器垂直架在模套顶部沿每个模槽来回一次将料层播平，接着振实 60 次。再装入第二层胶砂，用小播料器播平，再振实搅拌 60 次。移走模套，从振实台上取下试模，用一金属直尺以近似 90°的角度架在试模模顶的一端，然后沿试模长度方向以横向锯割动作慢慢向另一端移动，一次将超过试模部分的胶砂刮去，并用同一直尺以近乎水平的情况下将试体表面抹平。

在试模上作标记或加字条标明试件编号和试件相对于振实台的位置。

2. 用振动台成型

当使用代用的振动台成型时，操作如下：在搅拌胶砂的同时，将试模和下料漏斗卡紧在振动台的中心。将搅拌好的全部胶砂均匀地装入下料漏斗中，开动振动台，胶砂通过漏斗流入试模。振动（120±5）s 停止。振动完毕，取下试模，用刮平尺以上文所述的刮平手法刮去其高出试模的胶砂并抹平，接着在试模上作标记或用字条表明试件编号。

3. 脱模前的处理和养护

去掉留在模子四周的胶砂。立即将做好标记的试模放入雾室或湿箱的水平架子上养护，湿空气应能与试模各边接触。养护时，不应将试模放在其他试模上。一直养护到规定的脱模时间时取出脱模。脱模前，用防水墨汁或颜料笔对试体进行编号和做其他标记。两个龄期以上的试体，在编号时，应将同一试模中的三条试体分在两个以上龄期内。

4. 脱模

脱模应非常小心。对于 24h 龄期的，应在破型试验前内脱模。对于 24h 以上龄期的，应在成型后 20~24h 之间脱模。

已确定作为 24h 龄期试验（或其他不下水直接做试验）的已脱模试体，应用湿布覆盖至做试验时为止。

5. 水中养护

将做好标记的试件立即水平或竖直放在（20±1）℃水中养护，水平放置时，刮平面应朝上。

试件放在不易腐烂的箅子上，并彼此间保持一定距离，以让水与试件的六个面接触。养护期间，试件之间间隔或试体上表面的水深不得小于 5mm。

每个养护池只养护同类型的水泥试件。最初用自来水装满养护池（或容器），然后随时加水保持适当的恒定水位，不允许在养护期间全部换水。除 24h 龄期或延迟至 48h 脱模的试体外，任何到龄期的试件应在试验（破型）前 15min 从水中取出。揩去试体表面沉积物，并用湿布覆盖至试验为止。

### 2.10.5 强度试验与计算

1. 强度试验试体的龄期

试体龄期是从水泥加水搅拌开始试验时算起。不同龄期强度试验在下列时间里进行：

——24h ± 15min；
——48h ± 30min；
——72h ± 45min；
——7d ± 2h；
——>28d ± 8h。

2. 抗折强度测定

将试体一个侧面放在试验机支撑圆柱上，试体长轴垂直于支撑圆柱，通过加荷圆柱以（50±10）N/s 的速率均匀地将荷载垂直地加在棱柱体相对侧面上，直至折断。

保持两个半截棱柱体处于潮湿状态直至抗压试验。

抗折强度 $R_f$ 以牛顿每平方毫米（MPa）表示，按下式进行计算：

$$R_f = \frac{1.5 F_f L}{b^3} \tag{2-34}$$

式中　$F_f$——折断时施加于棱柱体中部的荷载，N；
　　　$L$——支撑圆柱之间的距离，mm；
　　　$b$——棱柱体正方形截面的边长，mm。

3. 抗压强度测定

抗压强度试验通过规定的仪器，在经抗折试验折断后的半截棱柱体的侧面上进行。

半截棱柱体中心与压力机压板受压中心差应在 ±0.5mm 内，棱柱体露在压板外的部分约有 10mm。

在整个加荷过程中，以（2400±200）N/s 的速率均匀地加荷直至破坏。

抗压强度以牛顿每平方毫米（MPa）为单位，按下式进行计算：

$$R_c = \frac{F_c}{A} \tag{2-35}$$

式中　$F_c$——破坏时的最大荷载，N；
　　　$A$——受压部分面积，$mm^2$（40mm×40mm）。

4. 试验结果的确定

（1）抗折强度

以一组三个棱柱体抗折结果的平均值作为试验结果。当三个强度值中有超出平均值±10%时，应剔除后再取平均值作为抗折强度试验结果。各试体的抗折强度记录至0.1MPa，计算精确至0.1MPa。

（2）抗压强度

以一组三个棱柱体上得到的六个抗压强度测定值的算术平均值为试验结果。

如六个测定值中有一个超出六个平均值的±10%时，就应剔除这个结果，而以剩下五个测定值的平均数为结果。如果五个测定值中再有超过它们平均值±10%的，则此组结果作废。抗压强度结果的计算也精确至0.1MPa。

## 2.11 水泥胶砂流动度的测定

### 2.11.1 试验目的

胶砂流动度是水泥胶砂可塑性的反映,用流动度来控制胶砂加水量,能使胶砂物理性能的测试建立在准确的可比的基础上。用流动度来控制水泥胶砂强度成型加水量,所测得的水泥强度与混凝土强度间有较好的相关性,即更能反映实际使用效果。胶砂流动度以胶砂在跳桌上按规定操作进行跳动试验后,以扩散直径大小表示流动性好坏。测定水泥胶砂流动度是检验水泥需水性的一种方法。国家标准《水泥胶砂流动度测定方法》GB/T 2419—2005 详细规定了水泥胶砂流动度的测定方法。

### 2.11.2 主要仪器设备

1. 胶砂搅拌机:符合 JC/T 681 的规定。
2. 水泥胶砂流动度测定仪(简称跳桌):应符合 JC/T 958 的规定。
3. 试模:由截锥圆模和模套组成。金属材料制成,内表面加工光滑。圆模尺寸为:高度(60±0.5)mm,上口内径(70±0.5)mm,下口内径(100±0.5)mm,下口外径120mm,模壁厚大于5mm。
4. 捣棒:金属材料制成,直径为(20±0.5)mm,长度约200mm。捣棒底面与侧面成直角,其下部光滑,上部手柄滚花。
5. 卡尺:量程不小于300mm,分度值不大于0.5mm。
6. 小刀:刀口平直,长度大于80mm。
7. 天平:量程不小于1000g,分度值不大于1g。

### 2.11.3 测定方法

1. 如跳桌在 24h 内未被使用,先空跳一个周期 25 次。
2. 胶砂的制备按 GB/T 17671—1999 有关规定进行。称取 450g 水泥,1350g ISO 标准砂。将称好的水泥和标准砂倒入用湿布擦过的搅拌锅内,开动搅拌机,拌合 5s 后徐徐加水,20~30s 内加完,自开动机器起搅拌(180±5)s 停车,将粘在叶片的胶砂刮下,取出搅拌锅。
3. 在制备胶砂的同时,用潮湿棉布擦拭跳桌台面、试模内壁、捣棒以及与胶砂接触的用具,将试模放在跳桌台面中央并用潮湿棉布覆盖。
4. 将拌好的胶砂分两层迅速装入试模,第一层装至截锥圆模高度约三分之二处,用小刀在相互垂直两个方向各划 5 次,用捣棒由边缘至中心均匀捣压 15 次(图 2-17)。随后,装第二层胶砂,装至高出截锥圆模约 20mm,用小刀在相互垂直两个方向各划 5 次,再用捣棒由边缘至中心均匀捣压 10 次(图 2-18)。捣压后胶砂应略高于试模。捣压深度,第一层捣至胶砂高度的二分之一,第二层捣实不超过已捣实底层表面。装胶砂和捣压时,用手扶稳试模,不要使其移动。

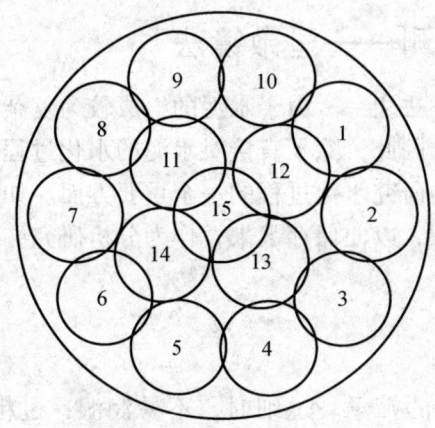
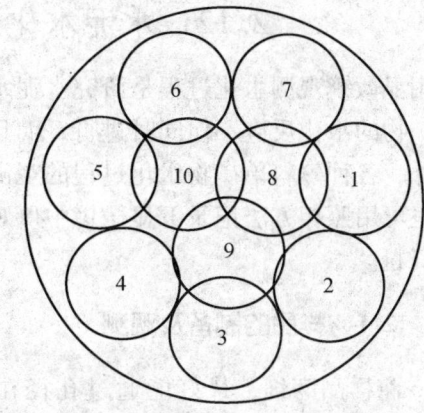

图 2-17 第一层胶砂的捣压顺序　　图 2-18 第二层胶砂的捣压顺序

5. 捣压完毕，取下模套，将小刀倾斜，从中间向边缘分两次以近水平的角度抹去高出截锥圆模的胶砂，并擦去落在桌面上的胶砂。将截锥圆模垂直向上轻轻提起，立刻开动跳桌，以每秒钟一次的频率，在（25±1）s 内完成 25 次跳动。

6. 流动度试验，从胶砂加水开始到测量扩散直径结束，应在 6min 内完成。

### 2.11.4　结果与计算

跳动完毕，用卡尺测量胶砂底面最大扩散直径及与其垂直的直径，计算平均值，取整数，单位为毫米。该平均值即为该水量的水泥胶砂流动度。

## 2.12 水泥水化过程的观测——显微镜法

用显微镜观测水化过程是研究水泥水化的常用方法之一。由于水泥的组成较为复杂,各熟料矿物的水化反应不但同时进行,而且互相影响。因此,除了直接对水泥的水化过程进行观测外,各种熟料单矿物水化过程的观测也往往成为研究水化过程的一个重要方面。如有需要,也可用照相方法记录下显微镜中所观测到的物像,以便保存起来,作为分析研究必要的技术资料。

### 2.12.1 样品的制备及观测

1. 将样品磨细,最好能通过孔径在 40μm 左右的筛子。过细时,不易润湿;过粗时,将使盖玻片不能紧密地贴在载玻片上,都必将使制片困难。

2. 载玻片和盖玻片事先都小心地用酒精洗擦干净,用小勺(可用 1mm 左右粗的铜丝将一端锤平做成)把制备好的水泥或单矿物的粉末挑到载玻片的中央,轻轻敲动,使粉末分布均匀后,再用盖玻片盖上。

3. 用滴管将调和用水滴在盖玻片的边缘处,使水透入载玻片下,浸湿试样粉末。可用手指轻轻按住盖玻片,将它在各个方向多次移动,以便粉末能均匀分布在水中,并去除中间的气泡。

4. 用滤纸将盖玻片四边擦净,用细玻棒将熔融石蜡或加拿大树胶把载玻片封住,注意应使载玻片紧密粘住。

5. 用同样方法、基本相同的试样数量及加水量,制备 3～5 个薄片,分别注上编号及调水日期和时间。

6. 调水后最初几小时内,每隔 5～10min 观测一次,以后可隔较长时间,如 1d、2d、3d、7d、14d 和 28d 等。所有显著的变化,都要及时做详细的记录或描绘出水化产物的外形轮廓。

### 2.12.2 显微镜的调节和摄影

用作照相的偏光显微镜,其显像一定要清楚。在使用前,必须仔细调节显微镜的光学系统。

1. 要有足够亮度的照明,一般用 6V 30W 或 12V 100W 的点光源灯泡。

2. 调节光源亮点的位置,使观察视域得到均匀而适宜的照明。

3. 准焦是显微照相的核心部分,准确地对好焦距,才能保证显像清楚。以视域中观测的对象为标准,调节显微镜的微调螺丝,使矿物轮廓达到最清楚的程度,如果用毛玻璃准焦,毛面应向下,切勿将毛面颠倒,以免显像模糊。

4. 由于显微摄影需要一定的反差,以反映矿物结构,因此宜选择采用合适的照相机。

## 2.13 用结合水法测定水泥水化速度

### 2.13.1 基本原理

硬化水泥浆体中的水，有作为水化物组成的化学结合水（以 $OH^-$ 或中性水分子形式存在，通过化学键或氢键与其他元素联结）和存在于孔隙中的非化学结合水两大类。在一定温度、湿度条件下，化学结合水的量随水化物增多而增多，即随水化程度提高而增多。因此，可以通过硬化水泥浆体与完全水化水泥的化学结合水量计算出硬化水泥浆体的水化程度。

硬化水泥浆体中的结合水，在高温灼烧条件下将完全脱去。利用这一性质，采用灼烧失量方法可以测出硬化水泥浆体中化学结合水量。由于硬化水泥浆体的烧失量除化学结合水外，还包括非化学结合水和新鲜水泥中的烧失量，在进行硬化水泥浆体的灼烧试验之前，必须事先除去试样中的非化学结合水，并测出新鲜水泥的烧失量。将已脱去非化学结合水的硬化水泥浆体试样置于950℃左右的高温炉中灼烧至恒重，测出试样烧失量，它与新鲜水泥烧失量之差即为水泥化学结合水量。

用降低水蒸气压或升高温度的方法，可将硬化水泥浆体中的非化学结合水排除。由于钙矾石在水化初期已大量形成，且在70℃以下已大量脱水，用升温干燥方法将使化学结合水量测定值偏低，对早期化学结合水量影响尤为明显。因此，采用减压干燥为宜。减压干燥方法一般是把干冰干燥（D 干燥）方法（见 2.13.7）看做是标准方法。在缺乏干冰干燥试验条件时，亦可采用真空干燥器减压以去除非化学结合水（不能全部出去），只要真空度和抽真空时间等试验条件相对稳定，由此测得的水化程度仍有较好的可比性。本实验采用真空干燥器减压。

### 2.13.2 仪器设备

1. 分析天平：不低于四级。
2. 养护器：玻璃干燥器内装入苏打石灰，以吸去养护器内空气中的二氧化碳。同时装入一定量的水，使养护器内相对湿度维持在90%以上。
3. 真空干燥器。
4. 高温炉：工作温度1000℃。
5. 玛瑙研钵。

### 2.13.3 材料

1. 水泥试样应充分拌匀，通过0.9mm方孔筛，并记录筛余物。
2. 无水乙醇、丙酮或乙醚、蒸馏水。

### 2.13.4 试验方法

1. 新鲜水泥烧失量的测定

准确称取约1g（称准至0.0002g）预先烘干至恒重的水泥试样，置于已灼烧恒重的瓷坩埚中,将盖斜置于锅上,放在高温炉内,从低温开始逐渐升高温度,在950~1000℃温度下灼烧15~20min,取出坩埚,置于干燥器中冷却至室温,称重。如此反复灼烧,直至恒重。水泥烧失量按下式计算:

$$L = \frac{G_1 - G_2}{G_1} \times 100 \qquad (2-36)$$

式中 $L$——烧失量,%;

$G_1$——灼烧前试样的质量,g;

$G_2$——灼烧后试样的质量,g。

2. 硬化水泥浆体试样的制备与养护

称取水泥试样10g,用滴管加入5mL蒸馏水调制成净浆(水灰比0.5),将净浆装入内壁预先涂蜡的玻璃试管中(涂蜡是为了以后打碎试管时易于将玻璃和水泥石分开),放入养护器中养护。养护器温度必须维持(20±3)℃。

3. 非化学结合水的分离

当硬化水泥浆体养护到规定龄期时,打碎试管,取出已硬化的水泥试样,用铁锤敲碎,加入10~20mL无水乙醇,以终止水化。在玛瑙研钵中将试样磨细至全部通过0.080mm,用快速滤纸过滤,将水泥残渣再用无水乙醇洗涤2次,每次10~15mL,最后用丙酮或乙醚10~15mL洗涤试样,过滤后将试样移入50℃烘箱烘干2~3h,然后移入真空干燥器中,在$1.33 \times 10^{-2} \sim 2.13 \times 10^{-2}$ MPa(100~160mm汞柱)下抽空4~6h(中间用玻璃棒搅拌试样一次),取出试样,置于干燥器保存备用。

4. 化学结合水的测定

(1) 准确称取经上述干燥处理后的硬化水泥浆体试样1~2g(称准至0.0002g),置于已灼烧恒重的瓷坩埚中,按2.13.4下面1的方法反复灼烧,直至恒重。

(2) 水泥化学结合水量为单位质量干燥水泥所结合的水量,以干燥水泥重量的百分数表示。化学结合水量$x_1$按下式计算:

$$x_1 = \frac{G_1 - G_2}{G_2}(100 - L) - L \qquad (2-37)$$

式中 $x_1$——硬化水泥浆体化学结合水量,%;

$G_1$——干燥硬化水泥浆体灼烧前试样重,g;

$G_2$——干燥硬化水泥浆体灼烧后试样重,g;

$L$——新鲜水泥的烧失量,%。

(3) 取三个试样作平行试验,取其中两个最接近的结果,算出算术平均值作为检验结果。

5. 完全水化水泥试样的制备

将水泥反复调水、养护、粉碎、再调水、养护。此法可使水泥达到完全水化。当最后两次测得的化学结合水量不变时,说明水泥已达到完全水化的程度。一般情况下,有五次调水就能达到完全水化。

## 2.13.5 水化程度的计算

1. 按上节所述测出完全水化水泥的化学结合水量。
2. 按下式计算出硬化水泥浆体的水化程度：

$$K = \frac{x_1}{x_2} \times 100 \tag{2-38}$$

式中 $K$——硬化水泥浆体某一龄期的水化程度，%；
$x_1$——硬化水泥浆体某一龄期的化学结合水量，%；
$x_2$——硬化水泥浆体完全水化时的化学结合水量，%。

## 2.13.6 影响因素与注意事项

1. 排除硬化水泥浆体中非化学结合水的干燥处理控制不当时，将影响化学结合水量测定的结果。硬化水泥浆体在干燥后保留水量的多少，决定于试样的龄期、水泥的水化速率、水灰比和干燥条件。在不同条件下干燥时，保留的相对水量列于表2-7中，表中数据是以在二水过氯酸镁和四水过氯酸镁的混合物上干燥后的保留水量为1计算。

表2-7 不同干燥条件下保留的相对水量

| 干燥剂 | 25℃时的蒸汽压（$10^{-6}$MPa） | 在硬化波特兰水泥浆体中保留水量的相对值 |
|---|---|---|
| $Mg(ClO_4)_2 \cdot 2H_2O \cdot 4H_2O$ | 1.07 | 1.0 |
| $P_2O_5$ | 0.002 | 0.8 |
| 浓 $H_2SO_4$ | 0.40 | 1.0 |
| -79℃的冰 | 0.06 | 0.9 |
| 50℃加热 |  | 1.2 |
| 105℃加热 |  | 0.9 |

由于没有一定的蒸汽压能把凝胶水与化学结合水分开，加热至105℃时，一些结晶水也会失去。因此，将硬化水泥浆体中的水大体划分为非蒸发水和可蒸发水两类。样品在-79℃的干冰-酒精干燥条件下达到平衡时，能保留下来的水称为非蒸发水，不能保留下来的水则称为可蒸发水。非蒸发水可作为化学结合水的量度，但这是近似的，因为在此干燥条件下，钙矾石、六方晶系的水化铝酸钙以及水化硅酸钙中结合力较弱的部分结晶水都将脱去，使化学结合水量偏低。

本试验在 $1.33 \times 10^{-2} \sim 2.13 \times 10^{-2}$ MPa 条件下进行真空干燥，使钙矾石等的结晶水不受破坏，但凝胶水却不能全部排除。然而，利用在此干燥条件下水泥石中保留的水量来计算水化程度时，其结果仍有较好的可比性，推证如下：

根据实验数据：1体积水泥水化后可生成2.2体积水化物凝胶；凝胶水体积占凝胶实体积28%；化学结合水占水泥质量的23%。

设试验用新鲜水泥实体积为 $V$，水泥密度为 $\gamma$，硬化水泥浆体水化程度为 $K$，在 $1.33 \times 10^{-2} \sim 2.13 \times 10^{-2}$ MPa下真空干燥后残留于水化物凝胶中的凝胶水与原凝胶水之比值为 $D$。

则：硬化水泥浆体中生成凝胶实体积为 $2.2KV$，完全水化水泥中生成凝胶实体积为

$2.2V$。干燥后硬化水泥浆体中保留水分 $G_k$：

$$G_k = 化学结合水 + 残留凝胶水 = 0.23KV\gamma + 0.28 \times 2.2KVD$$

干燥后完全水化水泥石中保留水分 $G$：

$$G = 化学结合水 + 残留凝胶水 = 0.23V\gamma + 0.28 \times 2.2D$$

$$\frac{G_k}{G} = \frac{KV(0.23\gamma + 0.28 \times 2.2D)}{V(0.23\gamma + 0.28 \times 2.2D)} = K \tag{2-39}$$

2. 在整个试验过程中应防止试样受碳化。硬化水泥浆体中有 $Ca(OH)_2$，在一定湿度条件下，它与空气中的 $CO_2$ 作用生成 $CaCO_3$ 和 $H_2O$，使化学结合水减少。为了防止 $CO_2$ 对试样的影响，试样养护器中应装入苏打石灰以吸除空气中的 $CO_2$。

3. 在做新鲜水泥的烧失量和硬化水泥浆体的化学结合水时，灼烧温度必须保持在 950～1000℃，灼烧时间应控制相同（一般为 15～20min），所用的坩埚必须恒重，否则将影响测定结果的精度。

### 2.13.7 附录：干冰-酒精干燥——D 干燥试验方法

D 干燥试验装置如图 2-19 所示。主要由真空干燥器 1、玻璃冷却管 2、冷陷 3 及真空泵组成，各部件的结构与功能如下：

（1）真空干燥器 1：放置试样用。

（2）玻璃冷却管 2：上端开口，并经磨口加工，下端半球形。内径 40mm，高 200～220mm，保证流经冷却管的气体充分冷却。

冷却管与磨口塞（图 2-20）紧密装配。磨口塞上有两条内径 8mm 左右的固定通气管，管口做成凹凸状以防接口漏气。通气管 1 与真空干燥器用胶管连接，其间尚接有一个真空三通阀，需要打开干燥器盖子时，使干燥器与大气接通，以便取盖。通气管 2 与真空泵连接。

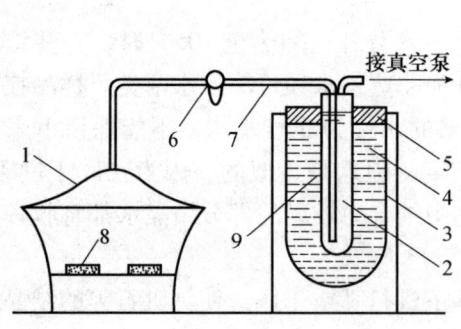

图 2-19 D 干燥试验装置示意图
1—真空干燥器；2—冷却管；3—冷陷；4—干冰-酒精；
5—软木塞；6—真空三通阀；7—胶管；8—试样；9—橡胶套

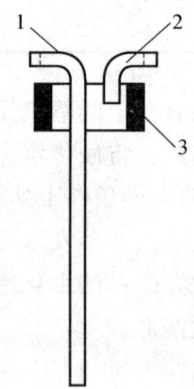

图 2-20 磨口塞
1，2—通气管；3—磨口塞

冷却管周围套上一层橡胶套，以免玻璃急冷开裂。冷却管通过软木塞固定于冷陷 3 中。

（3）冷陷 3：用 6 磅广口保温瓶。试验时装满干冰-酒精，使冷陷内温度维持在 -79℃。

（4）真空泵：一般机械泵可抽至 $2.67 \times 10^{-4} \sim 8 \times 10^{-4}$ MPa，扩散泵则可抽至 $10^{-7} \sim 10^{-8}$ MPa。

试验时,将试样置于蒸发皿放入真空干燥器中,按图2-19装配,调节真空三通阀,使真空干燥器与真空泵连通。所有接口处均用真空脂密封。开动真空泵抽空,一般48h以上(对于3~5mm水泥石试样)可达平衡,试验过程中应经常检查系统的真空度,可用静电真空检测器检测。当静电真空检测器接上220V电源,按钮通电后放出火花,将火花探头对准接合处,若火花进入内部,说明真空被破坏。

## 2.14 水泥水化热的测定

水泥和水后，发生一系列物理变化与化学变化，在这过程中放出大量热量，不论是绝对放热量，还是放热速度，对工程都有很大影响，特别是对大体积混凝土构件。由于混凝土导热能力很低，水泥水化放出的热量聚集在混凝土内部长期散发不出来，使混凝土内部温度升高，有时可达50℃以上。由于温升引起的混凝土体积膨胀，在其冷却到周围环境温度时就发生收缩。这样，在大体积混凝土工程中，由于形成巨大温差与温度应力，就引起了混凝土裂缝，造成某些危害。因此，设法降低混凝土内部发热量是保证大体积混凝土质量的重要因素。这除了要求施工部门采取降热措施外，还必须将所用水泥的水化热严格控制在一定范围内。所以，水泥水化热的测试是非常重要的。

国家标准《水泥水化热测定方法》GB/T 12959—2008 规定了水泥水化热的直接测定方法和溶解热测定方法。在标准中溶解热法列为基准法，直接法列为代用法，水泥水化热测定结果有争议时以基准法为准。本试验采用溶解热法测定水泥水化热。

### 2.14.1 方法原理

本方法是依据热化学盖斯定律，化学反应的热效应只与体系的初态和终态有关，而与反应的途径无关提出的。它是在热量计周围温度一定的条件下，用未水化的水泥与水化一定龄期的水泥分别在一定浓度的标准酸溶液中溶解，测得溶解热之差，作为该水泥在该龄期内所放出的水化热。

### 2.14.2 仪器设备

溶解热测定仪如图 2-21 所示。

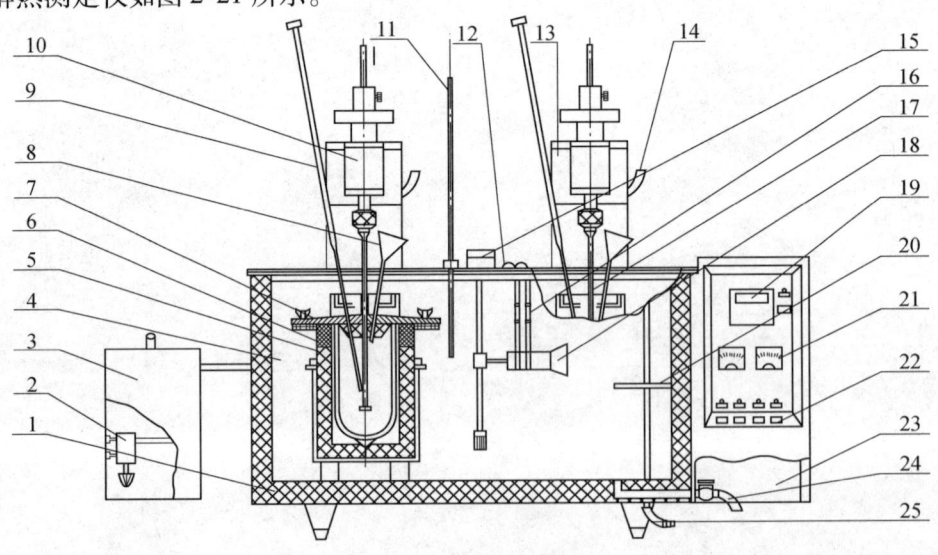

图 2-21 溶解热测定仪

1—水槽壳体；2—电机冷却水泵；3—电机冷却水箱；4—恒温水槽；5—试验内筒；6—广口保温瓶；7—筒盖；8—加料漏斗；9—贝氏温度计或量热温度计；10—轴承；11—标准温度计；12—电机冷却水管；13—电机横梁；14—锁紧手柄；15—循环水泵；16—支架；17—酸液搅拌棒；18—加热管；19—控温仪；20—温度传感器；21—控制箱面板；22—自锁按钮开关；23—电气控制箱；24—水槽进排水管；25—水槽溢流

（1）恒温水槽；
（2）内筒；
（3）广口保温瓶；
（4）贝克曼差示温度计或量热温度计；
（5）搅拌装置；
（6）曲颈玻璃加料漏斗；
（7）直颈加酸漏斗。

### 2.14.3 材料

1. 水泥试样应通过 0.9mm 的方孔筛，并充分混合均匀。

2. 氧化锌（ZnO）：使用前应预先进行如下处理，将氧化锌放入坩埚内，在 900~950℃ 下灼烧 1h 取出，置于干燥器中冷却后，用玛瑙研钵研磨至全部通过 0.15mm 方孔筛，贮存备用。在进行热容量标定前，应将上述制取的氧化锌 50g 在 900~950℃ 下灼烧 5min，然后在干燥器中冷却至室温。

3. 氢氟酸（HF）：浓度为 40%（质量分数）或密度 1.15~1.18g/cm³。

4. 硝酸（$HNO_3$）：一次应配制大量浓度为（2.00±0.02）mol/L 的硝酸溶液。配制时量取浓度为 65%~68%（质量分数）或密度为 1.39~1.41g/cm³（20℃）的浓硝酸 138mL，加蒸馏水稀释至 1L。硝酸溶液的标定：用移液管吸取 25mL 上述已配制好的硝酸溶液，移入 250mL 的容量瓶中，用蒸馏水稀释至标线，摇匀。接着用已知浓度（约 0.2mol/L）的氢氧化钠标准溶液标定容量瓶中硝酸溶液的浓度，该浓度乘以 10 即为上述已配制好的硝酸溶液的浓度。

5. 所用试剂应用分析纯。用于标定的试剂应为基准试剂。所用水应符合 GB/T 6682—2008 中规定的三级水要求。

### 2.14.4 热量计热容量的测定

1. 准备工作

（1）贝氏温度计或量热温度计、保温瓶及塑料内衬、搅拌棒等应编号配套使用。使用贝氏温度计试验前应用量热温度计检查贝氏温度计零点。如果使用量热温度计，不需调整零点，可直接测定。

（2）在标定热量计热容量的前 24h 应将保温瓶放入内筒，酸液搅拌棒放入保温瓶内，盖紧内筒盖，再将内筒放入恒温水槽内。调整酸液搅拌棒悬臂梁使夹头对准内筒中心孔，并将酸液搅拌棒夹紧。在恒温水槽内加水使水面高出试验内筒盖（由溢流管控制高度），打开循环水泵等，使恒温水槽内的水温调整并保持到（20±0.1）℃，然后关闭循环水泵备用。

（3）试验前打开循环水泵，观察恒温水槽温度使其保持在（20±0.1）℃，从安放贝氏温度计孔插入直颈加酸漏斗，用 500mL 耐酸的塑料杯称取（13.5±0.5）℃的（2.00±0.02）mol/L 硝酸溶液约 410g，量取 8mL 40% 氢氟酸加入耐酸塑料量杯内，再加入少量剩余的硝酸溶液，使两种混合溶液总质量达到（425±0.1）g，用直颈加酸漏斗加入到保温瓶内，然后取出加酸漏斗，插入贝氏温度计或量热温度计，中途不应拔出避免温度散失。

（4）开启保温瓶中的酸液搅拌棒，连续搅拌 20min 后，在贝氏温度计或量热温度计上读出酸液温度，此后每隔 5min 读一次酸液温度，直至连续 15min，每 5min 上升的温度差值相等时（或三次温度差值在 0.002℃ 内）为止。记录最后一次酸液温度，此温度值即为初测

读数 $\theta_0$，初测期结束。

(5) 初测期结束后，立即将事先称量好的 (7±0.001)g 氧化锌通过加料漏斗徐徐地加入保温瓶酸液中（酸液搅拌棒继续搅拌），加料过程须在 2min 内完成，漏斗和毛刷上均不得残留试样，加料完毕盖上胶塞，避免试验中温度散失。

(6) 从读出初测读数 $\theta_0$ 起分别测读 20min、40min、60min、80min、90min、120min 时贝氏温度计或量热温度计的读数，这一过程为溶解期。

2. 热量计热容量的计算

热量计在各个时间内的热容量按式（2-40）计算，计算结果保留至 0.1J/℃：

$$C = \frac{G_0[1072.0 + 0.4(30 - t_a) + 0.5(t - t_a)]}{R_0} \tag{2-40}$$

式中 $C$——热量计热容量，J/℃；
$G_0$——氧化锌的质量，g；
$t$——氧化锌加入热量计时的室温，℃；
$t_a$——溶解期第一次测读数 $\theta_a$ 以加贝氏温度计 0℃时相应的摄氏温度（如使用量热温度时 $t_a$ 的数值等于 $\theta_a$ 的读数），℃；
$R_0$——经校正的温度上升值，℃；
1072.0——氧化锌在 30℃时溶解热，J/g；
0.4——溶解热负温比热容，J/(g·℃)；
0.5——氧化锌比热容，J/(g·℃)。

$R_0$ 值按式（2-41）计算，计算结果保留至 0.001℃：

$$R_0 = (\theta_a - \theta_0) - \frac{a}{b-a}(\theta_b - \theta_a) \tag{2-41}$$

式中 $\theta_0$——初测期结束时（即开始加氧化锌时）的贝氏温度计或量热温度计读数，℃；
$\theta_a$——溶解期第一次测读的贝氏温度计或量热温度计的读数，℃；
$\theta_b$——溶解期结束时测读的贝氏温度计或量热温度计的读数，℃；
$a$、$b$——分别为测读 $\theta_a$ 或 $\theta_b$ 距离测初读数 $\theta_0$ 时所经过的时间，min。

3. 各品种水泥测读温度的时间表

为了保证试验结果的精度，热量计热容量对应 $\theta_a$、$\theta_b$ 的测读时间 $a$、$b$ 应分别与不同品种水泥所需要的溶解期测读时间对应，不同品种水泥的具体溶解期测读时间按表 2-8 规定。

表 2-8 各品种水泥测读温度的时间

| 水泥品种 | 距初测期温度 $\theta_0$ 的相隔时间 | |
| --- | --- | --- |
| | $a$ | $b$ |
| 硅酸盐水泥<br>中热硅酸盐水泥<br>低热硅酸盐水泥<br>普通硅酸盐水泥 | 20 | 40 |
| 矿渣水泥<br>低热矿渣水泥 | 40 | 60 |
| 火山灰硅酸盐水泥 | 60 | 90 |
| 粉煤灰硅酸盐水泥 | 80 | 120 |

注：在普通水泥、矿渣水泥、低热矿渣水泥中掺有大于 10%（质量分数）火山灰质或粉煤时可按火山灰质水泥或粉煤灰水泥规定的测读期。

## 4. 注意事项

热量计热容量应平行标定两次,以两次标定值的平均值作为标定结果。如果两次标定值相差大于 5.0J/℃ 时,应重新标定。在下列情况下,热容量应重新标定:

(1) 重新调整贝氏温度计时;
(2) 当温度计、保温瓶、搅拌棒更换或重新涂覆耐酸涂料时;
(3) 当新配制的酸液与标定热量计热容量的酸液浓度变化大于 ±0.02mol/L 时;
(4) 对试验结果有疑问时。

### 2.14.5 未水化水泥溶解热的测定

**1. 准备工作**

(1) 记录初测温度 $\theta'_0$。

(2) 读出初测温度 $\theta'_0$ 后,立即将预先称好的四份 (3±0.001)g 未水化水泥试样中的一份在 2min 内通过加料漏斗徐徐加入酸液中,漏斗、称量瓶及毛刷上均不得残留试样,加料完毕盖上胶塞。然后按表 2-8 规定的各品种水泥测读温度的时间,准时读记贝氏温度计读数以 $\theta'_a$ 和 $\theta'_b$。第二份试样重复第一份的操作。

(3) 余下两份试样置于 900~950℃ 下灼烧 90min,灼烧后立即将盛有试样的坩埚置于干燥器内冷却至室温,并快速称量。灼烧质量 $G_1$ 以两份试样灼烧后的质量平均值确定,如两份试样的灼烧质量相差大于 0.003g 时,应重新补做。

**2. 未水化水泥的溶解热计算**

未水化水泥的溶解热按式 (2-42) 计算,结果保留至 0.1J/g:

$$q_1 = \frac{R_1 \cdot C}{G_1} - 0.8(T' - T'_a) \tag{2-42}$$

式中 $q_1$——未水化水泥试样的溶解热,J/g;
  $C$——对应测读时间的热量计热容量,J/℃;
  $G_1$——未水化水泥试样灼烧后的质量,g;
  $T'$——未水化水泥试样装入热量计时的室温,℃;
  $T'_a$——未水化水泥试样溶解期第一次测读数 $\theta'_a$ 贝氏温度计0℃时相应的摄氏温度(如使用量热温度计时,$t'_a$ 的数值等于 $\theta'_a$ 的读数),℃;
  $R_1$——经校正的温度上升值,℃;
  0.8——未水化水泥试样的比热容,J/(g·℃)。

$R_1$ 值按式 (2-43) 计算,计算结果保留至 0.001℃:

$$R_1 = (\theta'_a - \theta'_0) - \frac{a'}{b' - a'}(\theta'_b - \theta'_a) \tag{2-43}$$

式中 $\theta'_0$、$\theta'_a$、$\theta'_b$——分别为未水化水泥试样初测期结束时的贝氏温度计读数、溶解期第一次和第二次测读时的贝氏温度计读数,℃;
  $a'$、$b'$——分别为未水化水泥试样溶解期第一次测读 $\theta'_a$ 与第二次测读 $\theta'_b$ 距初读数 $\theta'_0$ 的时间,min。

**3. 注意事项**

未水化水泥试样的溶解热以两次测定值的平均值作为测定结果,如两次测定值相差大于

10.0J/g时,应进行第三次试验;其结果与前试验中一次结果相差小于10.0J/g时,取其平均值作为测定结果,否则应重做试验。

### 2.14.6 部分水化水泥溶解热的测定

1. 准备工作

(1) 在测定未水化水泥试样溶解热的同时,制备部分水化水泥试样。测定两个龄期水化热时,称100g水泥加40mL蒸馏水,充分搅拌3min后,取近似相等的浆体两份或多份,分别装入试样瓶中,置于(20±1)℃的水中养护至规定龄期。

(2) 记录初测温度$\theta''_0$。

(3) 从养护水中取出一份达到试验龄期的试样瓶,取出水化水泥试样,迅速用金属研钵将水泥试样捣碎并用玛瑙研钵研磨至全部通过0.60mm方孔筛,混合均匀放入磨口称量瓶中,并称出(4.200±0.050)g(精确至0.001g)试样四份,然后存放在湿度大于50%的密闭容器中,称好的样品应在20min内进行试验。两份供做溶解热测定,另两份进行灼烧。从开始捣碎至放入称量瓶中的全部时间应不大于10min。

(4) 读出初测期结束时的温度$\theta''_0$后,立即将称量好的一份试样在2min内通过加料漏斗徐徐加入酸液中,漏斗、称量瓶及毛刷上均不得残留试样,加料完毕盖上胶塞,然后按表2-8规定不同水泥品种的测读时间,准时读记贝氏温度计或量热温度计读数$\theta''_a$和$\theta''_b$。第二份试样重复第一份的操作。

(5) 余下两份试样进行灼烧,灼烧质量$G_2$以两份试样灼烧后的质量平均值确定,如两份试样的灼烧质量相差大于0.003g时,应重新补做。

2. 经水化某一龄期后水泥的溶解热计算

经水化某一龄期后水泥的溶解热按式(2-44)计算,结果保留至0.1J/g。

$$q_2 = \frac{R_2 \cdot C}{G_2} - 1.7(T'' - t''_a) + 1.3(t''_a - t'_a) \tag{2-44}$$

式中 $q_2$——经水化某一龄期后水化水泥试样的溶解热,J/g;

$C$——对应测读时间的热量计热容量,J/℃;

$G_2$——某一龄期水化水泥试样灼烧后的质量,g;

$T''$——水化水泥试样装入热量计时的室温,℃;

$t''_a$——水化水泥试样溶解期第一次测读$\theta''_a$加贝氏温度计0℃时相应的摄氏温度,℃;

$t'_a$——未水化水泥试样溶解期第一次测读$\theta'_a$加贝氏温度计0℃时相应的摄氏温度,℃;

$R_2$——经校正的温度上升值,℃;

1.7——水化水泥试样的比热容,J/(g·℃);

1.3——温度校正比热容,J/(g·℃)。

$R_2$值按式(2-45)计算,计算结果保留至0.001℃:

$$R_2 = (\theta''_a - \theta''_0) - \frac{a''}{b'' - a''}(\theta''_b - \theta''_a) \tag{2-45}$$

式中 $\theta''_0$、$\theta''_a$、$\theta''_b$、$a''$、$b''$与前述相同,但在这里代表水化水泥试样。

3. 部分水化水泥试样的溶解热测定结果以两次测定值的平均值作为测定结果,如两次测定值相差大于 10.0J/g 时，应进行第三次试验；其结果与前试验中一次结果相差小于 10.0J/g 时，取其平均值作为测定结果，否则应重做试验。

4. 注意事项

每次试验结束后，将保温瓶中的耐酸塑料筒取出，倒出筒内废液，用清水将保温瓶内筒、贝氏温度计或量热温度计、搅拌棒冲洗干净，并用干净纱布擦干，供下次试验用。涂蜡部分如有损伤，松裂或脱落应重新处理。部分水化水泥试样溶解热测定应在规定龄期的 ±2h 内进行，以试样加入酸液时间为准。

### 2.14.7 水泥水化热结果计算

水泥在某一水化龄期前放出的水化热按式（2-46）计算，结果保留至 1J/g：

$$q = q_1 - q_2 + 0.4(20 - t'_a) \tag{2-46}$$

式中 $q$——水泥试样在某一水化龄期放出的水化热，J/g；

$q_1$——未水化水泥试样的溶解热，J/g；

$q_2$——水化水泥试样在某一水化龄期的溶解热，J/g；

$t'_a$——未水化水泥试样溶解期第一次测读 $\theta'_0$ 加贝氏温度计 0℃时相应的摄氏温度，℃；

0.4——溶解热的负温比热容，J/(g·℃)。

## 2.15 水泥石中氢氧化钙的分析

本实验按弗兰克（Frank）方法进行。

### 2.15.1 基本原理

硬化硅酸盐水泥浆体主要由水化硅酸盐、水化硫铝酸盐、氢氧化钙、水化铝（铁）酸钙及尚未反应的水泥粒子组成。当加入过量乙酰乙酸乙酯-异丁醇萃取剂，在回流沸煮温度下，$Ca(OH)_2$ 与乙酰乙酸乙酯反应生成含钙的络合物并溶于萃取液中，用高氯酸-异丁醇标准溶液回滴萃取物，通过高氯酸-异丁醇标准溶液对 $CaO$ 的滴定度及消耗量，算出萃合物中 $CaO$ 的总量。

在萃取 $Ca(OH)_2$ 的过程中，其他含钙化合物如水化铝（铁）酸钙、水化硫铝酸钙等亦有少量与萃取剂作用，生成含钙络合物。因此，萃取生成的萃合物，应是 $Ca(OH)_2$ 和其他化合物和萃取剂作用所得产物之和。为求得 $Ca(OH)_2$ 的含量，应对滴定结果进行校正。

设 $Ca(OH)_2$ 中 $CaO$ 用 $C_e$ 表示，其他化合物中的 $CaO$ 用 $C_n$ 表示。其他化合物中的 $CaO$ 与萃取剂的反应速度用下式表示：

$$\frac{-dC_n}{dt} = k_1 C_n a \tag{2-47}$$

式中 $a$——相当于每克试样的乙酰乙酸乙酯量；
$C_n$——存在于 $Ca(OH)_2$ 以外的其他化合物中化合的 $CaO$ 量；
$k_1$——反应速度常数；
$t$——萃取时间，h。

本实验中，$a$ 为一固定常数，且由于 $C_n$ 与萃取剂反应量极少，$C_n$ 变化极小，可以近似看作常数。据此，将式（2-47）改写成式（2-48）：

$$\frac{-dC_n}{dt} = k_2 \tag{2-48}$$

式中 $k_2 \approx k_1 C_n a$。

按式（2-48）积分得式（2-49）：

$$\Delta C_n = k_3 \Delta t \tag{2-49}$$

式中 $\Delta t$——萃取时间，h；
$\Delta C_n$——在 $\Delta t$ 时间内从 $Ca(OH)_2$ 以外的其他化合物中萃取出来的 $CaO$ 量；
$k_3$——常数。

由于萃取剂量是过量的，$Ca(OH)_2$ 可被充分萃取出来。设从式样中萃取来的 $CaO$ 总量为 $C_t$，当 $Ca(OH)_2$ 萃取完全并继续萃取时，便有：

$$C_t = C_e + \Delta C_n = C_e + k_3 \Delta t \tag{2-50}$$

若以萃取时间为横坐标，以 $C_t$ 为纵坐标，按式（2-50）画出的图线是一条以 $C_e$ 为截距的直线，如图2-22所示。

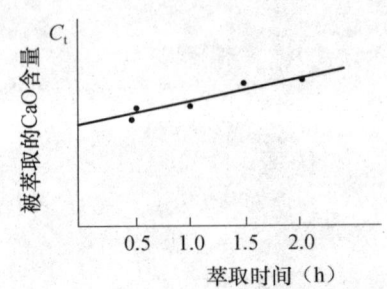

图 2-22 CaO 萃取量与萃取时间关系图

据此,采用固定试样量与萃取剂用量的比值来改变萃取时间的方法,测得若干对萃取时间 $t$ 与萃取量 $C_t$ 的数据,用最小二乘法算出直线方程 $C_t = C_e + k_3 \Delta t$ 中的 $C_e$ 值,此即为从氢氧化钙中萃取出的 CaO 量。由此换算成 $Ca(OH)_2$ 量,算出硬化浆体中 $Ca(OH)_2$ 的百分含量。

### 2.15.2 试剂及主要仪器设备

1. 异丙醇。
2. 0.25N 氢氧化钠无水乙醇溶液;将 1g 氢氧化钠溶于 100mL 无水乙醇中。
3. 0.2% 百里酚蓝指示剂:将 0.2g 百里酚蓝溶于 50mL95% 乙醇中,然后加水稀释至 100mL。
4. 乙酰乙酸乙酯 – 异丁醇混合萃取剂:按体积比为乙酰乙酸乙酯:异丁醇 = 3:10 配制,再按体积比为乙酰乙酸乙酯 – 异丁醇:0.25N 氢氧化钠无水乙醇溶液 = 100:0.25 的比例,将 0.25N 氢氧化钠无水乙醇溶液加入混合萃取剂中,摇匀。
5. 0.2N 高氯酸 – 异丁醇标准溶液:将 17.2mL 浓高氯酸($N = 11.6$,密度为 1.66 ~ 1.69g/cm³)用异丁醇稀释至 1L。

标定方法:准确称取 0.02g(称准至 0.0002g)氧化钙(将高纯试剂碳酸钙在 950 ~ 1000℃下灼烧至恒重),置于干燥的 300mL 锥形瓶中,加入 100mL 乙酰乙酸乙酯 – 异丁醇混合萃取液,装上回流冷凝器,在石棉网的电炉上加热沸煮 30min 以上,使反应完全。冷却后,取下锥形瓶,加入数滴 0.2% 百里酚蓝指示剂,用高氯酸 – 异丁醇溶液滴定,按式(2-51)算出高氯酸 – 异丁醇溶液对氧化钙的滴定度:

$$T_{CaO} = \frac{G \times 100}{V} \tag{2-51}$$

式中 $T_{CaO}$——高氯酸 – 异丁醇标准溶液对氧化钙的滴定度,即每毫升高氯酸 – 异丁醇标准溶液相当于氧化钙的毫克数,mg/mL;

$V$——滴定时消耗的高氯酸 – 异丁醇标准溶液的体积,mL;

$G$——氧化钙的质量,g。

6. 仪器设备:分析天平(不低于四级)、布氏漏斗、烘箱、真空泵等。

### 2.15.3 分析步骤与计算

1. 乙酰乙酸乙酯 – 异丁醇标准溶液空白试验,以校正 NaOH 对滴定结果的影响:量取 100mL 乙酰乙酸乙酯 – 异丁醇溶液于锥形瓶中,加入几滴 1% 酚酞指示剂使呈红色,以 0.2N 高氯酸 – 异丁醇标准溶液滴定至褪色。记下高氯酸 – 异丁醇标准溶液的消耗量 $V_白$(mL)。

2. 试样制备:将硬化水泥浆体敲碎,以磁铁吸去可能混入的铁屑。加入适量无水乙醇以中止水化,用玛瑙研钵磨细。用快速滤纸过滤,用无水乙醇洗涤 2 次,最后用丙酮(或乙醚)洗涤。将水泥移入烘箱烘干。再将试样用玛瑙研钵磨细至全部通过 0.080mm 方孔筛,装入带磨口塞的小广口瓶中,至于干燥器中保存备用。

3. 分别准确称取 0.2g(精确至 0.0002g)试样,置于干燥锥形瓶中,各加入 100mL 乙酰乙酸乙酯 – 异丁醇萃取溶液,装上回流冷凝器,在有石棉网的电炉上分别加入煮沸

30min、60min、90min、120min 进行萃取。萃取达到规定时间后，将化合物迅速冷却，倒入布氏漏斗中，开动真空泵迅速抽滤。残渣用50mL异丁醇洗涤。滤液与洗液收集于抽滤锥形瓶中。加入几滴0.2%百里酚指示剂，用0.2N高氯酸-异丁醇标准溶液滴定，至溶液从亮绿色变为涤蓝色为止。记下高氯酸-异丁醇标准溶液的消耗量。

4. 分别按式（2-52）算出萃取出来的氯化钙含量 $C_t$：

$$C_t = T_{CaO}(V - V_{白}) \tag{2-52}$$

式中　$C_t$——从试样中萃取出来的CaO总量，mg；

　　　$T_{CaO}$——高氯酸-异丁醇标准溶液对CaO的滴定度，mg/mL；

　　　$V$——滴定消耗的高氯酸-异丁醇标准溶液量，mL；

　　　$V_{白}$——按2.15.3的1空白试验滴定100mL乙酰乙酸乙酯-异丁醇萃取剂消耗的高氯酸-异丁醇标准溶液量，mL。

5. 根据测得的 $n(\geq 4)$ 对 $t \sim C_n$ 值，用最小二乘法按式（2-53）计算出式（2-50）中的 $C_e$ 值，此 $C_e$ 值即表示从试样的氢氧化钙中萃取出来的氧化钙含量（mg）。

$$C_e = \frac{\sum tC_t - \sum C_t \sum t^2}{(\sum t)^2 - n(\sum t^2)} \tag{2-53}$$

6. 水泥石中氢氧化钙的含量按式（2-54）计算：

$$Ca(OH)_2 = \frac{74C_e}{56} \times \frac{1}{1000G} \times 100$$

即

$$Ca(OH)_2 = \frac{37C_e}{280G} \tag{2-54}$$

### 2.15.4　影响因素与注意事项

1. 萃取达规定时间后，应迅速冷却（可采用水冷却），并立即进行抽滤。试验表明，冷却和抽滤时间过长，将使测定结果偏低。

2. 用高氯酸-异丁醇溶液滴定滤液由亮绿色变为涤蓝色即达终点，本试验中，颜色变化对比度较弱，应仔细观察。

3. 由于 $C_e$ 是按外推法通数理统计或作图方法求得，若试验次数太少，结果可能偏差较大；但试验次数太多，工作量和试剂消耗量又太大。一般取4个试样进行分析。

## 2.16 膨胀水泥膨胀性能的测定

膨胀水泥加水后即进行反应，在常温的水或潮湿空气中养护时，水泥浆体逐渐形成钙矾石或其他膨胀性水化产物，使试体体积膨胀。用比长仪测量两段装有球形钉头的水泥净浆试体在不同龄期时的长度变化，求的各龄期的线膨胀率，以此评价膨胀水泥的膨胀性能。

本实验按《膨胀水泥膨胀率试验方法》JC/T 313—2009 进行。

### 2.16.1 试验仪器和设备

1. 行星式胶砂搅拌机。符合 JC/T 681 的技术要求。
2. 天平。最大量程不小于 2000g，分度值不大于 1g。
3. 比长仪。由百分表、支架及校正杆组成，百分表分度值为 0.01mm，最大基长不小于 300mm，量程为 10mm。
4. 试模。试模为三联模，由相互垂直的隔板、端板、底座以及定位螺丝组成，各组件可以拆卸，组装后每联内壁尺寸为长 280mm，宽 25mm，高 25mm，使用中试模允许误差长 (280±3)mm，宽 (25±0.3)mm，高 (25±0.3)mm。端板有三个安置测量顶头的小孔，其位置应保证成型后试体的测量钉头在试体的轴线上。
5. 测量用钉头。用不锈钢或铜制成。成型试体时测量钉头深入试模端板的深度为 (10±1)mm。

### 2.16.2 试验条件

1. 成型试验室温度应保持在 (20±2)℃，相对湿度不低于 50%。
2. 湿气养护箱温度应保持在 (20±1)℃，相对湿度不低于 90%。
3. 试体养护池水温应在 (20±1)℃范围内。
4. 试验室、养护箱温度和相对湿度及养护水池水温在工作期间每天至少记录一次。
5. 按 GB/T 1346 的规定测定水泥样品的水泥净浆标准稠度用水量，成型按标准稠度用水量加水。

### 2.16.3 试体成型

1. 将试模擦净并装配好，内壁均匀地刷一层薄机油。然后将钉头插入试模端板上的小孔中，钉头插入深度为 (10±1)mm，松紧适宜。
2. 用量筒量取拌合用水量，并用天平称取水泥 1200g。
3. 用湿布将搅拌锅和搅拌叶擦拭，然后将拌合用水全部倒入搅拌锅中，再加入水泥，装上搅拌锅，开动搅拌机，按 JC/T 681 的自动程序进行搅拌（即慢拌 60s，快拌 30s，停 90s，再快拌 60s），用餐刀刮下粘在叶片上的水泥浆，取下搅拌锅。
4. 将搅拌好的水泥浆均匀地装入试模内，先用餐刀插划试模内的水泥浆，使其填满试模的边角空间，再用餐刀以 45°角由试模的一端向另一端压实水泥浆约 10 次，然后再向反方向返回压实水泥浆约 10 次，用餐刀在钉头两侧插实 3~5 次。这一操作反复进行 2 遍，每一条试体都重复以上操作，再将水泥浆铺平。
5. 一只手顶住试模的一端，用提手将试模另一端向上提起 30~50mm，使其自由落下，振动10次，用同样操作将试模另一端振动10次。用餐刀将试体刮平并编号。从加水时起10min内完成成型工作。

6. 将成型好的试体连同试模水平放入湿气养护箱中进行养护。

### 2.16.4 试体脱模、养护和测量

1. 试体自加水时间算起，养护（24±2）h脱模。对于凝结硬化较慢的水泥，可以适当延长养护时间，以脱模时试体完整无缺为限，延长的时间应记录。有特殊要求的水泥脱模时间、试体养护条件及龄期由双方协商确定。

2. 将脱模后的试体两端的钉头擦干净，并立即放入比长仪上测量试体的初始长度值 $L_1$。比长仪使用前应在试验室中放置24h以上，并用校正杆进行校准，确认零点无误后才能用于试体测量。测量结束后，应再用校正杆重新检查零点，如零点变动超过±0.01mm，则整批试体应重新测定。

注：零点是一个基准数，不一定是零。

3. 试体初始长度值测量完毕后，立即放入水中进行养护。

4. 试体水平放置刮平面朝上，放在不易腐烂的箅子上，并使试体彼此间应保持一定间距，以让水与试体的六个面接触。养护期间试体之间间隔或试体上表面的水深不得小于5mm。试体每次测量后立即放入水中继续养护至全部龄期结束。

每个养护池只养护同类型的水泥试体。最初用自来水装满养护池（或容器），随后随时加水保持适当的恒定水位，不允许在养护期间全部换水。

5. 试体的养护龄期按产品标准规定的要求进行。试体的养护龄期计算是从测量试体的初始长度值时算起。

6. 在水中养护至相应龄期后，测量试体某龄期的长度值 $L_x$，试体在比长仪中的上下位置应与初始测量时的位置一致。

7. 量读数时应旋转试体，使试体钉头和比长仪正确接触，指针摆动不得大于±0.02mm，表针摆动时，取摆动范围内的平均值。读数应记录至0.001mm。一组试体从脱模完成到测量初始长度应在10min内完成。

8. 任何到龄期的试体应在测量前15min内从水中取出。揩去试体表面沉积物，并用湿布覆盖至测量试验为止。测量不同龄期试体长度值在下列时间范围内进行：

——1d±15min；
——2d±30min；
——3d±45min；
——7d±2h；
——14d±4h；
——≥28d±8h。

### 2.16.5 结果的计算及处理

1. 水泥试体膨胀率的计算

水泥试体某龄期的膨胀率 $E_x$（%）按式（2-55）计算，计算至0.001%：

$$E_x = \frac{L_x - L_1}{250} \times 100 \tag{2-55}$$

式中　$E_x$——试体某龄期的膨胀率,单位为百分数,%;
　　　$L_x$——试体某龄期长度读数,单位为毫米,mm;
　　　$L_1$——试体初始长度读数,单位为毫米,mm;
　　　250——试体的有效长度250mm。

2. 结果处理

以三条试体膨胀率的平均值作为试样膨胀率的结果,如三条试体膨胀率最大极差大于0.010%时,取相接近的两条试体膨胀率的平均值作为试样的膨胀率结果。

### 2.16.6　影响因素与注意事项

1. 膨胀水泥的膨胀主要取决于膨胀性水化产物的生成速度和数量,因此,必须严格控制养护的温度、湿度等条件。

2. 钉头装入试模时,不应沾上油,以免与水泥粘结不牢或脱落而影响测长。

3. 测长时,试体入比长仪的上下位置和接触状况每次都应相同,以免因钉头加工精度不同带来误差。

## 2.17 硬化自应力水泥中剩余石膏量的分析

### 2.17.1 基本原理

测定硬化硅酸盐自应力水泥和硬化铝酸盐自应力水泥中的剩余石膏量，是基于在一定条件下，二水石膏在5%甘油-石灰饱和-石膏萃取剂中能全部溶解，而钙矾石在同一条件下溶解甚微。试验表明：测定硬化硅酸盐自应力水泥或其压力管中的剩余石膏量，采用5%甘油-石灰饱和-石膏（0.0024~0.026mgSO$_3$/mL）的萃取溶剂；测定硬化铝酸盐自应力水泥或其压力管中的剩余石膏量，采用5%甘油-石灰饱和-石膏（0.035~0.040mgSO$_3$/mL）的萃取溶剂是比较适宜的。将萃取出的二水石膏，经过滤分离后，以静态离子交换法进行测定。

### 2.17.2 试剂与仪器

1. 5%甘油-石灰饱和-石膏（0.0024~0.026mgSO$_3$/mL）萃取剂：称取7.5g氧化钙（碳酸钙经950~1000℃灼烧4h）及0.269g二水石膏（CaSO$_4$·2H$_2$O），溶于5L水中，过滤后加入250mL甘油，摇匀。瓶口连接一装有钠石灰的洗气瓶，静置24h，标定后使用。

萃取剂浓度（mgSO$_3$/mL）的标定：用移液管吸取100mL萃取剂，放入250mL烧杯中，加热至沸后，加入5g氢型阳离子交换树脂及一根磁力搅拌棒，放在电磁搅拌器上搅拌5min。以快速滤纸过滤，用热水将树脂洗涤8~10次，滤液及洗液收集于300mL锥形瓶中，加5~6滴1%酚酞指示剂溶液，以0.05N氢氧化钠标准溶液滴定至微红色。

萃取剂浓度按式（2-56）计算：

$$C_{SO_3} = \frac{VT_{SO_3}}{100} \tag{2-56}$$

式中　$C_{SO_3}$——每毫升萃取剂中含有三氧化硫的毫克数，mgSO$_3$/mL；

　　　$V$——滴定时消耗氢氧化钠标准溶液的体积，mL；

　　　$T_{SO_3}$——每毫升氢氧化钠标准溶液相当于三氧化硫的毫克数，mgSO$_3$/mL。

2. 5%甘油-石灰饱和-石膏（0.035~0.040mgSO$_3$/mL）萃取剂：称取7.5g氧化钙，（碳酸钙经950~1000℃灼烧4h）及0.43g二水石膏（CaSO$_4$.2·H$_2$O）溶于5L水中，滤后加入250mL甘油，摇匀。瓶口连接一装有钠石灰的洗气瓶，静置24h，标定后使用。标定方法同上。

3. 5%甘油-石灰饱和洗涤液：称取7.5g氧化钙（碳酸钙经950~1000℃灼烧4h）溶于5L水中，过滤后加入250mL甘油，摇匀。瓶口连接一装有钠石灰的洗气瓶，静置24h后使用。

4. 氢型732苯乙烯强酸性阳离子交换树脂。

5. 0.05N氢氧化钠标准溶液。

6. 1%酚酞指示剂溶液。

7. 磁力搅拌器。

8. 2X-1A型旋片式真空泵或其他型号真空泵。

### 2.17.3 试样制备

将硅酸盐或铝酸盐自应力水泥净浆水化试体敲碎后，用四分法缩分，取约10~20g泡入无水乙醇中,然后在玛瑙研钵中研磨至全部通过 0.080mm 方孔筛。将试样装入带磨口的广口试样瓶,置于真空干燥器中,在 $1.33 \times 10^{-2} \sim 2.13 \times 10^{-2}$ MPa(100~160mm 汞柱)条件下抽空 4~6h(中间用玻璃棒搅拌试样一次),然后将样品取出密封,以供各分析用。

### 2.17.4 分析步骤

准确称取制备好的试样约 0.5g(称准至 0.0002g),置于 250mL 干烧杯中。用移液管加入 100mL 温度为 (21±7)℃ 的萃取溶剂,并放入一根磁力搅拌棒,立即在电磁搅拌器上搅拌 5min。以定性滤纸过滤,用 5% 甘油-石灰饱和溶液洗涤残渣 3~4 次。将滤液放在电炉上加热至沸,然后加入 5g 树脂及一根磁力搅拌棒,再在电磁搅拌器上搅拌 5min。以快速滤纸过滤,用热水洗涤 5~6 次。加入 7~8 滴 1% 酚酞指示剂溶液,以 0.05N 氢氧化钠标准溶液滴定至微红色出现。

剩余三氧化硫百分含量按式 (2-57) 计算:

$$SO_{3余} = \frac{T_{SO_3}V - C_{SO_3}V_{萃}}{1000G} \times 100 \tag{2-57}$$

式中 $SO_{3余}$ ——水泥石中剩余三氧化硫含量,%;

$T_{SO_3}$ ——每毫升氢氧化钠标准溶液相当于三氧化硫的毫克数,mg/mL;

$V$ ——滴定时消耗氢氧化钠标准溶液的体积,mL;

$C_{SO_3}$ ——每毫升萃取剂中含有三氧化硫的毫克数,mg/mL;

$V_{萃}$ ——加入的萃取剂毫升数,100mL;

$G$ ——试样的质量,g。

### 2.17.5 影响因素与注意事项

1. 为使钙矾石在甘油-石灰饱和-石膏萃取溶剂中尽量不溶解,萃取剂的浓度(mgSO_3/mL)应略高于钙矾石在甘油-石灰饱和溶液中的动态平衡浓度。本试验采用的萃取剂浓度是通过多次试验加以确定的,试验表明,在 (21±7)℃ 温度范围内,钙矾石在一定量的甘油-石灰饱和溶液中的动态平衡浓度 (mgSO_3/mL) 随钙矾石含量增加而提高。由于铝酸盐自应力水泥水化后生成的钙矾石量高于硅酸盐自应力水泥,故用作铝酸盐自应力水泥的萃取剂,SO_3 浓度相对较高。

萃取剂中的甘油具有抑制石膏与铝酸盐矿物继续水化生成水化硫铝酸钙的作用,其浓度通过试验确定 5% 为宜。

2. 本试验是通过萃取的方法,将硬化水泥浆体中的剩余石膏提取到溶液中去。石膏能否提取完全,在试样量和萃取剂量固定的条件下,萃取时间就显得极为重要。萃取时间过短,石膏萃取不完全;萃取时间过长,由于钙矾石在该溶剂中也略有溶解(以 SO_3 计,钙矾石溶出量约为二水石膏溶出量的 1/25),使结果偏高。试验表明,在本试验分析条件下,萃取 5min,硬化水泥浆体中剩余石膏已基本萃取完全。

3. 试验表明,萃取温度在 (21±7)℃ 温度范围内,对萃取结果基本没有影响;若超过此温度,则需要增设恒温或空调设备。

## 2.18 水泥-水体系减缩试验

水泥与水发生水化反应后,固相水化产物总体积比反应前固相反应物总体积有所增大,但水泥-水体系(水泥浆体)总体积却比反应前有所减缩。在水泥-水体系的水分不被蒸发的条件下,测出水泥-水体系体积随水化时间而减缩的量,即可算出不同水化龄期中水泥-水体系的体积减缩率,通常以100g水泥水化时体积减缩的立方厘米 [$cm^3$/(100g 水泥)] 表示。

### 2.18.1 试验目的

测定水泥-水体系在不同水化龄期中的体积减缩率。

### 2.18.2 试验设备

1. 体积减缩测量仪,如图2-23所示。由100mL广口玻璃瓶,中心穿孔胶塞及内直径6mm的玻璃量管组成。量管上有体积刻度量程为$5cm^3$,刻度分度值为$0.1cm^3$。
2. 台式天平:1台。
3. 滴管:1支。
4. 养护水槽:1个。

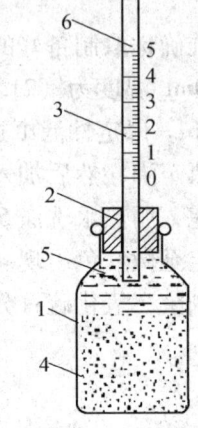

图 2-23 水泥-水体系减缩试验装置示意图
1—玻璃瓶;2—中心穿孔胶塞;
3—量管;4—水泥浆;5—水;
6—液体石蜡覆盖面

### 2.18.3 材料及其条件

1. 水泥试样:经烘干、拌匀,通过0.9mm方孔筛,置于干燥器中冷却至室温。
2. 试验用水:蒸馏水或洁净的淡水。
3. 液体石蜡。
4. 试验温度:试验室温度17~25℃,水泥试样、试验用水及仪器等的温度应与室温相同。养护水槽温度(20±2)℃。

### 2.18.4 试验步骤

1. 准确称取经干燥并已冷却至室温的水泥试样50g(精确至0.01g),置于仪器的广口玻璃瓶中。
2. 将量管插入胶塞中,量管与胶塞接触处用石蜡密封。
3. 向装有水泥试样的瓶中加适量水,用玻璃棒搅拌使水泥分散,并排去气泡。用水清洗玻璃棒,洗液一并收入瓶中。
4. 用装好量管的胶塞塞紧瓶口,胶塞与瓶口接触处用石蜡密封,装置如图2-23所示。
5. 用滴管通过量管向瓶内补充加水,使液面上升至接近量管的最大刻度。
6. 向量管中加入一滴液体石蜡,用以封盖水面,防止水分蒸发。
7. 将体积减缩测量仪置(20±2)℃的养护水槽中,经数分钟待液面稳定后,即可读取液面起始读数(读准至$0.01cm^3$),并记录。
8. 每隔一天读取一次液面读数。将液面读数下降值乘以2,即为每100g水泥水化时水泥-水体系的体积减缩率,以 $cm^3/100g$ 水泥表示。

9. 每次试验平行做三个试样的测定,取其中两个最接近的测定结果算术平均值,作为试验结果。

#### 2.18.5 影响因素与注意事项

1. 瓶内水分蒸发或外界水分进入瓶内,都将影响液面读数结果。因此,液面必须用液体石蜡封盖,胶塞与瓶口接触处以及瓶塞与量管接触处都必须用石蜡严格密封,防止瓶内水分蒸发和外部水分渗入瓶内。

2. 由于热胀冷缩,温度波动将影响液面读数。因此,在试验全过程中,均应按要求把温度控制在允许范围内。每次读数时,温度应尽可能保持一致。

3. 根据一般硅酸盐水泥的矿物组成计算,每 100g 水泥完全水化时,水泥-水体系体积的减缩总量约为 $7\sim9cm^3$。量管的量程是根据水泥-水体系的减缩率和水泥试样两个因素确定的。若试样量减少,可采用量程较小、相应体积刻度更为精确的量管。若试样量增多时,应采用较大量程的量管,玻璃瓶容量亦应相应增大。

4. 每次读数,均以弯月液面底部为准。

# 第3章 石灰和石膏试验

## 3.1 生石灰消化速度的测定

生石灰遇水起化学反应，此项反应的快慢称为消化速度。由于石灰与水的化学反应是放热反应，所以消化速度的测定是以生石灰开始加入水中至上升至最高温度所需的时间为消化速度。

### 3.1.1 试验目的

测定生石灰的消化速度。

### 3.1.2 采用标准

《建筑石灰试验方法》（JC/T 478.1—1992）。

### 3.1.3 试验设备

1. 保温瓶：瓶胆全长162mm；瓶身直径61mm；口内径28mm；容量200mL；上盖用白色橡胶塞，在塞中心钻孔插温度计；
2. 长尾水银温度计：量程150℃；
3. 秒表；
4. 天平：最大称量为100g，分度值0.1g；
5. 玻璃量筒：50mL。

### 3.1.4 试样制备

#### 3.1.4.1 生石灰

将约300g的试样全部粉碎，然后通过5mm圆孔筛，四分法缩取50g，在瓷钵内进一步研细至全部通过0.900mm方孔筛，混匀装入磨口瓶内备用。

#### 3.1.4.2 生石灰粉

将试样混匀，四分法缩至50g，装入磨口瓶内备用。

### 3.1.5 试验步骤

检查保温瓶上盖及温度计装置，温度计下端应保证能插入试样中间。检查之后，在保温瓶中加入（20±1）℃蒸馏水20mL。称取试样10g，精确至0.2g，倒入保温瓶的水中，立即开启秒表，同时盖上盖，轻轻摇动保温瓶数次，自试样倒入水中时算起，每隔30s读一次温度，临近终点仔细观察，记录达到最高温度及温度开始下降的时间，以达到最高温度所需的时间为消化速度。消化速度以分钟（min）计。以两次测定结果的算术平均值为试验结果，计算结果保留小数点后两位。

### 3.1.6 注意事项

生石灰的水化活性很大，极易与空气中的水分发生反应，因此在试样制备过程中必须注意防潮，并尽量减少操作时间。

## 3.2 建筑石膏标准稠度用水量和强度的测定

建筑石膏的细度、密度、标准稠度用水量、凝结时间、抗折强度、抗压强度等物理性能，与工程质量和施工操作有着密切的关系，必须按照正确的检验方法进行测定。国家标准规定了统一的测定方法，本试验选做用水量和强度两项。

标准稠度用水量采用稠度筒法测定，方法简便，比较直观。标准稠度用水量虽不作为衡量建筑石膏质量的直接指标，但建筑石膏的凝结时间、强度等主要性能，都是在标准稠度用水量下拌制石膏净浆进行成型后测定的，因此必须先测定标准稠度用水量。

建筑石膏强度试件用建材行业标准《水泥胶砂试模》JC/T 726—2005 规定的 4cm × 4cm × 16cm 的棱柱体，以试件的抗折强度和抗压强度作为衡量建筑石膏强度的标准。强度测定时试件的状态以石膏与水开始接触 2h 时的试件湿强度为准。

### 3.2.1 试验目的

建筑石膏标准稠度用水量；建筑石膏抗折强度、抗压强度的测定。

### 3.2.2 采用标准

《建筑石膏》GB/T 9776—2008；《水泥胶砂试模》JC/T 726—2005；《水泥胶砂电动抗折试验机》JC/T 724；《水泥物理检验仪器抗压夹具》JC/T 725；《建筑石膏——一般试验条件》GB/T 17669.1—1999；《建筑石膏 力学性能的测定》GB/T 17669.3—1999；《建筑石膏—净浆物理性能的测定》GB/T 17669.4—1999。

### 3.2.3 仪器与设备

1. 稠度仪：仪器由内径$\phi$50mm ± 0.1mm，高 100mm ± 0.1mm 的不锈钢质筒体，240mm × 240mm 的玻璃板，以及筒体提升机构组成。筒体上升速度为 150mm/s，并能下降复位。

2. 搅拌器具：搅拌碗用不锈钢制成，碗口内径$\phi$180mm，碗深 60mm。
拌合棒：由三个不锈钢丝弯成的椭圆形套环所组成，钢丝直径$\phi$1~2mm，环长约 100mm。

3. 试模：采用建材行业标准《水泥胶砂试模》JC/T 726—2005 规定的水泥胶砂强度试模。

4. 抗折试验机：采用建材行业标准《水泥胶砂电动抗折试验机》JC/T—724 规定的电动抗折试验机。

5. 抗压试验机：示值误差不大于 1%。

6. 抗压夹具：应符合建材行业标准《水泥物理检验仪器抗压夹具》JC/T—725 的要求。试验期间，上下夹板应能无摩擦地相对活动。

### 3.2.4 试验条件

根据国家标准《建筑石膏 一般试验条件》GB/T 17669.1—1999 对常规试验规定，试验室温度应为 (20 ± 5)℃，空气相对湿度应为 (65 ± 10)%。建筑石膏试样、拌合水及试模等仪器的温度应与室温相同。

### 3.2.5 试验步骤

#### 3.2.5.1 标准稠度用水量的测定

试验前，将稠度仪的筒体内部及玻璃板擦净，并保持湿润，将筒体垂直地放在玻璃板上，筒体中心与玻璃板下一组同心圆的中心重合。

将估计为标准稠度用水量的水倒入搅拌碗中，把300g试样在5s内倒入水中，用拌合棒搅拌30s，得到均匀的石膏浆，边搅边迅速注入稠度仪筒体，用刮刀刮去溢浆，使浆面与筒体上端面齐平。从试样与水接触开始，至总时间为50s时，开动仪器提升机构。待筒体提去后，测定料浆扩展成的试饼两垂直方向上的直径，计算其平均值。

记录料浆扩展直径等于（180±5）mm时的加水量，该水量与试样的重量比（以百分数表示）作为结果，取两次测定结果的平均值则为标准稠度用水量，精确至1%。

#### 3.2.5.2 抗折强度的测定

1. 试件制备

一次调和制备的建筑石膏量，应能填满制作三个试件的试模，并将损耗计算在内，所需浆料的体积为950mL，采用标准稠度用水量，计算建筑石膏用水量和加水量：

$$m_g = \frac{950}{0.4 + (W/P)} \tag{3-1}$$

式中 $m_g$——建筑石膏质量，g；

$W/P$——标准稠度用水量，应符合 GB/T 17669.4 的规定：

$$m_W = m_g \times (W/P) \tag{3-2}$$

式中 $m_W$——加水量，g。

在试模内侧薄薄地涂上一层矿物油，并使连接缝封闭，以防料浆流失。先把所需加水量的水倒入搅拌容器中，再把已称量的建筑石膏倒入其中，静止1min，然后用拌合棒在30s内搅拌30圈。接着，以3r/min的速度搅拌，使料浆保持悬浮状态，然后用勺子搅拌料浆直至开始稠化，以料浆落到浆体表面刚能形成一个圆锥为准。一边慢慢搅拌，一边把料浆舀入试模中。将试模的前端抬起约10mm，再使之落下，如此重复5次，以排除气泡。当从溢出的料浆判断已经初凝时，用刮平刀刮去溢浆。终凝后，在试件表面做上标记，并拆模。

2. 操作程序

测定抗折强度时，将试件放在抗折试验机的两个支承辊上，试件的成型面（即用刮平刀刮平的表面）应侧立，试件各棱边与各辊垂直，并使加荷辊与两个支承辊保持等距离。开动抗折试验机，使试件折断，记录三个试件的抗折强度 $R_f$(MPa)，并计算其平均值，精确至0.05MPa。如果测得的三个值与它们平均值的差不大于15%，则用该平均值作为抗折强度；如果有一个值与平均值的差大于15%，则用三个新试件重做试验。

#### 3.2.5.3 抗压强度的测定

用做完抗折试验后得到的不同试件上的三个半截试件进行抗压强度的测定。将试件成型面侧立，置于抗压夹具内，并使抗压夹具的中心处于上、下两夹板的轴心上，保证上夹板球轴通过试件受压面中心。开动抗压试验机，使试件在加荷后20～40s内破坏。计算如下：

$$R_c = \frac{P}{S} = \frac{P}{2500} \tag{3-3}$$

式中 $R_c$——抗压强度，MPa；

$P$——破坏载荷，N；

$S$——试件受压面积，2500mm²。

计算三块试件抗压强度平均值，精确至 0.05MPa。如果测得的三个 $R_c$ 值与它们平均值的差不大于15%，则用该平均值作为试件抗压强度；如果有一个值与平均值之差大于平均值的15%，应将此值舍去，以其余的值计算平均值；如果有一个以上的值与平均值之差大于15%，应重做试验。

依据测定结果，根据表 3-1 判断建筑石膏的等级。

表 3-1 建筑石膏的等级　　　　　　　　　　　　　　MPa(kgf/cm³)

| 等级 | 优等品 | 一等品 | 合格品 |
| --- | --- | --- | --- |
| 抗折强度 | 2.5(25.0) | 2.1(21.0) | 1.8(18.0) |
| 抗压强度 | 4.9(50.0) | 3.9(40.0) | 2.9(30.0) |

# 第4章 建筑砂浆和混凝土试验

## 4.1 建筑砂浆基本性能试验

### 4.1.1 采用标准

《建筑砂浆基本性能试验方法》（JGJ/T 70—2009）。

### 4.1.2 取样及试样的制备

#### 4.1.2.1 取样

1. 建筑砂浆试验用料应从同一盘砂浆或同一车砂浆中取样。取样量应不少于试验所需量的4倍。

2. 施工中取样进行砂浆试验时，其取样方法和原则应按相应的施工验收规范执行。一般在使用地点的砂浆槽、砂浆运送车或搅拌机出料口，至少从三个不同部位取样。现场取来的试样，试验前应人工搅拌均匀。

3. 从取样完毕到开始进行各项性能试验不宜超过15min。

#### 4.1.2.2 试样的制备

1. 在试验室制备砂浆拌合物时，所用材料应提前24h运入室内。拌合时，试验室的温度应保持在（20±5）℃。

注：需要模拟施工条件下所用的砂浆时，所用原材料的温度宜与施工现场保持一致。

2. 试验所用原材料应与现场使用材料一致。砂应通过公称粒径5mm筛。

3. 试验室拌制砂浆时，材料用量应以质量计。称量精度：水泥、外加剂、掺合料等为±0.5%；砂为±1%。

4. 在试验室搅拌砂浆时应采用机械搅拌，搅拌机应符合《试验用砂浆搅拌机》JG/T 3033的规定，搅拌的用量宜为搅拌机容量的30%~70%，搅拌时间不应少于120s。掺有掺合料和外加剂的砂浆，其搅拌时间不应少于180s。

### 4.1.3 稠度试验

1. 本方法适用于确定配合比或施工过程中控制砂浆的稠度，以达到控制用水量的目的。

2. 稠度试验所用仪器应符合下列规定：

（1）砂浆稠度测定仪：如图4-1所示，由试锥、容器和支座三部分组成。试锥由钢材或铜材制成，试锥高度为

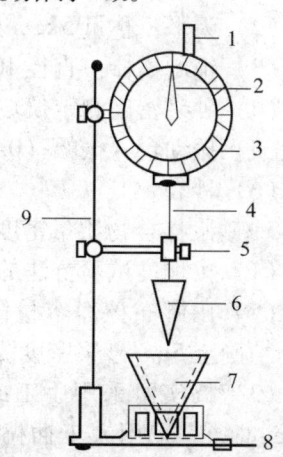

图4-1 砂浆稠度测定仪
1—齿条测杆；2—摆针；3—刻度盘；4—滑竿；5—制动螺丝；6—试锥；7—盛装容器；8—底座；9—支架

145mm，锥底直径为75mm，试锥连同滑竿的质量应为（300±2）g；盛载砂浆容器由钢板制成，筒高为180mm，锥底内径为150mm；支座分底座、支架及刻度显示三部分，由铸铁、钢及其他金属制成。

（2）钢制捣棒：直径10mm，长350mm，端部磨圆。

（3）秒表等。

3. 稠度试验应按下列步骤进行：

（1）用少量润滑油轻擦滑竿，再将滑竿上多余的油用吸油纸擦净，使滑竿能自由滑动。

（2）用湿布擦净盛浆容器和试锥表面，将砂浆拌合物一次装入容器，使砂浆表面低于容器口约10mm。用捣棒自容器中心向边缘均匀地插捣25次，然后轻轻地将容器摇动或敲击5~6下，使砂浆表面平整，然后将容器置于稠度测定仪的底座上。

（3）拧松制动螺丝，向下移动滑竿，当试锥尖端与砂浆表面刚接触时，拧紧制动螺丝，使齿条侧杆下端刚接触滑竿上端，读出刻度盘上的读数（精确至1mm）。

（4）拧松制动螺丝，同时计时间，10s时立即拧紧螺丝，将齿条测杆下端接触滑竿上端，从刻度盘上读出下沉深度（精确至1mm），二次读数的差值即为砂浆的稠度值。

（5）盛装容器内的砂浆，只允许测定一次稠度，重复测定时，应重新取样测定。

4. 稠度试验结果应按下列要求确定：

（1）取两次试验结果的算术平均值，精确至1mm。

（2）如两次试验值之差大于10mm，应重新取样测定。

### 4.1.4 密度试验

1. 本方法适用于测定砂浆拌合物捣实后的单位体积质量（即质量密度），以确定每立方米砂浆拌合物中各组成材料的实际用量。

2. 质量密度试验所用仪器应符合下列规定：

（1）容量筒：金属制成，内径108mm，净高109mm，筒壁厚2mm，容积为1L。

（2）天平：称量5kg，感量5g。

（3）钢制捣棒：直径10mm，长350mm，端部磨圆。

（4）砂浆密度测定仪。

（5）振动台：振幅（0.5±0.05）mm，频率（50±3）Hz。

（6）秒表。

3. 砂浆拌合物质量密度试验应按下列步骤进行：

（1）按稠度试验方法的规定测定砂浆拌合物的稠度。

（2）用湿布擦净容量筒的内表面，称量容量筒质量$m_1$，精确至5g。砂浆密度测定仪如图4-2所示。

（3）捣实可采用手工或机械方法。当砂浆稠度大于50mm时，宜采用人工插捣法，当砂浆稠度不大于50mm时，宜采用机械振动法。

采用人工插捣时，将砂浆拌合物一次装满容量筒，使其稍有富余，用捣棒由边缘向中心均匀地插捣25次，插捣过程中如砂浆沉落到低于筒口，则应随时添加砂浆，再用木槌沿容器外壁敲击5~6下。

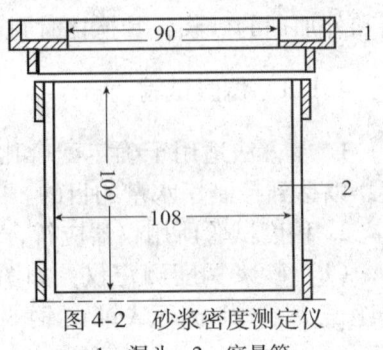

图4-2 砂浆密度测定仪

1—漏斗；2—容量筒

采用振动法时,将砂浆拌合物一次装满容量筒连同漏斗在振动台上振10s,振动过程中如砂浆沉入到低于筒口,应随时添加砂浆。

(4)捣实或振动后将筒口多余的砂浆拌合物刮去,使砂浆表面平整,然后将容量筒外壁擦净,称出砂浆与容量筒总质量 $m_2$,精确至5g。

4. 砂浆拌合物的质量密度应按下式计算:

$$\rho = \frac{m_2 - m_1}{V} \times 1000 \tag{4-1}$$

式中 $\rho$——砂浆拌合物的质量密度,kg/m³;
  $m_1$——容量筒质量,kg;
  $m_2$——容量筒及试样质量,kg;
  $V$——容量筒容积,L。

取两次试验结果的算术平均值,精确至10kg/m³。

注:容量筒容积的校正,可采用一块能覆盖住容量筒顶面的玻璃板,先称出玻璃板和容量筒质量,然后向容量筒中灌入温度为(20±5)℃的饮用水,灌到接近上口时,一边不断加水,一边把玻璃板沿筒口徐徐推入盖严。应注意使玻璃板下不带入任何气泡,然后擦净玻璃板面及筒壁外的水分,称量容量筒、水和玻璃板质量(精确至5g)。后者与前者质量之差(以kg计)即为容量筒的容积(L)。

### 4.1.5 分层度试验

1. 本方法适用于测定砂浆拌合物在运输及停放时内部组分的稳定性。
2. 分层度试验所用仪器应符合下列规定:
(1)砂浆分层度筒(图4-3)内径为150mm,上节高度为200mm,下节带底净高为100mm,用金属板制成,上、下层连接处需加宽到3~5mm,并设有橡胶垫圈。
(2)振动台:振幅(0.5±0.05)mm,频率(50±3)Hz。
(3)稠度仪、木槌等。

3. 分层度试验应按下列步骤进行:
(1)首先将砂浆拌合物按稠度试验方法测定稠度。
(2)将砂浆拌合物一次装入分层度筒内,待装满后,用木槌在容器周围距离大致相等的四个不同部位轻轻敲击1~2下,如砂浆沉落到低于筒口,则应随时添加,然后刮去多余的砂浆并用抹刀抹平。
(3)静置30min后,去掉上节200mm砂浆,剩余的100mm砂浆倒出放在拌合锅内拌2min,再按稠度试验方法测其稠度。前后测得的稠度之差即为该砂浆的分层度值(mm)。

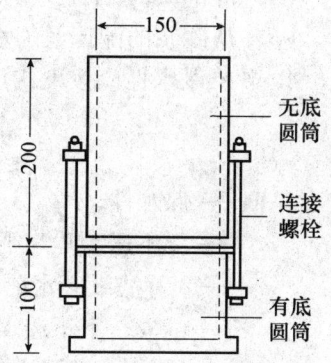

图4-3 砂浆分层度测定仪

注:也可采用快速法测定分层度,其步骤是:(一)按稠度试验方法测定稠度;(二)将分层度筒预先固定在振动台上,砂浆一次装入分层度筒内,振动20s;(三)然后去掉上节200mm砂浆,剩余100mm砂浆倒出放在拌合锅内拌2min,再按稠度试验方法测其稠度,前后测得的稠度之差即为该砂浆的分层度值。但如有争议时,以标准法为准。

4. 分层度试验结果应按下列要求确定:
(1)取两次试验结果的算术平均值作为该砂浆的分层度值;
(2)两次分层度试验值之差如大于10mm,应重新取样测定。

### 4.1.6 保水性试验

1. 本方法适用于测定砂浆保水性,以判定砂浆拌合物在运输及停放时内部组分的稳定性。
2. 保水性试验所用仪器应符合下列规定:
(1) 金属或硬塑料圆环试模内径100mm、内部高度25mm;
(2) 可密封的取样容器,应清洁、干燥;
(3) 2kg的重物;
(4) 医用棉纱,尺寸为110mm×110mm,宜选用纱线稀疏、厚度较薄的棉纱;
(5) 超白滤纸,符合《化学分析滤纸》GB/T 1914中速定性滤纸,直径110mm,密度200g/m²;
(6) 2片金属或玻璃的方形或圆形不透水片,边长或直径大于110mm;
(7) 天平:量程200g,感量0.1g;量程2000g,感量1g;
(8) 烘箱。
3. 保水性试验应按下列步骤进行:
(1) 称量下不透水片与干燥试模质量 $m_1$ 和8片中速定性滤纸质量 $m_2$。
(2) 将砂浆拌合物一次性填入试模,并用抹刀插捣数次,当填充砂浆略高于试模边缘时,用抹刀以45°角一次性将试模表面多余的砂浆刮去,然后再用抹刀以较平的角度在试模表面反方向将砂浆刮平。
(3) 抹掉试模边的砂浆,称量试模、下不透水片与砂浆总质量 $m_3$。
(4) 用2片医用棉纱覆盖在砂浆表面,再在棉纱表面放上8片滤纸,用不透水片盖在滤纸表面,以2kg的重物把不透水片压着。
(5) 静止2min后移走重物及不透水片,取出滤纸(不包括棉纱),迅速称量滤纸质量 $m_4$。
(6) 从砂浆的配比及加水量计算砂浆的含水率。
4. 砂浆保水性应按下式计算:

$$W = \left[1 - \frac{m_4 - m_2}{\alpha \times (m_3 - m_1)}\right] \times 100\% \tag{4-2}$$

式中 $W$——保水性,%;

$m_1$——下不透水片与干燥试模质量,g;

$m_2$——8片滤纸吸水前的质量,g;

$m_3$——试模、下不透水片与砂浆总质量,g;

$m_4$——8片滤纸吸水后的质量,g;

$\alpha$——砂浆含水率,%。

取两次试验结果的平均值作为结果,如两个测定值中有1个超出平均值的5%,则此组试验结果无效。

5. 砂浆含水率测试方法

称取100g砂浆拌合物试样,置于一干燥并已称重的盘中,在(105±5)℃的烘箱中烘干至恒重,砂浆含水率应按下式计算:

$$\alpha = \frac{m_5}{m_6} \times 100\% \tag{4-3}$$

式中 $\alpha$——砂浆含水率,%;

$m_5$——烘干后砂浆样本损失的质量,g;

$m_6$——砂浆样本的总质量,g。

砂浆含水率值应精确至0.1%。

### 4.1.7 凝结时间试验

1. 本方法适用于用贯入阻力法确定砂浆拌合物的凝结时间。

2. 凝结时间试验所用仪器应符合下列规定:

(1) 砂浆凝结时间测定仪:如图4-4所示,由试针、容器、台秤和支座四部分组成,并应符合下列规定:

①试针:不锈钢制成,截面积为30mm²;

②盛砂浆容器:由钢制成,内径140mm,高75mm;

③压力表:称量精度为0.5N;

④支座:分底座、支架及操作杆三部分,由铸铁或钢制成。

(2) 时钟等。

3. 凝结时间试验应按下列步骤进行:

(1) 将制备好的砂浆拌合物装入砂浆容器内,并低于容器上口10mm,轻轻敲击容器,并予以抹平,盖上盖子,放在(20±2)℃的试验条件下保存。

(2) 砂浆表面的泌水不清除,将容器放到压力表圆盘上,然后通过以下步骤来调节测定仪:

①调节螺母3,使贯入试针与砂浆表面接触;

②松开调节螺母2,再调节调节套1,以确定压入砂浆内部的深度为25mm后再拧紧螺母2;

③旋动调节螺母8,使压力表指针调到零位。

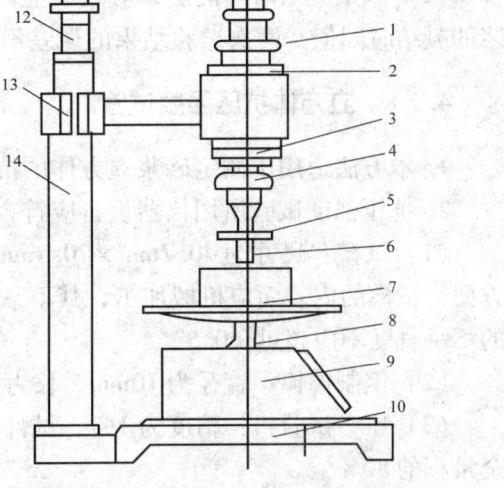

图4-4 砂浆凝结时间测定仪示意图
1—调节套;2—调节螺母;3—调节螺母;4—夹头;
5—垫片;6—试针;7—试模;8—调节螺母;
9—压力表座;10—底座;11—操作杆;
12—调节杆;13—立架;14—立柱

(3) 测定贯入阻力值,用截面为30mm²的贯入试针与砂浆表面接触,在10s内缓慢而均匀地垂直压入砂浆内部25mm深,每次贯入时记录仪表读数$N_p$,贯入杆离开容器边缘或已贯入部位至少12mm。

(4) 在(20±2)℃的试验条件下,在成型后2h开始测定实际贯入阻力值,以后每隔半小时测定一次,至贯入阻力值达到0.3MPa后,改为每15min测定一次,直至贯入阻力值达到0.7MPa为止。

注:1. 施工现场凝结时间的测定,其砂浆稠度、养护和测定的温度与现场相同。

2. 在测定湿拌砂浆的凝结时间时,时间间隔可根据实际情况来定。如可定为受检砂浆预测凝结时间的1/4、1/2、3/4等来测定,当接近凝结时间时改为每15min测定一次。

4. 砂浆贯入阻力值按下式计算:

$$f_p = \frac{N_p}{A_p} \tag{4-4}$$

式中 $f_p$——贯入阻力值，MPa；

$N_p$——贯入深度至25mm时的静压力，N；

$A_p$——贯入试针的截面积，即30mm²。

砂浆贯入阻力值应精确至0.01MPa。

5. 由测得的贯入阻力值，可按下列方法确定砂浆的凝结时间。

（1）分别记录时间和相应的贯入阻力值，根据试验所得各阶段的贯入阻力与时间的关系绘图，由该关系图求出贯入阻力值达到0.5MPa的所需时间 $t_s$(min)，此时的 $t_s$ 值即为砂浆的凝结时间测定值，或采用内插法确定。

（2）砂浆凝结时间测定，应在一盘内取两个试样，以两个试验结果的平均值作为该砂浆的凝结时间值，两次试验结果的误差不应大于30min，否则应重新测定。

### 4.1.8 立方体抗压强度试验

1. 本方法适用于测定砂浆立方体的抗压强度。

2. 抗压强度试验所用仪器设备应符合下列规定：

（1）试模：尺寸为70.7mm×70.7mm×70.7mm的带底试模，应具有足够的刚度并拆装方便。试模的内表面应机械加工，其不平度应为每100mm不超过0.05mm，组装后各相邻面的不垂直度不应超过±0.5°。

（2）钢制捣棒：直径为10mm，长为350mm，端部应磨圆。

（3）压力试验机：精度为1%，试件破坏荷载应不小于压力机量程的20%，且不大于全量程的80%。

（4）垫板：试验机上、下压板及试件之间可垫以钢垫板，垫板的尺寸应大于试件的承压面，其不平度应为每100mm不超过0.02mm。

（5）振动台：空载中台面的垂直振幅应为（0.5±0.05）mm，空载频率应为（50±3）Hz，空载台面振幅均匀度不大于10%，一次试验至少能固定（或用磁力吸盘）三个试模。

3. 立方体抗压强度试件的制作及养护应按下列步骤进行：

（1）采用立方体试件，每组试件3个。

（2）应用黄油等密封材料涂抹试模的外接缝，试模内涂刷薄层机油或脱模剂，将拌制好的砂浆一次性装满砂浆试模，成型方法根据稠度而定。当稠度≥50mm时采用人工振捣成型，当稠度<50mm时采用振动台振实成型。

①人工振捣：用捣棒均匀地由边缘向中心按螺旋方式插捣25次，插捣过程中如砂浆沉落低于试模口，应随时添加砂浆，可用油灰刀插捣数次，并用手将试模一边抬高5~10mm，各振动5次，使砂浆高出试模顶面6~8mm。

②机械振动：将砂浆一次装满试模，放置到振动台上，振动时试模不得跳动，振动5~10s或持续到表面出浆为止，不得过振。

（3）待表面水分稍干后，将高出试模部分的砂浆沿试模顶面刮去并抹平。

（4）试件制作后应在室温为（20±5）℃的环境下静置（24±2）h，当气温较低时，可适当延长时间,但不应超过两昼夜,然后对试件进行编号、拆模。试件拆模后应立即放入温度为(20±2)℃,相对湿度为90%以上的标准养护室中养护。养护期间,试件彼此间隔不小于10mm,混合砂浆试件上面应覆盖以防有水滴在试件上。

4. 砂浆立方体试件抗压强度试验应按下列步骤进行:

(1) 试件从养护地点取出后应及时进行试验。试验前将试件表面擦拭干净,测量尺寸,并检查其外观。并据此计算试件的承压面积,如实测尺寸与公称尺寸之差不超过1mm,可按公称尺寸进行计算。

(2) 将试件安放在试验机的下压板(或下垫板)上,试件的承压面应与成型时的顶面垂直,试件中心应与试验机下压板(或下垫板)中心对准。开动试验机,当上压板与试件(或上垫板)接近时,调整球座,使接触面均衡受压。承压试验应连续而均匀地加荷,加荷速度应为0.25~1.5kN/s(砂浆强度不大于5MPa时,宜取下限;砂浆强度大于5MPa时,宜取上限),当试件接近破坏而开始迅速变形时,停止调整试验机油门,直至试件破坏,然后记录破坏荷载。

5. 砂浆立方体抗压强度应按下式计算:

$$f_{m,cu} = \frac{N_u}{A} \tag{4-5}$$

式中　$f_{m,cu}$——砂浆立方体试件抗压强度,MPa;

　　　$N_u$——试件破坏荷载,N;

　　　$A$——试件承压面积,mm²。

砂浆立方体试件抗压强度应精确至0.1MPa。

以三个试件测试值的算术平均值的1.3倍($f_2$)作为该组试件的砂浆立方体试件抗压强度平均值(精确至0.1MPa)。

当三个测试值的最大值或最小值中如有一个与中间值的差值超过中间值的15%时,则把最大值及最小值一并舍除,取中间值作为该组试件的抗压强度值;如有两个测值与中间值的差值均超过中间值的15%时,则该组试件的试验结果无效。

### 4.1.9 拉伸粘结强度试验

1. 本方法适用于测定砂浆拉伸粘结强度。
2. 试验条件

标准试验条件为温度(23±2)℃,相对湿度45%~75%。

3. 试验仪器

(1) 拉力试验机:破坏荷载应在其量程的20%~80%范围内,精度1%,最小示值1N;

(2) 拉伸专用夹具:符合JG/T 3049的要求;

(3) 成型框:外框尺寸70mm×70mm,内框尺寸40mm×40mm,厚度6mm,材料为硬聚氯乙烯或金属;

(4) 钢制垫板:外框尺寸70mm×70mm,内框尺寸43mm×43mm,厚度3mm。

4. 试件制备

(1) 基底水泥砂浆试件的制备

①原材料:水泥:符合GB 175的42.5级水泥;砂:符合JGJ 52的中砂;水:符合JGJ 63

的用水标准。

②配合比：水泥：砂：水 = 1∶3∶0.5（质量比）。

③成型：按上述配合比制成的水泥砂浆倒入 70mm×70mm×20mm 的硬聚氯乙烯或金属模具中，振动成型或人工成型，试模内壁事先宜涂刷水性脱模剂，待干，备用。

④成型 24h 后脱模，放入（23±2）℃水中养护 6d，再在试验条件下放置 21d 以上。试验前用 200# 砂纸或磨石将水泥砂浆试件的成型面磨平，备用。

（2）砂浆料浆的制备

①干混砂浆料浆的制备

a. 待检样品应在试验条件下放置 24h 以上。

b. 称取不少于 10kg 的待检样品，按产品制造商提供比例进行水的称量，若给出一个值域范围，则采用平均值。

c. 将待检样品放入砂浆搅拌机中，启动机器，徐徐加入规定量的水，搅拌 3~5min。搅拌好的料应在 2h 内用完。

②湿拌砂浆料浆的制备

a. 待检样品应在试验条件下放置 24h 以上。

b. 按产品制造商提供比例进行物料的称量，干物料总量不少于 10kg。

c. 将称好的物料放入砂浆搅拌机中，启动机器，徐徐加入规定量的水，搅拌 3~5min。搅拌好的料应在规定时间内用完。

③现拌砂浆料浆的制备

a. 待检样品应在试验条件下放置 24h 以上。

b. 按设计要求的配合比进行物料的称量，干物料总量不少于 10kg。

c. 将称好的物料放入砂浆搅拌机中，启动机器，徐徐加入规定量的水，搅拌 3~5min。搅拌好的料应在 2h 内用完。

（3）拉伸粘结强度试件的制备

将成型框放在制备好的水泥砂浆试块的成型面上，将制备好的干混砂浆料浆或直接从现场取来的湿拌砂浆试样倒入成型框中，用捣棒均匀插捣 15 次，人工颠实 5 次，再转 90°，再颠实 5 次，然后用刮刀以 45°方向抹平砂浆表面，轻轻脱模，在温度（23±2）℃、相对湿度 60%~80% 的环境中养护至规定龄期。

每一砂浆试样至少制备 10 个试件。

5. 拉伸粘结强度试验

拉伸粘结强度试验

①将试件在标准试验条件下养护 13d，在试件表面涂上环氧树脂等高强度粘合剂，然后将上夹具对正位置放在粘合剂上，并确保上夹具不歪斜，继续养护 24h。

②测定拉伸粘结强度。其示意图如图 4-5、图 4-6 所示。

③将钢制垫板套入基底砂浆块上，将拉伸粘结强度夹具安装到试验机上，试件置于拉伸夹具中，夹具与试验机的连接宜采用球铰活动连接，以（5±1）mm/min 速度加荷至试件破坏。试验时若破坏面在检验砂浆内部，则认为该值有效并记录试件破坏时的荷载值。若破坏形式为拉伸夹具与粘合剂破坏，则试验结果无效。

6. 试验结果

拉伸粘结强度应按下式计算：

$$f_{at} = \frac{F}{A_z} \tag{4-6}$$

式中 $f_{at}$——砂浆的拉伸粘结强度，MPa；
$F$——试件破坏时的荷载，N；
$A_z$——粘结面积，$mm^2$。

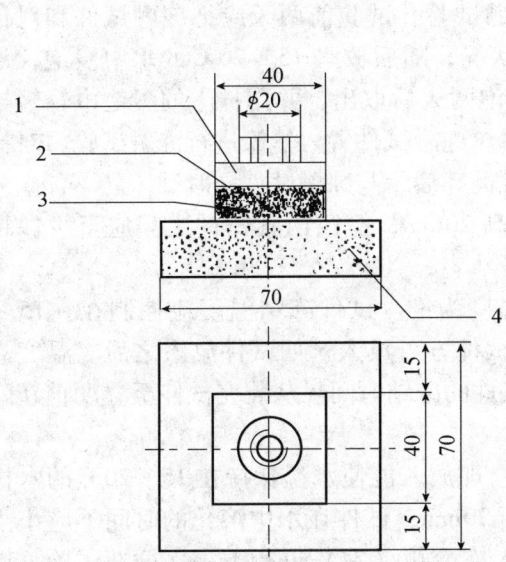

图 4-5 拉伸粘结强度用钢制上夹具
1—拉伸用钢制上夹具；2—粘合剂；
3—检验砂浆；4—水泥砂浆块

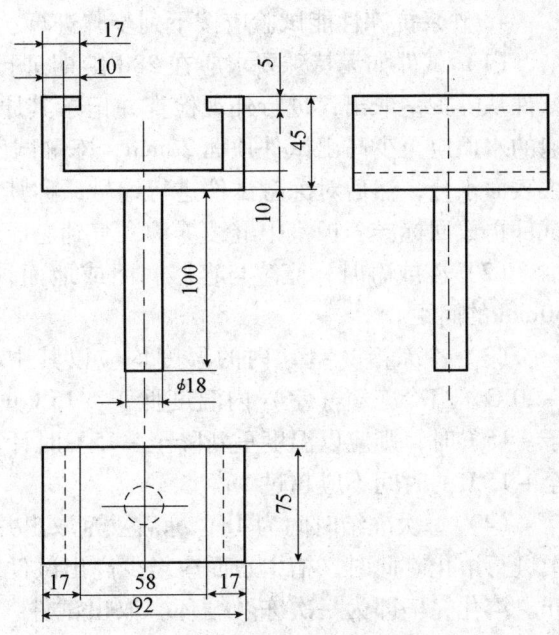

图 4-6 拉伸粘结强度用钢制下夹具

单个试件的拉伸粘结强度值应精确至 0.001MPa，计算 10 个试件的平均值，如单个试件的强度值与平均值之差大于 20%。则逐次舍弃偏差最大的试验值，直至各试验值与平均值之差不超过 20%。当 10 个试件中有效数据不少于 6 个时，取剩余数据的平均值为试验结果，结果精确至 0.01MPa。当 10 个试件中有效数据不足 6 个时，则此组试验结果无效，应重新制备试件进行试验。

7. 有特殊条件要求的拉伸粘结强度，按要求条件处理后，重复上述试验。

### 4.1.10 抗冻性能试验

1. 本试验方法适用于砂浆强度等级大于 M2.5 的试件在负温环境中冻结，正温水中溶解的方法进行抗冻性能检验。

2. 砂浆抗冻试件的制作及养护应按下列要求进行：

（1）砂浆抗冻试件采用 70.7mm×70.7mm×70.7mm 的立方体试件，制备两组（每组三块），分别作为抗冻和与抗冻试件同龄期的对比抗压强度检验试件。

（2）砂浆试件的制作与养护方法按立方体抗压强度试验中的规定进行。

3. 试验用仪器设备应符合下列规定：
（1）冷冻箱（室）：装入试件后能使箱（室）内的温度保持在 –15 ~ –20℃。
（2）篮筐：用钢筋焊成，其尺寸与所装试件的尺寸相适应。
（3）天平或案秤：称量 2kg，感量 1g。
（4）溶解水槽：装入试件后能使水温保持在 15 ~ 20℃。
（5）压力试验机：精度 1%，量程能使试件的预期破坏荷载值不小于全量程的 20%，也不大于全量程的 80%。

4. 砂浆抗冻性能试验应按下列步骤进行：
（1）试件如无特殊要求应在 28d 龄期进行冻融试验。试验前两天应把冻融试件和对比试件从养护室取出，进行外观检查并记录其原始状况，随后放入 15 ~ 20℃ 的水中浸泡，浸泡的水面应至少高出试件顶面 20mm，冻融试件浸泡两天后取出，并用拧干的湿毛巾轻轻擦去表面水分，然后对冻融试件进行编号，称其质量。冻融试件置入篮筐进行冻融试验，对比试件再放回标准养护室中继续养护，直到完成冻融循环后，与冻融试件同时试压。
（2）冻或融时，篮筐与容器底面或地面须架高 20mm，篮筐内各试件之间应至少保持 50mm 的间距。
（3）冷冻箱（室）内的温度均应以其中心温度为准。试件冻结温度应控制在 –15 ~ –20℃。当冷冻箱（室）内温度低于 –15℃时，试件方可放入。如试件放入之后，温度高于 –15℃时，则应以温度重新降至 –15℃时计算试件的冻结时间。从装完试件至温度重新降至 –15℃的时间不应超过 2h。
（4）每次冻结时间为 4h，冻后立刻取出并应立即放入能使水温保持在 15 ~ 20℃ 的水槽中进行溶化。此时，槽中水面应至少高出试件表面 20mm，试件在水中溶化的时间不应小于 4h。溶化完毕即为一次冻融循环。取出试件，送入冻冷箱（室）进行下一次循环试验，以此连续进行直至设计规定次数或试件破坏为止。
（5）每五次循环，应进行一次外观检查，并记录试件的破坏情况；当该组试件 3 块中有 2 块出现明显破坏（分层、裂开、贯通缝）时，则该组试件的抗冻性能试验应终止。
（6）冻融试验结束后，将冻融试件从水槽取出，用拧干的湿布轻轻擦去试件表面水分，然后称其质量。对比试件提前两天浸水，再把冻融试件与对比试件同时进行抗压强度试验。

5. 砂浆冻融试验后应分别按下式计算其强度损失率和质量损失率。
（1）砂浆试件冻融后的强度损失率应按下式计算；

$$\Delta f_m = \frac{f_{m1} - f_{m2}}{f_{m1}} \times 100 \tag{4-7}$$

式中　$\Delta f_m$——$n$ 次冻融循环后的砂浆强度损失率，%；
　　　$f_{m1}$——对比试件的抗压强度平均值，MPa；
　　　$f_{m2}$——经 $n$ 次冻融循环后的 3 块试件抗压强度平均值，MPa。

（2）砂浆试件冻融后的质量损失率应按下式计算：

$$\Delta m_m = \frac{m_0 - m_n}{m_0} \times 100 \tag{4-8}$$

式中　$\Delta m_m$——$n$ 次冻融循环后的质量损失率，以 3 块试件的平均值计算，%；
　　　$m_0$——冻融循环试验前的试件质量，g；

$m_n$——$n$ 次冻融循环后的试件质量，g。

当冻融试件的抗压强度损失率不大于25%，且质量损失率不大于5%时，则该组砂浆在试验的循环次数下，抗冻性能为合格，否则为不合格。

### 4.1.11 收缩试验

1. 本方法适用于测定建筑砂浆的自然干燥收缩值。
2. 收缩试验所用仪器应符合下列规定：
（1）立式砂浆收缩仪：标准杆长度为（176±1）mm，测量精度为0.01mm（图4-7）。
（2）收缩头：黄铜或不锈钢加工而成（图4-8）。

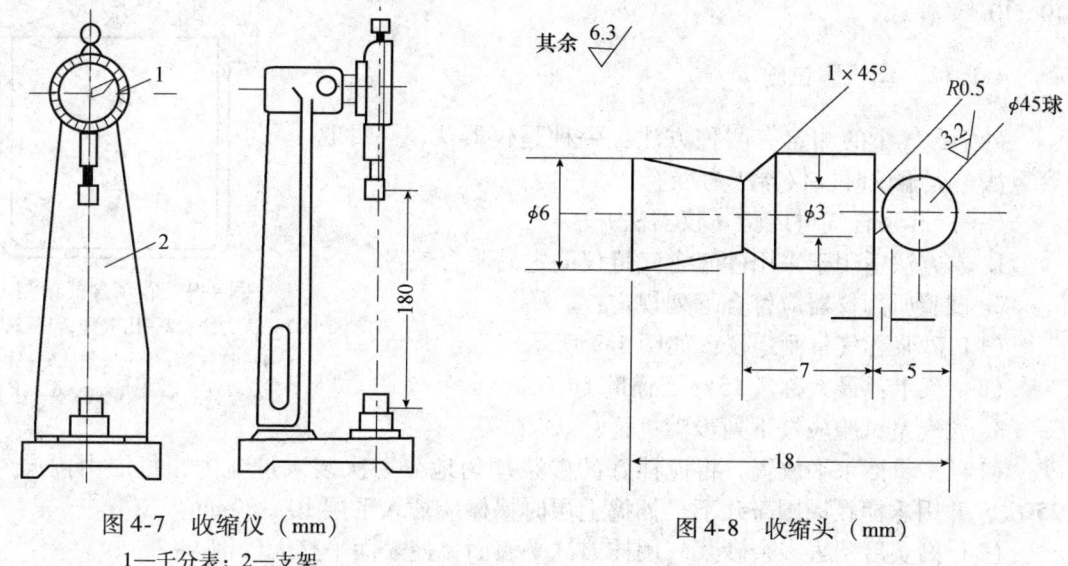

图 4-7　收缩仪（mm）
1—千分表；2—支架

图 4-8　收缩头（mm）

（3）试模：尺寸为 40mm×40mm×160mm 棱柱体，且在试模的两个端面中心，各开一个 $\phi$6.5mm 的孔洞。

3. 收缩试验应按下列步骤进行：
（1）将收缩头固定在试模两端面的孔洞中，使收缩头露出试件端面（8±1）mm。
（2）将拌合好的砂浆装入试模中，振动密实，置于（20±5）℃的预养室中，4h 之后将砂浆表面抹平，砂浆带模在标准养护条件〔温度为（20±2）℃，相对湿度为90%以上〕下养护，7d 后拆模，编号，标明测试方向。
（3）将试件移入温度（20±2）℃，相对湿度（60±5）%的测试室中预置 4h，测定试件的初始长度。测定前，用标准杆调整收缩仪的百分表的原点，然后按标明的测试方向立即测定试件的初始长度。
（4）测定砂浆试件初始长度后，置于温度（20±2）℃，相对湿度为（60±5）%的室内，到第 7d、14d、21d、28d、56d、90d 分别测定试件的长度，即为自然干燥后长度。

4. 砂浆自然干燥收缩值应按下式计算：

$$\varepsilon_{at} = \frac{L_0 - L_t}{L - L_d} \tag{4-9}$$

式中　$\varepsilon_{at}$——相应为 $t$ 天（7d、14d、21d、28d、56d、90d）时的自然干燥收缩值；

$L_0$——试件成型后7d的长度即初始长度，mm；

$L$——试件的长度160mm；

$L_d$——两个收缩头埋入砂浆中长度之和，即$(20±2)$mm；

$L_t$——相应为$t$天（7d、14d、21d、28d、56d、90d）时试件的实测长度，mm。

5. 试验结果评定：

（1）干燥收缩值取三个试件测值的算术平均值，如一个值与平均值偏差大于20%，应剔除；若有两个值超过20%，则该组试件无效。

（2）每块试件的干燥收缩值取两位有效数字，精确至$10×10^{-6}$。

### 4.1.12 含气量试验

砂浆含气量的测定有两种方法：一种是仪器法，一种是容重法，有争议时以仪器法为准。

（一）砂浆含气量试验（仪器法）

1. 本方法适用于采用砂浆含气量仪测定砂浆含气量。

2. 试验所用仪器应符合下列规定：

（1）砂浆含气量测定仪：如图4-9所示。

（2）天平：最大称量15kg，感量1g。

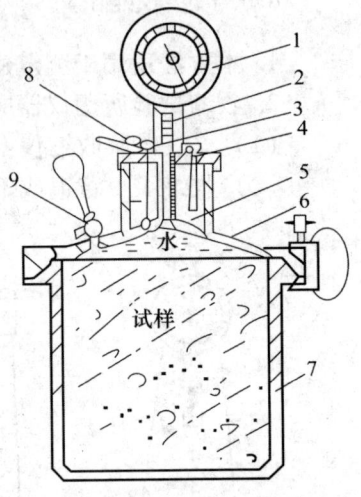

图4-9 砂浆含气量测定仪
1—压力表；2—出气阀；3—阀门杆；
4—打气筒；5—气室；6—钵盖；
7—量钵；8—微调阀；9—小龙头

3. 含气量试验应按下列步骤进行：

（1）将量钵水平放置，将搅拌好的砂浆均匀地分三次装入量钵内，每层由内向外插捣25次，并用木槌在周围敲几下，插捣上层时捣棒应插入下层10~20mm。

（2）捣实后刮去多余砂浆，用抹刀抹平表面，使表面平整无气泡。

（3）盖上测定仪量钵上盖部分，卡紧卡扣，保证不漏气。

（4）打开两侧阀门并松开上部微调阀，用注水器通过注水阀门注水，直至水从排水阀流出，立即关紧两侧阀门。

（5）关紧所有阀门，用气筒打气加压，再用微调阀调整指针为零。

（6）按下按钮，刻度盘读数稳定后读数。

（7）开启通气阀，压力仪示值回零，重复5~7的步骤，对容器内试样再测一次压力值。

4. 试验结果

（1）如二次测值的相对误差小于0.2%，则取二次试验结果的算术平均值为砂浆的含气量；如二次的相对误差大于0.2%，试验结果无效。

（2）所测含气量数值<5%时，测试结果精确到0.1%；所测含气量数值≥5%时，测试结果精确到0.5%。

（二）砂浆含气量试验（容重法）

1. 本方法是根据一定组成的砂浆理论密度与实际密度的差值确定砂浆中的含气量。理论密度通过砂浆中各组成材料的密度与配比计算得到，实际密度按密度试验中的测定进行。

2. 砂浆含气量应按下式计算：

$$A_c = \left(1 - \frac{\rho_0}{\rho}\right) \times 100 \tag{4-10}$$

其中：
$$\rho = \frac{6+p+W_c}{\dfrac{1}{\rho_c}+\dfrac{5}{\rho_s}+\dfrac{p}{\rho_p}+W_c} \tag{4-11}$$

式中　$A_c$——砂浆含气量的体积百分数，%；

　　　$\rho_0$——砂浆实际密度，kg/m³；

　　　$\rho$——砂浆理论密度，kg/m³；

　　　$\rho_c$——水泥密度，g/cm³，无实测值时，取$\rho_c=3.15$g/cm³；

　　　$\rho_s$——砂的密度，g/cm³，无实测值时，取$\rho_s=2.65$g/cm³；

　　　$W_c$——砂浆达到指定稠度时的水灰比；

　　　$p$——外加剂与水泥用量之比，当$p$小于1%时，可忽略不计；

　　　$\rho_p$——外加剂的密度，g/cm³。

砂浆含气量应精确至1%；砂浆理论密度应精确至10kg/m³。

### 4.1.13　吸水率试验

1. 本方法适用于测定砂浆的吸水率。
2. 试验所用仪器应符合下列规定：
（1）天平：称量1000g，感量1g；
（2）烘箱；
（3）水槽。
3. 吸水率试验应按下列步骤进行：

（1）试样经成型和养护，第28d取出试件，在（78±3）℃温度下烘干（48±0.5）h，称其质量，然后将试件成型面朝下放入水槽，下面用两根$\phi$10mm的钢筋垫起。

（2）试件浸入水中的高度为35mm，应经常加水，并在水槽要求的水面高度处开溢水孔，以保持水面恒定，水槽应加盖，放入温度（20±3）℃、相对湿度80%以上的恒温室中，但注意试件表面不得有结露或水滴，然后在（48±0.5）h取出，用拧干的湿布擦去表面水，称其质量。

4. 砂浆吸水率应按下式计算：
$$W_x = (m_1 - m_0)/m_0 \tag{4-12}$$

式中　$W_x$——砂浆吸水率，%；

　　　$m_1$——吸水后试件质量，g；

　　　$m_0$——干燥试件的质量，g。

取3块试件的平均值，精确至1%。

### 4.1.14　抗渗性能试验

1. 本方法适用于测定砂浆抗渗性能。
2. 抗渗性能试验所用仪器应符合下列规定：

（1）金属试模：上口直径70mm，下口直径80mm，高30mm的截头圆锥带底金属试模；

（2）砂浆渗透仪。

3. 抗渗试验应按下列步骤进行：

（1）将拌合好的砂浆一次装入试模中，用抹刀插捣数次，当填充砂浆略高于试模边缘时，用抹刀以45°角一次性将试模表面多余的砂浆刮去，然后再用抹刀以较平的角度在试模表面反方向将砂浆刮平，共成型六个试件。

（2）试件成型后应在室温（20±5）℃的环境下，静置（24±2）h后脱模。试件脱模后放入温度（20±2）℃、相对湿度90%以上的养护室养护至规定龄期，取出待表面干燥后，用密封材料密封装入砂浆渗透仪中进行透水试验。

（3）从0.2MPa开始加压，恒压2h后增至0.3MPa，以后每隔1h增加0.1MPa，当6个试件中有3个试件端面呈有渗水现象时，即可停止试验，记下当时水压。在试验过程中，如发现水从试件周边渗出，则应停止试验，重新密封。

4. 砂浆抗渗压力值以每组6个试件中4个试件未出现渗水时的最大压力计算，应按下式计算：

$$P = H - 0.1 \tag{4-13}$$

式中　$P$——砂浆抗渗压力值，MPa；

　　　$H$——6个试件中3个渗水时的水压力，MPa。

## 4.2 混凝土用骨料试验

### 4.2.1 采用标准

《普通混凝土用砂、石质量及检验方法标准》（JGJ 52—2006）。

该标准适用于一般工业与民用建筑和构筑物中普通混凝土用砂和石的质量要求和检验。对于长期处于潮湿环境的重要混凝土结构所用的砂、石应进行碱活性检验；对于钢筋混凝土用砂，其氯离子含量不得大于0.06%（以干砂的质量百分率计），而预应力混凝土用砂，其氯离子含量不得大于0.02%（以干砂的质量百分率计）。本节详细介绍混凝土用骨料常用基本性质的试验方法。

### 4.2.2 取样与缩分方法

#### 4.2.2.1 取样

1. 每验收批取样方法应按下列规定执行：

（1）从料堆上取样时，取样部位应均匀分布。取样前应先将取样部位表层铲除，然后由各部位抽取大致相等的砂8份，石子为16份，组成各自一组样品。

（2）从皮带运输机上取样时，应在皮带运输机机尾的出料处用接料器定时抽取砂4份、石8份，组成各自一组样品。

（3）从火车、汽车、货船上取样时，应从不同部位和深度抽取大致相等的砂8份，石16份，组成各自一组样品。

2. 除筛分析外，当其余检验项目存在不合格项时，应加倍取样进行复检。当复检仍有一项不满足标准要求时，应按不合格品处理。

注：如经观察，认为各节车皮间（汽车、货船间）所载的砂、石质量相差甚为悬殊时，应对质量有怀疑的每节列车（汽车、货船）分别取样和验收。

3. 对于每一单项检验项目，砂、石的每组样品取样数量应分别满足表4-1和表4-2的规定。当需要做多项检验时，可在确保样品经一项试验后不致影响其他试验结果的前提下，用同组样品进行多项不同的试验。

表4-1 每一单项检验项目所需砂的最少取样质量

| 检验项目 | 最少取样质量（g） |
| --- | --- |
| 筛分析 | 4400 |
| 表观密度 | 2600 |
| 吸水率 | 4000 |
| 紧密密度和堆积密度 | 5000 |
| 含水率 | 1000 |
| 含泥量 | 4400 |
| 泥块含量 | 20000 |
| 石粉含量 | 1600 |
| 人工砂压碎值指标 | 分成公称粒级 $5.00 \sim 2.50mm$；$2.50 \sim 1.25mm$；$1.25 \sim 630\mu m$；$630 \sim 315\mu m$；$315 \sim 160\mu m$。每个粒级各需1000g |

续表

| 检验项目 | 最少取样质量（g） |
|---|---|
| 有机物含量 | 2000 |
| 云母含量 | 600 |
| 轻物质含量 | 3200 |
| 坚固性 | 分成公称粒级 5.00～2.50mm；2.50～1.25mm；1.25mm～630μm；630～315μm；315～160μm。每个粒级各需100g |
| 硫化物及硫酸盐含量 | 50 |
| 氯离子含量 | 2000 |
| 贝壳含量 | 10000 |
| 碱活性 | 20000 |

表4-2 每一单项检验项目所需碎石或卵石的最小取样质量　　　　kg

| 试验项目 | 最大公称粒径（mm） | | | | | | | |
|---|---|---|---|---|---|---|---|---|
| | 10.0 | 16.0 | 20.0 | 25.0 | 31.5 | 40.0 | 63.0 | 80.0 |
| 筛分析 | 8 | 15 | 16 | 20 | 25 | 32 | 50 | 64 |
| 表观密度 | 8 | 8 | 8 | 8 | 12 | 16 | 24 | 24 |
| 含水率 | 2 | 2 | 2 | 2 | 3 | 3 | 4 | 6 |
| 吸水率 | 8 | 8 | 16 | 16 | 16 | 24 | 24 | 32 |
| 堆积密度、紧密密度 | 40 | 40 | 40 | 40 | 80 | 80 | 120 | 120 |
| 含泥量 | 8 | 8 | 24 | 24 | 40 | 40 | 80 | 80 |
| 泥块含量 | 8 | 8 | 24 | 24 | 40 | 40 | 80 | 80 |
| 针、片状含量 | 1.2 | 4 | 8 | 12 | 20 | 40 | — | — |
| 硫化物及硫酸盐 | 1.0 | | | | | | | |

4. 每组样品应妥善包装，避免细料散失，防止污染，并附样品卡片，表明样品的编号、取样试件、代表数量、产地、样品量、要求检验项目及取样方式等。

#### 4.2.2.2 样品的缩分

1. 砂的样品缩分方法可选择下列两种方法之一：

（1）用分料器缩分（图4-10）：将样品在潮湿状态下拌合均匀，然后将其通过分料器，留下两个接料斗中的一份，并将另一份再次通过分料器。重复上述过程，直至把样品缩分到试验所需量为止。

（2）人工四分法缩分：将样品置于平板上，在潮湿状态下拌合均匀，并堆成厚度约为20mm的"圆饼"状，然后沿互相垂直的两条直径把"圆饼"分成大致相等的四份，取其对角的两份重新拌匀，再堆成"圆饼"状。重复上述过程，直至把样品缩分后的材料量略多于进行试验所需量为止。

2. 碎石或卵石缩分时，应将样品置于平板上，在

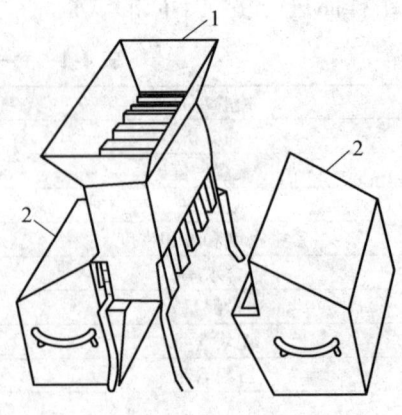

图4-10 分料器
1—分料漏斗；2—接料斗

自然状态下拌均匀,并堆成锥体,然后沿相互垂直的两条直径把锥体分成大致相等的四份,取其对角的两份重新拌匀,再堆成锥体。重复上述过程,直至把样品缩分至试验所需量为止。

3. 砂、碎石或卵石的含水率、堆积密度、紧密密度检测所用的试样,可不经缩分,拌匀后直接进行试验。

### 4.2.3 砂的筛分析试验

1. 本方法适用于测定普通混凝土用砂的颗粒级配及细度模数。
2. 砂的筛分析试验应采用下列仪器设备:
(1) 试验筛:公称直径分别为 10.0mm、5.00mm、2.50mm、1.25mm、630μm、315μm、160μm 的方孔筛各一只,筛的底盘和盖各一只;筛框直径为 300mm 或 200mm。
(2) 天平:称量1000g,感量1g。
(3) 摇筛机。
(4) 烘箱:温度控制范围为 (105±5)℃。
(5) 浅盘、硬、软毛刷等。

3. 试样制备应符合下列规定:

用于筛分析的试样,其颗粒的公称粒径不应大于10.0mm。试验前应先将来样通过公称直径10.0mm的方孔筛,并计算筛余。称取经缩分后样品不少于550g两份,分别装入两个浅盘,在 (105±5)℃的温度下烘干到恒重。冷却至室温备用。

注:恒重是指在相邻两次称重间隔时间不小于3h的情况下,前后两次称量之差小于该项试验所要求的称量精度。

4. 筛分析试验应按下列步骤进行:

(1) 准确称取烘干试样500g(特细砂可称250g),置于按筛孔大小顺序排列(大孔在上、小孔在下)的套筛的最上一只筛(公称直径为5.00mm的方孔筛)上;将套筛装入摇筛机内固紧,筛分10min;然后去除套筛,再按筛孔由大到小的顺序,在清洁的浅盘上逐一进行手筛,直至每分钟筛出量不超过试样总量的0.1%时为止;通过的颗粒并入下一只筛子,并和下一只筛子的试样一起进行手筛。按这样顺序依次进行,直至所有的筛子全部筛完为止。

注:1. 当试样含泥量超过5%时,应先将试样水洗,然后烘干至恒重,再进行筛分;
  2. 无摇筛机时,可改用手筛。

(2) 试样在各只筛子上的筛余量均不得超过按式 (4-14) 计算得出的剩留量,否则应将筛余试样分成两份或数份,再次进行筛分,并以其筛余量之和作为该筛的筛余量。

$$m_r = \frac{A\sqrt{d}}{300} \tag{4-14}$$

式中  $m_r$——某一筛上的剩留量,g;
   $d$——筛孔边长,mm;
   $A$——筛的面积,$mm^2$。

(3) 称取各筛筛余试样的质量(精确至1g),所有各筛的分计筛余量和底盘中的剩余量之和与筛分前的试样总量相比，其相差不得超过1%。

5. 筛分析试验结果应按下列步骤计算：

（1）计算分计筛余（各筛上的筛余量除以试样总量的百分率），精确至0.1%。

（2）计算累计筛余（该筛的分计筛余与筛孔大于该筛的各筛的分计筛余之和），精确至0.1%。

（3）根据各筛两次试验累计筛余的平均值，评定该试样的颗粒级配分布情况，精确至1%。

（4）砂的细度模数应按下式计算，精确至0.01：

$$\mu_f = \frac{(\beta_2 + \beta_3 + \beta_4 + \beta_5 + \beta_6) - 5\beta_1}{100 - \beta_1} \tag{4-15}$$

式中　　$\mu_f$——砂的细度模数；

$\beta_1$，$\beta_2$，…，$\beta_6$——分别为公称直径 5.00mm、2.50mm、1.25mm、630μm、315μm、160μm 方孔筛上的累计筛余。

（5）以两次试验结果的算术平均值作为测定值，精确至0.1。当两次试验所得的细度模数之差大于0.20时，应重新取样进行试验。

### 4.2.4　砂的表观密度试验（标准法）

1. 本方法适用于测定砂的表观密度。
2. 主要仪器设备：

（1）天平：称量1000g，感量1g；

（2）容量瓶：500mL；

（3）烘箱：温度控制范围为（105±5）℃；

（4）干燥器、浅盘、铝制料勺、温度计等。

3. 试样制备应符合下列规定：

经缩分后不少于650g的试样装入浅盘，在温度为（105±5）℃的烘箱中烘至恒重，并在干燥器内冷却至室温。

4. 测定步骤：

（1）称取烘干试样300g（$m_0$），装入盛有半瓶冷开水的容量瓶中。

（2）摇转容量瓶，使试样在水中充分搅动以排除气泡，塞紧瓶塞，静置24h；然后用滴管加水至瓶颈刻度线平齐，再塞紧瓶塞，擦干容量瓶外壁的水分，称其质量（$m_1$）。

（3）倒出容量瓶中的水和试样，将瓶的内外壁洗净，再向瓶内加入上一项规定的水温相差不超过2℃的冷开水至瓶颈刻度线。塞紧瓶塞，擦干容量瓶外壁水分，称质量（$m_2$）。

注：在砂的表观密度试验过程中应测量并控制水的温度，试验的各项称量可在15~25℃的温度范围内进行。从试样加水静置的最后2h起直至试验结束，其温度相差不应超过2℃。

5. 表观密度（标准法）应按下式计算，精确至10kg/m³：

$$\rho = \left( \frac{m_0}{m_0 + m_2 - m_1} - \alpha_t \right) \times 1000 \, (\text{kg/m}^3) \tag{4-16}$$

式中　　$\rho$——表观密度，kg/m³；

$m_0$——试样的烘干质量,g;
$m_1$——试样、水及容量瓶总质量,g;
$m_2$——水及容量瓶总质量,g;
$α_t$——水温对砂的表观密度影响的修正系数,见表4-3查取。

**表4-3 不同水温下对砂的表观密度的修正系数**

| 水温(℃) | 15 | 16 | 17 | 18 | 19 | 20 | 21 | 22 | 23 | 24 | 25 |
|---|---|---|---|---|---|---|---|---|---|---|---|
| $α_t$ | 0.002 | 0.003 | 0.003 | 0.004 | 0.004 | 0.005 | 0.005 | 0.006 | 0.006 | 0.007 | 0.008 |

以两次试验结果的算术平均值作为测定值。当两次结果之差大于20kg/m³时,应重新取样进行试验。

### 4.2.5 砂的表观密度试验(简易法)

1. 本方法适用于测定砂的表观密度。
2. 主要仪器设备:
(1) 天平:称量1000g,感量1g;
(2) 李氏瓶:容量250mL;
(3) 烘箱:温度控制范围为(105±5)℃;
(4) 其他仪器设备应符合标准法表观密度试验的规定。
3. 试样制备应符合下列规定:

将试样缩分至不少于120g,在(105±5)℃的烘箱中烘干至恒重,并在干燥器中冷却至室温,分成大致相等的两份备用。

4. 测定步骤:
(1) 向李氏瓶中注入冷开水至一定刻度处,擦干瓶颈内部附着水,记录水的体积($V_1$);
(2) 称取烘干试样50g($m_0$),徐徐加入盛水的李氏瓶中;
(3) 试样全部倒入瓶中后,用瓶内的水将粘附在瓶颈和瓶壁的试样洗入水中,摇转李氏瓶以排除气泡,静置约24h后,记录瓶中水面升高后的体积($V_2$)。

注:在砂的表观密度试验中应测量并控制水的温度,允许在15~25℃的温度范围内进行体积测定,但两次体积测定(指$V_1$和$V_2$)的温差不得大于2℃。从试样加水静置的最后2h起,直至记录完瓶中水面高度时止,其相差温度不应超过2℃。

5. 表观密度(简易法)应按下式计算,精确至10kg/m³:

$$\rho = \left( \frac{m_0}{V_2 - V_1} - \alpha_t \right) \times 1000 \quad (4-17)$$

式中 $\rho$——表观密度,kg/m³;
$m_0$——试样的烘干质量,g;
$V_1$——水的原有体积,mL;
$V_2$——倒入试样后的水和试样的体积,mL;
$α_t$——水温对砂的表观密度影响的修正系数,见表4-3。

以两次试验结果的算术平均值作为测定值,两次结果之差大于20kg/m³时,应重新取样进行试验。

### 4.2.6 砂的吸水率试验

1. 本方法适用于测定砂的吸水率,即测定以烘干质量为基准的饱和面干吸水率。
2. 主要仪器设备
（1）天平：称量1000g,感量1g;
（2）饱和面干试模及质量为（340±15）g的钢制捣棒（图4-11）;
（3）干燥器、吹风机（手提式）、浅盘、铝制料勺、玻璃棒、温度计等;
（4）烧杯：容量500mL;
（5）烘箱：温度控制范围为（105±5）℃。
3. 试样制备应符合下列规定

饱和面干试样的制备,是将样品在潮湿状态下用四分法缩分至1000g,拌匀后分成两份,分别装入浅盘或其他合适的容器中,注入清水,使水面高出试样表面20mm左右［水温控制在（20±5）℃］。用玻璃棒连续搅拌5min,以排除气泡。静置24h以后,细心地倒去试样上的水,并用吸管吸去余水。再将试样在盘中摊开,用手提吹风机缓缓吹入暖风,并不断翻拌试样,使砂表面的水分在各部分均匀蒸发。然后将试样松散地一次装满饱和面干试模中,捣25次（捣棒端面据试样表面不超过10mm,任其自由落下）,捣完后,留下的空隙不用再装满,从垂直方向徐徐提起试模。试样呈图4-12（a）形状时,则说明砂中尚含有表面水,应继续按上述方法用暖风干燥,并按上述方法进行试验,直至试模提起后试样呈图4-12（b）的形状为止。试模提起后,试样呈图4-12（c）的形状时,则说明试样已干燥过分,此时应将试样洒水5mL,充分拌匀,并静置于加盖容器中30min后,再按上述方法进行试验,直至试样达到图4-12（b）的形状为止。

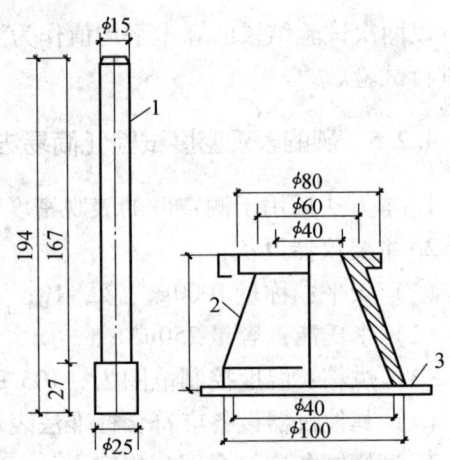

图4-11 饱和面干试模及其捣棒（单位：mm）
1—捣棒;2—试模;3—玻璃板

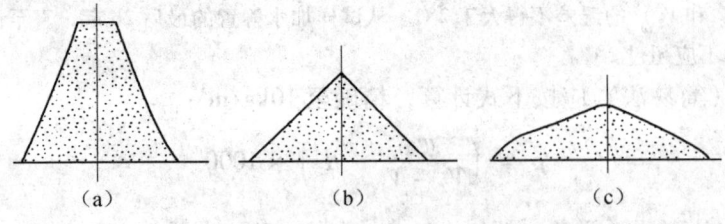

图4-12 试样的塌陷情况

4. 测定步骤

立即称取饱和面干试样500g,放入已知质量（$m_1$）烧杯中,于温度为（105±5）℃的烘箱中烘干至恒重,并在干燥器内冷却至室温后,称取干样与烧杯的总质量（$m_2$）。

## 5. 吸水率

$$\omega_{wa} = \frac{500 - (m_2 - m_1)}{m_2 - m_1} \times 100\% \tag{4-18}$$

式中　$\omega_{wa}$——吸水率，%；
　　　$m_1$——烧杯质量，g；
　　　$m_2$——烘干的试样与烧杯的总质量，g。

以两次试验结果的算术平均值作为测定值，当两次结果之差大于 0.2% 时，应重新取样进行试验。

### 4.2.7 砂的堆积密度和紧密密度试验

1. 本方法适用于测定砂的堆积密度、紧密密度及空隙率。
2. 主要仪器设备：
(1) 秤：称量 5kg，感量 5g。
(2) 容量筒：金属制，圆柱形，内径 108mm，净高 109mm，筒壁厚 2mm，容积 1L，筒底厚为 5mm。
(3) 漏斗（图 4-13）或铝制料勺。
(4) 烘箱：温度控制范围为（105±5）℃。
(5) 直尺、浅盘等。
3. 试样制备应符合下列规定：

先用公称直径 5.00mm 的筛子过筛，然后取经缩分后的样品不少于 3L，装入浅盘，在温度在（105±5）℃烘箱中烘干至恒重，取出并冷却至室温，分成大致相等的两份备用。试样烘干后若有结块，应在试验前先予捏碎。

4. 试验步骤：
(1) 堆积密度：取试样一份，用漏斗或铝制勺，将它徐徐装入容量筒（漏斗出料口或料勺据容量筒桶口不应超过 50mm）直至试样装满并超出容量筒筒口。然后用直尺将多余的试样沿筒口中心线向相反方向刮平，称其质量（$m_2$）。

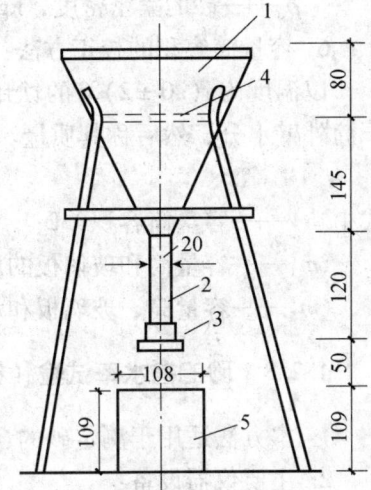

图 4-13　标准漏斗（单位：mm）
1—漏斗；2—$\phi$20mm 管子；
3—活动门；4—筛；5—金属量筒

(2) 紧密密度：取试样一份，分两层装入容量筒。装完一层后，在筒底垫一根直径为 10mm 的钢筋，将筒按住，左右交替颠击地面各 25 下，然后再装入第二层；第二层装满后用同样方法颠实（但筒底所垫钢筋的方向应与第一层放置方向垂直）；两层装完并颠实后，加料至试样超出容量筒筒口，然后用直尺将多余的试样沿筒口中心线向两个相反方向刮平，称其质量（$m_2$）。

5. 试验结果计算应符合下列规定：
(1) 堆积密度（$\rho_L$）及紧密密度（$\rho_c$）按下式计算，精确至 10kg/m³：

$$\rho_L(\rho_c) = \frac{m_2 - m_1}{V} \times 1000 \tag{4-19}$$

式中 $\rho_L(\rho_c)$——堆积密度(紧密密度),kg/m³;
    $m_1$——容量筒的质量,kg;
    $m_2$——容量筒和砂总质量,kg;
    $V$——容量筒容积,L。

以两次试验结果的算术平均值作为测定值。

(2) 空隙率按下式计算,精确至1%:

$$\text{空隙率 } \nu_L = \left(1 - \frac{\rho_L}{\rho}\right) \times 100\% \qquad (4\text{-}20)$$

$$\nu_c = \left(1 - \frac{\rho_c}{\rho}\right) \times 100\% \qquad (4\text{-}21)$$

式中 $\nu_L$——堆积密度的空隙率,%;
    $\nu_c$——紧密密度的空隙率,%;
    $\rho_L$——砂的堆积密度,kg/m³;
    $\rho$——砂的表观密度,kg/m³;
    $\rho_c$——砂的紧密密度,kg/m³。

6. 容量筒容积的校正方法:

以温度为(20±2)℃的饮用水装满容量筒,用玻璃板沿筒口滑移,使其紧贴水面。擦干筒外壁水分,然后称其质量。用下式计算筒的容积:

$$V = m_2' - m_1' \qquad (4\text{-}22)$$

式中 $V$——容量筒容积,L;
    $m_1'$——容量筒和玻璃板的质量,kg;
    $m_2'$——容量筒、玻璃板和水的总质量,kg。

### 4.2.8 砂的含水率试验(标准法)

1. 本方法适用于测定砂的含水率。
2. 主要仪器设备:
(1) 烘箱:温度控制范围为(105±5)℃;
(2) 天平:称量1000g,感量1g。
(2) 容器:如浅盘等。
3. 测定步骤:

由密封的样品中取各重约500g的试样两份,分别放入已知质量的干燥容器($m_1$)中称重,记下每盘试样与容器的质量($m_2$),将容器连同试样放入温度为(105±5)℃的烘箱中烘干至恒重,称量烘干后的试样与容器的总质量($m_3$)。

4. 砂的含水率(标准法)按下式计算,精确至0.1%:

$$\omega_{wc} = \frac{m_2 - m_3}{m_3 - m_1} \times 100\% \qquad (4\text{-}23)$$

式中 $\omega_{wc}$——砂的含水率,%;
    $m_1$——容器质量,g;

$m_2$——未烘干的砂与容器的总质量，g；

$m_3$——烘干后的砂与容器的总质量，g。

以两次试验结果的算术平均值作为测定值。

### 4.2.9 砂的含水率试验（快速法）

1. 本方法适用于快速测定砂的含水率。对含泥量过大及有机杂质含量较多的砂不宜采用。
2. 主要仪器设备：
（1）电炉（或火炉）；
（2）天平：称量1000g，感量1g；
（3）炒盘（铁制或铝制）；
（4）油灰铲、毛刷等。
3. 试验步骤：
（1）由密封样品中取500g试样放入干净的炒盘（$m_1$）中，称取试样与炒盘的总质量（$m_2$）；
（2）置炒盘于电炉（或火炉）上，用小铲不断地翻拌试样，待试样表面全部干燥后，切断电源（或移出火外），再继续翻拌1min，稍冷却（以免损坏天平）后，称干样与炒盘的总质量（$m_3$）。
4. 砂的含水率（快速法）应按下式计算，精确至0.1%：

$$\omega_{wc} = \frac{m_2 - m_3}{m_3 - m_1} \times 100\% \tag{4-24}$$

式中 $\omega_{wc}$——砂的含水率，%；

$m_1$——炒盘质量，g；

$m_2$——未烘干的试样与炒盘的总质量，g；

$m_3$——烘干后的试样与炒盘的总质量，g。

以两次试验结果的算术平均值作为测定值。

### 4.2.10 砂中的含泥量试验（标准法）

1. 本方法适用于测定粗砂、中砂和细砂的含泥量。
2. 主要仪器设备：
（1）天平：称量1000g，感量1g；
（2）烘箱：温度控制范围为（105±5）℃；
（3）试验筛：孔径公称直径为80μm及1.25mm的方孔筛各1个；
（4）洗砂用的容器及烘干用的浅盘等。
3. 试样制备应符合下列规定：

样品缩分至1100g，置于温度为（105±5）℃的烘箱中烘干至恒重，冷却至室温后，称取各为400g（$m_0$）的试样两份备用。

4. 试验步骤：

（1）取烘干的试样一份置于容器中，并注入饮用水，使水面高出砂面约150mm，充分拌匀后，浸泡2h，然后用手在水中淘洗试样，使尘屑、淤泥和黏土与砂粒分离，并使之悬浮或溶于水中。缓缓地将浑浊液倒入公称直径为 1.25mm 及 80μm 的套筛（1.25mm 筛放置于上面）上，滤去小于 80μm 的颗粒。试验前筛子的两面应先用水润湿，在整个试验过程中应注意避免砂粒丢失。

（2）再次加水于容器中，重复上述过程，直到筒内洗出的水清澈为止。

（3）用水淋洗剩留在筛上的细粒。并将 80μm 筛放在水中（使水面略高出筛中砂粒的上表面）来回摇动，以充分洗除小于 80μm 的颗粒。然后将两只筛上剩留的颗粒和容器中已经洗净的试样一并装入浅盘，置于温度为（105±5）℃的烘箱中烘干至恒重。取出来冷却至室温后，称试样的质量（$m_1$）。

5. 砂中含泥量应按下式计算，精确至 0.1%：

$$\omega_c = \frac{m_0 - m_1}{m_0} \times 100\% \tag{4-25}$$

式中　$\omega_c$——砂中含泥量,%；
　　　$m_0$——试验前的烘干试样质量，g；
　　　$m_1$——试验后的烘干试样质量，g。

以两个试样试验结果的算术平均值作为测定值。两次结果的差值超过 0.5% 时，应重新取样进行试验。

### 4.2.11　砂中的含泥量试验（虹吸管法）

1. 本方法适用于测定砂中含泥量。
2. 主要仪器设备：
（1）虹吸管：玻璃管的直径不大于 5mm，后接胶皮弯管；
（2）玻璃容器或其他容器：高度不大于 300mm，直径不小于 200mm；
（3）其他设备应符合砂中的含泥量试验（标准法）的规定进行。
3. 试样制备应按含泥量试验（标准法）中的规定进行。
4. 试验步骤：

（1）称取烘干的试样 500g（$m'_0$），置于容器中，并注入饮用水，使水面高于砂面约 150mm，浸泡 2h，浸泡过程中每隔一段时间搅拌一次，确保尘屑、淤泥和黏土与砂分离。

（2）用搅拌棒均匀搅拌 1min（单方向旋转），以适当宽度和高度的闸板闸水，使水停止旋转。经 20~25s 后取出闸板，然后从上到下用虹吸管细心地将混浊液吸出，虹吸管吸口的最低位置应距离砂面不小于 30mm。

（3）再倒入清水，重复上述过程，直到吸出的水与清水的颜色基本一致为止。

（4）最后将容器中的清水吸出，把洗净的试样倒入浅盘并在（105±5）℃的烘箱中烘干至恒重，取出，冷却至室温后称砂质量（$m'_1$）。

5. 砂中含泥量（虹吸管法）应按下式计算，精确至 0.1%：

$$\omega_c = \frac{m'_0 - m'_1}{m'_0} \times 100\% \tag{4-26}$$

式中　$\omega_c$——砂中含泥量,%；
　　　$m'_0$——试验前的烘干试样质量，g；

$m_1'$——试验后的烘干试样质量,g。

以两个试样试验结果的算术平均值作为测定值。两次结果的差值超过 0.5% 时,应重新取样进行试验。

### 4.2.12 砂中泥块含量试验

1. 本方法适用于测定砂中泥块含量。
2. 主要仪器设备:
(1) 天平:称量 1000g,感量 1g;称量 5000g,感量 5g;
(2) 烘箱:温度控制在 (105±5)℃;
(3) 试验筛:孔径公称直径为 630μm 及 1.25mm 的方孔筛各一只;
(4) 洗砂用的容器及烘干用的浅盘等。
3. 试样制备:

将样品缩分至约 5000g,置于温度为 (105±5)℃ 的烘箱中烘干至恒重,冷却至室温后,用公称直径 1.25mm 的方孔筛筛分,取筛上的砂不少于 400g 分为两份备用。特细砂按实际筛分量。

4. 试验步骤:

(1) 称取试样 200g ($m_1$) 置于容器中,并注入饮用水,使水面高出砂面约 150mm。充分拌匀后,浸泡 24h,然后用手在水中碾碎泥块,再把试样放在公称直径 630μm 的方孔筛上,用水淘洗,直至水清澈为止。

(2) 保留下来的试样应小心地从筛里取出,装入水平浅盘后,置于温度为 (105±5)℃ 烘箱中烘干至恒重,冷却后称量 ($m_2$)。

5. 砂中泥块含量应按下式计算,精确至 0.1%:

$$\omega_{c,1} = \frac{m_1 - m_2}{m_1} \times 100\% \tag{4-27}$$

式中 $\omega_{c,1}$——泥块含量,%;
$m_1$——试验前的干燥试样质量,g;
$m_2$——试验后的干燥试样质量,g。

取两次试样试验结果的算术平均值作为测定值。

### 4.2.13 碎石或卵石的筛分析试验

1. 本方法适用于测定碎石或卵石的颗粒级配。
2. 主要仪器设备:

(1) 试验筛:筛孔公称直径为 100.0mm、80.0mm、63.0mm、50.0mm、40.0mm、31.5mm、25.0mm、20.0mm、16.0mm、10.0mm、5.00mm 和 2.50mm 的方孔筛以及筛的底盘和盖各一只,其规格和质量要求应符合现行国家标准《金属穿孔板试验筛》GB/T 6003.2 的要求,筛框直径为 300mm;

(2) 天平和秤:天平的称量 5kg,感量 5g;秤的称量 20kg,感量 20g;
(3) 烘箱:温度控制范围为 (105±5)℃;
(4) 浅盘。

3. 试样制备：

试验制备应符合下列规定：试验前，应将试样缩分至表 4-4 所规定的试样最少质量，并烘干或风干后备用。

表 4-4  筛分析所需试样的最少质量

| 公称粒径（mm） | 10.0 | 16.0 | 20.0 | 25.0 | 31.5 | 40.0 | 63.0 | 80.0 |
|---|---|---|---|---|---|---|---|---|
| 试样最少质量（kg） | 2.0 | 3.2 | 4.0 | 5.0 | 6.3 | 8.0 | 12.6 | 16.0 |

4. 试验步骤：

（1）按表 4-4 规定称取试样。

（2）将试样按筛孔大小顺序过筛，当每号筛上筛余层的厚度大于试样的最大粒径值时，应将该筛上的筛余试样分成两份，再次进行筛分。直至各筛每分钟通过量不超过试样总量的 0.1%。

注：当筛余试样的颗粒粒径比公称粒径大 20mm 以上时，在筛分过程中允许用手指拨动颗粒。

（3）称取各筛筛余的质量，精确至试样总重量的 0.1%。各筛上的分计筛余量和筛底剩余的总和与筛分前测定的试样总量相比，其相差不得超过 1%。

5. 筛分析试验结果应按下列步骤计算：

（1）计算分计筛余（各筛上筛余量处于试样的百分率），精确至 0.1%；

（2）计算累计筛余（该筛的分计筛余与筛孔大于该筛的各筛的分计筛余百分率之总和），精确至 0.1%；

（3）根据各筛的累计筛余，评定该试样的颗粒级配。

### 4.2.14 碎石或卵石的表观密度试验（标准法）

1. 本方法适用于测定碎石或卵石的表观密度。
2. 主要仪器设备：

（1）液体天平：称量 5kg，感量 5g，其型号及尺寸应能允许在臂上悬挂试样的吊篮，并在水中称重（图 4-14）；

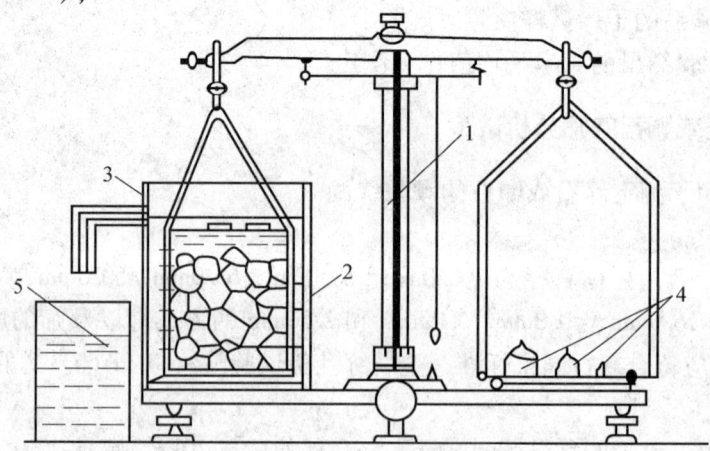

图 4-14  液体天平

1—5kg 天平；2—吊篮；3—带有溢流孔的金属容器；4—砝码；5—容器

（2）吊篮：直径和高度均为150mm，由孔径为1~2mm的筛网或钻有孔径为2~3mm孔洞的耐锈蚀金属板制成；

（3）盛水容器：有溢流孔；

（4）烘箱：温度控制范围为（105±5）℃；

（5）试验筛：筛孔公称直径为5.00mm的方孔筛一只；

（6）温度计：0~100℃；

（7）带盖容器、浅盘、刷子和毛巾等。

3. 试样之别应符合下列规定：

试验前，将样品筛除公称粒径5.00mm以下的颗粒，并缩分至大于两倍表4-5所规定的最少质量，冲洗干净后分成两份备用。

表4-5　表观密度试验所需的试样最少用量

| 最大公称粒径（mm） | 10.0 | 16.0 | 20.0 | 25.0 | 31.5 | 40.0 | 63.0 | 80.0 |
| --- | --- | --- | --- | --- | --- | --- | --- | --- |
| 试样最少质量（kg） | 2.0 | 2.0 | 2.0 | 2.0 | 3.0 | 4.0 | 6.0 | 6.0 |

4. 试验步骤：

（1）按表4-5的规定称取试样。

（2）取试样一份装入吊篮，并浸入盛水的容器中，水面至少高出试样50mm。

（3）浸水24h后，移放到称量用的盛水容器中，并用上下升降吊篮的方法排除气泡（试样不得露出水面）。吊篮每升降一次约为1s，升降高度为30~50mm。

（4）测定水温（此时吊篮应全浸在水中），用天平称取吊篮及试样在水中的质量（$m_2$）。称量时，盛水容器中水面的高度由容器的溢流孔控制。

（5）提起吊篮，将试样置于浅盘中，放入（105±5）℃的烘箱中烘干至恒重；取出来放在带盖的容器中冷却至室温后，称重（$m_0$）。

注：恒重是指相邻两次称量间隔时间不小于3h的情况下，其前后两次称量之差小于该项试验所要求的称量精度。下同。

（6）称取吊篮在同样温度的水中质量（$m_1$），称量时盛水容器的水面高度仍应由溢流口控制。

注：试验的各项称重可以在15~25℃的温度范围内进行，但从试样加水静置的最后2h起直至试验结束，其温度相差不应超过2℃。

5. 表观密度 $\rho$ 应按下式计算，精确至10kg/m³：

$$\rho = \left(\frac{m_0}{m_0 + m_1 - m_2} - \alpha_t\right) \times 1000 \tag{4-28}$$

式中　$\rho$——表观密度，kg/m³；

$m_0$——试样的烘干质量，g；

$m_1$——吊篮在水中的质量，g；

$m_2$——吊篮及试样在水中的质量，g；

$\alpha_t$——水温对表观密度影响的修正系数，见表4-6。

表 4-6 不同水温下碎石或卵石的表观密度影响的修正系数

| 水温（℃） | 15 | 16 | 17 | 18 | 19 | 20 | 21 | 22 | 23 | 24 | 25 |
|---|---|---|---|---|---|---|---|---|---|---|---|
| $\alpha_t$ | 0.002 | 0.003 | 0.003 | 0.004 | 0.004 | 0.005 | 0.005 | 0.006 | 0.006 | 0.007 | 0.008 |

以两次试验结果的算术平均值作为测定值。当两次结果之差大于20kg/m³时，应重新取样进行试验。对颗粒材质不均匀的试样，两次试验结果之差大于20kg/m³时，可取四次测定结果的算术平均值作为测定值。

### 4.2.15 碎石或卵石的表观密度测定（简易法）

1. 本方法适用于测定碎石或卵石的表观密度，不宜用于测定最大公称粒径超过40mm的碎石或卵石的表观密度。

2. 主要仪器设备：

（1）烘箱：温度控制范围为（105±5）℃；

（2）秤：称量20kg，感量20g；

（3）广口瓶：容量1000mL，磨口，并带玻璃片；

（4）试验筛：筛孔公称直径为5.00mm的方孔筛一只；

（5）毛巾、刷子等。

3. 试样制备应符合下列规定：

试验前，筛除样品中公称粒径为5.00mm以下的颗粒，缩分至略大于表4-5所规定的量的两倍。洗刷干净后，分成两份备用。

4. 测定步骤：

（1）按表4-5规定的数量称取试样。

（2）将试样浸水饱和，然后装入广口瓶中。装试样时，广口瓶应倾斜放置，注入饮用水，用玻璃片覆盖瓶口，以上下左右摇晃的方法排除气泡。

（3）气泡排尽后，向瓶中添加饮用水直至水面凸出瓶口边缘。然后用玻璃片沿瓶口迅速滑行，使其紧贴瓶口水面。擦干瓶外水分后，称取试样、水、瓶和玻璃片总质量（$m_1$）。

（4）将瓶中试样倒入浅盘中，置于（105±5）℃的烘箱中烘干至恒重；取出，放在带盖的容器中冷却至室温后称重（$m_0$）。

（5）将瓶洗净，重新注入饮用水，用玻璃片紧贴瓶口水面，擦干瓶外水分后称取质量（$m_2$）。

注：试验时各项称重可以在15~25℃的温度范围内进行，但从试样加水静置的最后2h起直至试验结束，其温度相差不应超过2℃。

5. 表观密度ρ应按下式计算，精确至10kg/m³：

$$\rho = \left( \frac{m_0}{m_0 + m_2 - m_1} - \alpha_t \right) \times 1000 \qquad (4-29)$$

式中 $\rho$——表观密度，kg/m³；

$m_0$——烘干后的试样质量，g；

$m_1$——试样、水、瓶和玻璃片的总质量，g；

$m_2$——水、瓶和玻璃片的总质量，g；

$\alpha_t$——水温对表观密度影响的修正系数，见表4-6。

以两次试验结果的算术平均值作为测定值。当两次结果之差大于20kg/m³时，应重新取样进行试验。对颗粒材质不均匀的试样，如两次试验结果之差大于20kg/m³，可取四次测定结果的算术平均值作为测定值。

### 4.2.16 碎石或卵石的含水率试验

1. 本方法适用于测定碎石或卵石的含水率。
2. 主要仪器设备：
（1）烘箱：温度控制范围为（105±5）℃；
（2）秤：称量20kg，感量20g；
（3）容器：如浅盘等。
3. 试验步骤：
（1）按表4-2的要求称取试样，分成两份备用；
（2）将试样置于干净的容器中，称取试样和容器的总质量（$m_1$），并在（105±5）℃的烘箱中烘干至恒重；
（3）取出试样，冷却后称取试样与容器的总质量（$m_2$），并称取容器的质量（$m_3$）。
4. 含水率应按下式计算，精确至0.1%：

$$\omega_{wc} = \frac{m_1 - m_2}{m_2 - m_3} \times 100\% \tag{4-30}$$

式中　$\omega_{wc}$——碎石或卵石的含水率，%；
　　　$m_1$——烘干前试样与容器的总质量，g；
　　　$m_2$——烘干后试样与容器的总质量，g；
　　　$m_3$——容器质量，g。

以两次试验结果的算术平均值作为测定值。

注：碎石或卵石含水率简易测定法可采用"烘干法"。

### 4.2.17 碎石或卵石的吸水率试验

1. 本方法适用于碎石或卵石的吸水率，即测定以烘干质量为基准的饱和面干吸水率。
2. 主要仪器设备：
（1）烘箱：温度控制范围为（105±5）℃；
（2）秤：称量20kg，感量20g；
（3）试验筛：筛孔公称直径为5.00mm的方孔筛一只；
（4）容器、浅盘、金属丝刷和毛巾等。
3. 试样的制备应符合下列要求：

试验前，筛除样品中公称粒径5.00mm以下的颗粒，然后缩分至两倍于表4-7所规定的质量，分成两份，用金属丝刷刷净后备用。

表 4-7 吸水率试验所需的试样最少质量

| 最大公称粒径（mm） | 10.0 | 16.0 | 20.0 | 25.0 | 31.5 | 40.0 | 63.0 | 80.0 |
|---|---|---|---|---|---|---|---|---|
| 试样最少质量（kg） | 2 | 2 | 4 | 4 | 4 | 6 | 6 | 8 |

4. 试验步骤：

（1）取试样一份置于盛水的容器中，使水面高出试样表面 5mm 左右，24h 后从水中取出试样，并用拧干的湿毛巾将颗粒表面的水分拭干，即成为饱和面干试样。然后，立即将试样放在浅盘中称取质量（$m_2$），在整个试验过程中，水温必须保持在（20±5）℃。

（2）将饱和面干试样连同浅盘置于（105±5）℃的烘箱中烘干至恒重。然后取出，放入带盖的容器中冷却 0.5~1h，称取烘干试样与浅盘的总质量（$m_1$），称取浅盘的质量（$m_3$）。

5. 吸水率 $\omega_{wa}$ 应按下式计算，精确至 0.01%：

$$\omega_{wa} = \frac{m_2 - m_1}{m_1 - m_3} \times 100\% \tag{4-31}$$

式中　$\omega_{wa}$——碎石或卵石的吸水率，%；

$m_1$——烘干后试样与浅盘总质量，g；

$m_2$——烘干前饱和面干试样与浅盘总质量，g；

$m_3$——浅盘质量，g。

以两次试验结果的算术平均值作为测定值。

### 4.2.18 碎石或卵石的堆积密度和紧密密度试验

1. 本方法适用于测定碎石或卵石的堆积密度、紧密密度及空隙率。
2. 主要仪器设备：

（1）秤：称量 100kg，感量 100g。

（2）容量筒：金属制，规格见表 4-8。

表 4-8 容量筒的规格要求及取样数量

| 碎石或卵石的最大公称粒径（mm） | 容量筒容积（L） | 容量筒规格（mm） | | 筒壁厚度（mm） |
|---|---|---|---|---|
| | | 内径 | 净高 | |
| 10.0、16.0、20.0、25.0 | 10 | 208 | 294 | 2 |
| 31.5、40.0 | 20 | 294 | 294 | 3 |
| 63.0、80.0 | 30 | 360 | 294 | 4 |

注：测定紧密密度时，对最大公称粒径为 31.5mm、40.0mm 的骨料，可采用 10L 容量筒；对最大公称粒径为 63.0mm、80.0mm 的骨料，可采用 20L 容量筒。

（3）平头铁锹。

（4）烘箱：温度控制范围为（105±5）℃。

3. 试样的制备应符合下列要求：

按表 4-2 的规定称取试样，放入浅盘，在（105±5）℃的烘箱中烘干，也可以摊在清洁的地面上风干，拌匀后分成两份备用。

## 第4章 建筑砂浆和混凝土试验

4. 试验步骤:

(1) 堆积密度:取试样一份,置于平整干净的地板(或铁板)上,用平头铁铲铲起试样,使石子自由落入容量筒内。此时,从铁锹的齐口至容量筒上口的距离应保持为50mm左右,装满容量筒并除去凸出筒口表面的颗粒,并以合适的颗粒填入凹陷部分,使表面稍凸起部分和凹陷部分的体积大致相等,称取试样和容量筒的总质量($m_2$)。

(2) 紧密密度:取试样一份,分三层装入容量筒。装完一层后,在筒底垫放一根直径为25mm的钢筋,将筒按住并左右交替颠击地面各25下,然后装入第二层。第二层装满后,用同样方法颠实(但筒底所垫钢筋的方向应与第一层放置方向垂直),然后再装入第三层,如法颠实。待三层试样装填完毕后,加料直到试样超出容量筒筒口,用钢筋沿筒口边缘滚转,刮下高出筒口的颗粒,用合适的颗粒天平凹处,使表面稍凸起部分和凹陷部分的体积大致相等。称取试样和容量筒的总质量($m_2$)。

5. 试验结果计算应符合下列规定:

(1) 堆积密度($\rho_L$)或紧密密度($\rho_c$)按下式计算,精确至10kg/m³:

$$\rho_L(\rho_c) = \frac{m_2 - m_1}{V} \times 1000 \tag{4-32}$$

式中 $\rho_L$——堆积密度,kg/m³;

$\rho_c$——紧密密度,kg/m³,;

$m_1$——容量筒的质量,kg;

$m_2$——容量筒和试样的总质量,kg;

$V$——容量筒的体积,L。

以两次试验结果的算术平均值作为测定值。

(2) 空隙率($\nu_L$、$\nu_c$)按式(4-33)和式(4-34)计算,精确至1%:

$$\nu_L = \left(1 - \frac{\rho_L}{\rho}\right) \times 100\% \tag{4-33}$$

$$\nu_c = \left(1 - \frac{\rho_c}{\rho}\right) \times 100\% \tag{4-34}$$

式中 $\nu_L$、$\nu_c$——空隙率,%;

$\rho_L$——碎石或卵石的堆积密度,kg/m³;

$\rho_c$——碎石或卵石的紧密密度,kg/m³;

$\rho$——碎石或卵石的表观密度(kg/m³)。

6. 容量筒容积的校正应以(20±5)℃的饮用水装满量筒,用玻璃板沿筒口滑移,使其紧贴水面,擦干筒外壁水分后称取质量。用下式计算筒的容积:

$$V = m'_2 - m'_1 \tag{4-35}$$

式中 $V$——容量筒的体积,L;

$m'_1$——容量筒和玻璃板的质量,kg;

$m'_2$——容量筒、玻璃板和水的总质量,kg。

### 4.2.19 碎石或卵石的含泥量试验

1. 本方法适用于测定碎石或卵石中的含泥量。

2. 主要仪器设备:

(1) 秤:称量20kg,感量20g;

(2) 烘箱:温度控制范围为(105±5)℃;

(3) 试验筛:筛孔公称直径为1.25mm及80μm的方孔筛各一个;

(4) 容器:容积约10L的瓷盘或金属盒;

(5) 浅盘。

3. 试样制备应符合下列规定:

将样品缩分至表4-9所规定的量(注意防止细粉丢失),并置于温度为(105±5)℃的烘箱内烘干至恒重,冷却至室温后分成两份备用。

表4-9　含泥量试验所需的试样最小质量

| 最大公称粒径(mm) | 10.0 | 16.0 | 20.0 | 25.0 | 31.5 | 40.0 | 63.0 | 80.0 |
|---|---|---|---|---|---|---|---|---|
| 试样量不少于(kg) | 2 | 2 | 6 | 6 | 10 | 10 | 20 | 20 |

4. 试验步骤:

(1) 称取试样一份($m_0$)装入容器中摊平,并注入饮用水,使水面高出石子表面150mm;浸泡2h后,用手在水中淘洗颗粒,使尘屑、淤泥和黏土与较粗颗粒分离,并使之悬浮或溶解于水。缓缓地将浑浊液倒入公称直径为1.25mm及80μm的方孔套筛(1.25mm筛放置上面)上,滤去小于80μm的颗粒。试验前筛子的两面应先用水湿润,在整个试验过程中应注意避免大于80μm的颗粒丢失。

(2) 再次加水于容器中,重复上述过程,直至洗出的水清澈为止。

(3) 用水冲洗剩留在筛上的细粒,并将公称直径为80μm的方孔筛放在水中(使水面略高出筛内颗粒)来回摇动,以充分洗除小于80μm的颗粒。然后将两只筛上剩留的颗粒和筒中已洗净的试样一并装入浅盘,置于温度为(105±5)℃的烘箱中烘干至恒重。取出冷却至室温后,称取试样的质量($m_1$)。

5. 碎石或卵石中含泥量$\omega_c$应按下式计算,精确至0.1%:

$$\omega_c = \frac{m_0 - m_1}{m_0} \times 100\% \qquad (4-36)$$

式中　$\omega_c$——含泥量,%;

　　　$m_0$——试验前烘干试样的质量,g;

　　　$m_1$——试验后烘干试样的质量,g。

以两个试样试验结果的算术平均值作为测定值。两次结果之差大于0.2%时,应重新取样进行试验。

### 4.2.20　碎石或卵石中泥块含量试验

1. 本方法适用于测定碎石或卵石中泥块的含量。

2. 主要仪器设备

(1) 秤:称量20kg,感量20g;

(2) 试验筛:筛孔公称直径2.50mm及5.00mm的方孔筛各一只;

(3) 水桶及浅盘等;

(4) 烘箱:温度控制范围为(105±5)℃。

3. 试样制备应符合下列规定:

将样品缩分至略大于表4-9所示的量,缩分时应防止所含黏土块被压碎。缩分后的试样在(105±5)℃烘箱内烘至恒重,冷却至室温后分成两份备用。

4. 试验步骤:

(1) 筛去公称粒径5.00mm以下颗粒,称取质量($m_1$);

(2) 将试样在容器中摊平,加入饮用水使水面高出试样表面,24h后把水放出,用手碾压泥块,然后把试样放在公称直径为2.50mm的方孔筛上摇动淘洗,直至洗出的水清澈为止。

(3) 将筛上的试样小心地从筛里取出,置于温度为(105±5)℃烘箱中烘干至恒重。取出冷却至室温后称取质量($m_2$)。

5. 泥块含量$\omega_{c,1}$应按下式计算,精确至0.1%:

$$\omega_{c,1} = \frac{m_1 - m_2}{m_1} \times 100\% \tag{4-37}$$

式中 $\omega_{c,1}$——泥块含量,%;

$m_1$——公称直径5mm筛上筛余量,g;

$m_2$——试验后烘干试样的质量,g。

以两个试样试验结果的算术平均值作为测定值。

### 4.2.21 碎石或卵石中针状和片状颗粒的总含量试验

1. 本方法适用于测定碎石或卵石中针状或片状颗粒的总含量。
2. 主要仪器设备:

(1) 针状规准仪(图4-15)和片状规准仪(图4-16),或游标卡尺;

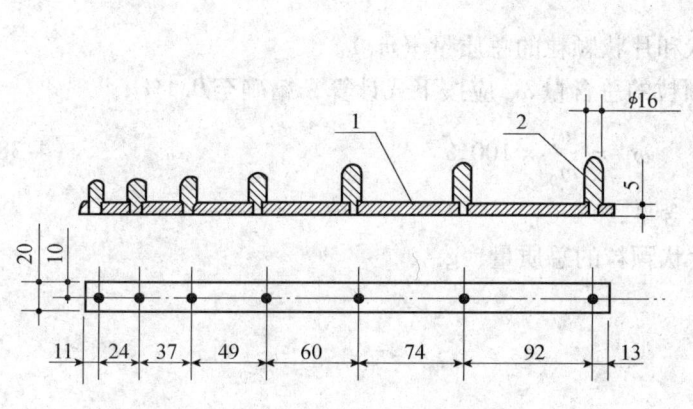

图4-15 针状规准仪(单位:mm)
1—针状规整档柱;2—针状规准仪底板

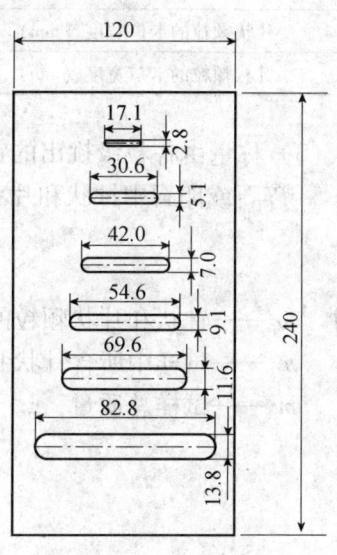

图4-16 片状规准仪

(2) 天平和秤：天平的称量 2kg，感量 2g；秤的称量 20kg，感量 20g；

(3) 试验筛：筛孔公称直径分别为 5.00mm、10.0mm、20.0mm、25.0mm、31.5mm、40.0mm、63.0mm、80.0mm 的方孔筛各一只，根据需要选用；

(4) 卡尺。

3. 试样制备应符合下列规定：

将试样在室内风干至表面干燥，并缩分至表 4-10 规定的量，称量（$m_0$），然后筛分成表 4-11 所规定的粒级备用。

表 4-10　针、片状颗粒的总含量试验所需的试样最少质量

| 最大公称粒径（mm） | 10.0 | 16.0 | 20.0 | 25.0 | 31.5 | ≥40.0 |
|---|---|---|---|---|---|---|
| 试样最少质量（kg） | 0.3 | 1 | 2 | 3 | 5 | 10 |

表 4-11　针、片状颗粒的总含量试验的粒级划分及其相应的标准仪孔宽或间距

| 公称粒级（mm） | 5.00~10.0 | 10.0~16.0 | 16.0~20.0 | 20.0~25.0 | 25.0~31.5 | 31.5~40.0 |
|---|---|---|---|---|---|---|
| 片状标准仪上相对的孔宽（mm） | 2.8 | 5.1 | 7.0 | 9.1 | 11.6 | 13.8 |
| 针状标准仪上相对的间距（mm） | 17.1 | 30.6 | 42.0 | 54.6 | 69.6 | 82.8 |

4. 试验步骤：

(1) 按表 4-11 所规定的粒级用规准仪逐粒对试样进行鉴定，凡颗粒长度大于针状规准仪上相对应间距的，为针状颗粒。厚度小于片状规准仪上相应孔宽的，为片状颗粒。

(2) 公称粒径大于 40mm 的可用卡尺鉴定其针片状颗粒，卡尺卡口的设定宽度应符合表 4-12 的规定。

表 4-12　公称粒径大于 40mm 用卡尺卡口的设定宽度

| 公称粒级（mm） | 40.0~63.0 | 63.0~80.0 |
|---|---|---|
| 片状颗粒的卡口宽度（mm） | 18.1 | 27.6 |
| 针状颗粒的卡口宽度（mm） | 108.6 | 165.6 |

(3) 称量由各粒级挑出的针状和片状颗粒的总质量（$m_1$）。

5. 碎石或卵石中针状和片状颗粒的总含量 $\omega_p$ 应按下式计算，精确至 0.1%：

$$\omega_p = \frac{m_1}{m_0} \times 100\% \tag{4-38}$$

式中　$\omega_p$——针状和片状颗粒的总含量，%；

$m_1$——试样中所含针状和片状颗粒的总质量，g；

$m_0$——试样总质量，g。

## 4.3 普通混凝土拌合物稠度和表观密度测定

### 4.3.1 采用标准

《普通混凝土拌合物性能试验方法》(GB/T 50080—2002)。

### 4.3.2 取样和试样的制备

1. 取样

(1) 同一组混凝土拌合物的取样应从同一盘混凝土或同一车混凝土中取样。取样量应多于试验所需量的1.5倍,且宜不小于20L。

(2) 混凝土拌合物的取样应具有代表性,宜采用多次采样的方法。一般在同一盘混凝土或同一车混凝土中的约1/4处、1/2处和3/4处之间分别取样,从第一次取样到最后一次取样不宜超过15min,然后人工搅拌均匀。

(3) 从取样完毕到开始做各项性能试验不宜超过5min。

2. 试样的制备

(1) 在试验室制备混凝土拌合物时,拌合时试验室的温度应保持在(20±5)℃,所用材料的温度应与试验室温度保持一致。

注:需要模拟施工条件下所用的混凝土时,所用原材料的温度宜与施工现场保持一致。

(2) 试验室拌合混凝土时,材料用量应以质量计。称量精度:骨料为±1%;水、水泥、掺合料、外加剂均为±0.5%。

(3) 混凝土拌合物的制备应符合JGJ 55中的有关规定。

(4) 从试样制备完毕到开始做各项性能试验不宜超过5min。

### 4.3.3 稠度试验(坍落度与坍落度扩展度法)

1. 本方法适用于骨料最大粒径不大于40mm、坍落度不小于10mm的混凝土拌合物稠度的测定。

2. 坍落度与坍落扩展度试验所用的混凝土坍落度仪应符合有关技术要求的规定。

3. 试验步骤:

(1) 湿润坍落度筒及底板,在坍落度筒内壁和底板上应无明水。底板应放置在坚实水平面上,并把筒放在底板中心,然后用脚踩住两边的脚踏板,坍落度筒在装料时应保持固定的位置。

(2) 把按要求取得的混凝土试样用小铲分三层均匀地装入筒内,使捣实后每层高度为筒高的三分之一左右。每层用捣棒插捣25次。插捣应沿螺旋方向由外向中心进行,各次插捣应在截面上均匀分布。插捣筒边混凝土时,捣棒可以稍稍倾斜。插捣底层时,捣棒应贯穿整个深度,插捣第二层和顶层时,捣棒应插透本层至下一层的表面;浇灌顶层时,混凝土应灌到高出筒口。插捣过程中,如混凝土沉落到低于筒口,则应随时添加。顶层插捣完后,刮去多余的混凝土,并用抹刀抹平。

(3) 清除筒边底板上的混凝土后,垂直平稳地提起坍落度筒。坍落度筒的提离过程应在5~10s内完成；从开始装料到提坍落度筒的整个过程应不间断地进行，并应在150s内完成。

（4）提起坍落度筒后，测量筒高与坍落后混凝土试体最高点之间的高度差，即为该混凝土拌合物的坍落度值。坍落度筒提离后，如混凝土发生崩坍或一边剪坏现象，则应重新取样另行测定；如第二次试验仍出现上述现象，则表示该混凝土和易性不好，应予记录备查。

（5）观察坍落后的混凝土试体的黏聚性及保水性。黏聚性的检查方法是用捣棒在已坍落的混凝土锥体侧面轻轻敲打，此时如果锥体逐渐下沉，则表示黏聚性良好；如果锥体倒塌、部分崩裂或出现离析现象，则表示黏聚性不好。保水性以混凝土拌合物稀浆析出的程度来评定，坍落度筒提起后如有较多的稀浆从底部析出，锥体部分的混凝土也因失浆而骨料外露，则表明此混凝土拌合物的保水性能不好；如坍落度筒提起后无稀浆或仅有少量稀浆自底部析出，则表示此混凝土拌合物保水性良好。

（6）当混凝土拌合物的坍落度大于220mm时，用钢尺测量混凝土扩展后最终的最大直径和最小直径，在这两个直径之差小于50mm的条件下，用其算术平均值作为坍落扩展度值；否则，此次试验无效。

如果发现粗骨料在中央集堆或边缘有水泥浆析出，表示此混凝土拌合物抗离析性不好，应予记录。

4. 混凝土拌合物坍落度和坍落扩展度值以毫米为单位，测量精确至1mm，结果表达修约至5mm。

### 4.3.4　稠度试验（维勃稠度法）

1. 本方法适用于骨料最大粒径不大于40mm，维勃稠度在5~30s之间的混凝土拌合物稠度的测定。

2. 维勃稠度试验所用维勃稠度仪应符合技术要求的规定。

3. 试验步骤：

（1）维勃稠度仪应放置在坚实水平面上，用湿布把容器、坍落度筒、喂料斗内壁及其他用具润湿；

（2）将喂料斗提到坍落度筒上方扣紧，校正容器位置，使其中心与喂料中心重合，然后拧紧固定螺丝；

（3）把按要求取样或制作的混凝土拌合物试样用小铲分三层经喂料斗均匀地装入筒内；

（4）把喂料斗转离，垂直地提起坍落度筒，此时应注意不使混凝土试体产生横向的扭动；

（5）把透明圆盘转到混凝土圆台体顶面，放松测杆螺钉，降下圆盘，使其轻轻接触到混凝土顶面；

（6）拧紧定位螺钉，并检查测杆螺钉是否已经完全放松；

（7）在开启振动台的同时用秒表计时，当振动到透明圆盘的底面被水泥浆布满的瞬间停止计时，并关闭振动台。

4. 由秒表读出时间即为该混凝土拌合物的维勃稠度值，精确至1s。

### 4.3.5 表观密度试验

1. 本方法适用于测定混凝土拌合物捣实后的单位体积质量（即表观密度）。
2. 主要仪器设备：

（1）容量筒：金属制成的圆筒，两旁装有提手。对骨料最大粒径不大于40mm的拌合物采用容积为5L的容量筒，其内径与内高均为（186±2）mm，筒壁厚为3mm。骨料最大粒径大于40mm时，容量筒的内径与内高均应大于骨料最大粒径的4倍。容量筒上缘及内壁应光滑平整，顶面与底面应平行并与圆柱体的轴垂直。

容量筒容积应予以标定，标定方法可采用一块能覆盖住容量筒顶面的玻璃板，先称出玻璃板和空桶的质量，然后向容量筒中灌入清水，当水接近上口时，一边不断加水，一边把玻璃板沿筒口徐徐推入盖严，应注意使玻璃板下不带入任何气泡。然后擦净玻璃板面及筒壁外的水分，将容量筒连同玻璃板放在台秤上称其质量，两次质量之差（kg）即为容量筒的容积（L）。

（2）台秤：称量50kg，感量50g。
（3）振动台。
（4）捣棒。

3. 试验步骤：

（1）用湿布把容量筒内外擦干净，称出容量筒质量，精确至50g。

（2）混凝土的装料及捣实方法应根据拌合物的稠度而定。坍落度不大于70mm的混凝土，用振动台振实为宜；大于70mm的用捣棒捣实为宜。采用捣棒捣实时，应根据容量筒的大小决定分层与插捣次数：用5L容量筒时，混凝土拌合物应分两层装入，每层的插捣次数应为25次；用大于5L的容量筒时，每层混凝土的高度不应大于100mm，每层插捣次数应按每10000mm$^2$截面不小于12次计算。各次插捣应由边缘向中心均匀地插捣，插捣底层时捣棒应贯穿整个深度，插捣第二层时，捣棒应插透本层至下一层的表面；每一层捣完后用橡皮锤轻轻沿容器外壁敲打5~10次，进行振实，直至拌合物表面插捣孔消失并不见大气泡为止。

采用振动台振实时，应一次将混凝土拌合物灌到高出容量筒口。装料时可用捣棒稍加插捣，振动过程中如混凝土低于筒口，应随时添加混凝土，振动直至表面出浆为止。

（3）用刮尺将筒口多余的混凝土拌合物刮去，表面如有凹陷应填平；将容量筒外壁擦净，称出混凝土试样与容量筒总质量，精确至50g。

4. 混凝土拌合物表观密度的计算应按下式计算：

$$\gamma_h = \frac{W_2 - W_1}{V} \times 1000 \tag{4-39}$$

式中 $\gamma_h$——表观密度，kg/m$^3$；
$W_1$——容量筒质量，kg；
$W_2$——容量筒和试样总质量，kg；
$V$——容量筒容积，L。

试验结果的计算精确至10kg/m$^3$。

## 4.4 普通混凝土力学性能试验

### 4.4.1 采用标准

《普通混凝土力学性能试验方法》(GB/T 50081—2002)。

### 4.4.2 试件制作与养护

1. 普通混凝土的力学性能以三块试件为一组，每组试验的试块所用的拌合物，应根据不同要求从同一搅拌或同一车运送的混凝土中取出，或在试验室用机械或人工单独拌制。

2. 试验室拌制混凝土制作试件时，其材料用量应以重量计，称量的精度应为：水泥、水和外加剂均为 ±0.5%；骨料为 ±1%。

3. 所有试件均应在拌制或取样后立即制作。

确定混凝土设计特征值、强度等级或进行材料性能研究时，试件的成型方法应按混凝土的稠度而定。坍落度不大于70mm 的混凝土，宜用振动台振实，大于70mm 的，宜用捣棒人工捣实。检验现浇混凝土工程和预制构件质量的混凝土，试件的成型方法应与实际施工采用的方法相同。

棱柱体试件宜采用卧式成型，埋有钢筋的试件在灌注混凝土及捣实时，应特别注意钢筋和试模之间的混凝土能保持灌注密实及捣实良好。

4. 制作试件用的试模应定期进行自检，自检周期宜为三个月。

在制作试件前应将试模清擦干净，并应涂以脱模剂。

5. 试件的尺寸应根据混凝土中骨料的最大粒径按表4-13 选定。

表4-13 混凝土试件尺寸选用表

| 试件横截面尺寸（mm） | 骨料最大粒径（mm） | |
|---|---|---|
| | 劈裂抗拉强度试验 | 其他试验 |
| 100×100 | 20 | 31.5 |
| 150×150 | 40 | 40 |
| 200×200 | — | 63 |

6. 抗压强度和劈裂抗拉强度试件应符合下列规定：

（1）边长为150mm 的立方体试件是标准试件。

（2）边长为100mm 和200mm 的立方体试件是非标准试件。

（3）在特殊情况下，可采用$\phi$150mm×300mm 的圆柱体标准试件或$\phi$100mm×200mm 和$\phi$200mm×400mm 的圆柱体非标准试件。

7. 轴心抗压强度和静力受弹模量试件应符合下列规定：

（1）边长为150mm×150mm×300mm 的棱柱体试件是标准试件。

（2）边长为100mm×100mm×300mm 和200mm×200mm×400mm 的棱柱体试件是非标准试件。

（3）在特殊情况下，可采用$\phi$150mm×300mm 的圆柱体标准试件或$\phi$100mm×200mm 和

$\phi 200mm \times 400mm$ 的圆柱体非标准试件。

8. 抗折强度试件应符合下列规定：

（1）边长为 150mm×150mm×600mm（或550mm）的棱柱体是标准试件。

（2）边长为 100mm×100mm×400mm 的棱柱体试件是非标准试件。

9. 尺寸公差：试件的承压面的平面度公差不得超过 $0.0005d$（$d$ 为边长），试件的相邻面的夹角应为 90°，其公差不得超过 0.5°。试件各边长、直径和高的尺寸的方差不得超过 1mm。

10. 用振动台成型时，应将混凝土拌合物一次装入试模，装料时应用抹刀沿各试模壁插捣并使混凝土拌合物高出试模口，试模应附着或固定在符合《混凝土试验用振动台》（JG/T 3020）要求的振动台上，振动时试模不得有任何跳动，振动应持续到表面出浆为止，不得过振。

11. 人工插捣时，混凝土拌合物应分两层装入试模，每层的装料厚度应大致相等。插捣用的钢棒长 600mm、直径 16mm，端部磨圆。插捣按螺旋方向从边缘向中心均匀进行。插捣底层时，捣棒应达到试模底面；插捣上层时，捣棒应穿入下层深度约 20～30mm。插捣棒时，捣棒应保持垂直，不得倾斜，并用抹刀沿试模内壁插入数次。每层的插捣次数应根据试件的截面而定，一般为 100cm² 截面积不少于 12 次。插捣完后应用橡皮锤轻轻敲击试模四周，直至插捣棒留下的空洞消失为止。

12. 用插入式振捣棒振实制作试件应按下述方法进行：

（1）将混凝土拌合物一次装入试模，装料时应用抹刀沿各试模壁插捣，并使混凝土拌合物高出试模口。

（2）宜用直径为 $\phi$25mm 的插入式振捣棒，插入试模振捣时，振捣棒距试模底板 10～20mm 且不得触及试模底板，振动应持续到表面出浆为止，且应避免过振，以防止混凝土离析。一般振捣时间为 20s。振捣棒拔出时要缓慢，拔出后不得留有空洞。

13. 刮除试模上口多余的混凝土，待混凝土临近初凝时，用抹刀抹平。

14. 按各试验方法的具体规定，力学性能的试件有标准养护、同条件养护及自然养护等几种养护形式。

采用标准养护的试件，成型后应覆盖表面，以防止水分蒸发，并应在室温为（20±5）℃情况下静置一至两个昼夜，然后编号、拆模。

拆模后的试件，应立即在温度为（20±2）℃、相对湿度为 95% 以上的标准养护室中养护。在标准养护室内试件应放在架上，彼此间隔应为 10～20mm，并应避免用水直接淋刷试件。

当无标准养护室时，混凝土试件可在（20±2）℃的不流动 $Ca(OH)_2$ 饱和溶液中养护。

采用与构筑物或构件同条件养护的试件，成型后即应覆盖，试件的拆模试件可与实际构件的拆模试件相同，拆模后，试件仍需保持同条件养护。

试验需要进行自然放置并晾干的试件，应放置在干燥通风的室内，每块试件之间至少留有 10～20mm 的间隙。

标准养护龄期为 28d（从搅拌加水开始计时）。

### 4.4.3 圆柱体试件的制作与养护

1. 为与国际标准接轨，普通混凝土力学性能试验方法 GB/T 50081—2002 的附录中增加了圆柱体试件的制作及其各种力学性能的试验方法。因此，本节介绍混凝土圆柱体试件的制作与养护。

2. 圆柱体试件的直径为 100mm、150mm、200mm 三种，其高度是直径的 2 倍。粗骨料的最大粒径应小于试件直径的 1/4 倍。

3. 试验设备

（1）试模：试模应由刚性、金属制成的圆筒形和底板构成，用适当的方法组装而成。试模组装后不能有变形和漏水现象。试模的尺寸误差，直径误差应小于 $1/200d$，高度误差应小于 $1/100h$。试模底板的平面度公差应不超过 0.02mm。组装试模时，圆筒形模纵轴与底板应成直角，其允许公差为 0.5°。

（2）振动台、捣棒。

（3）压板：用于端面平整处理的压板，应采用厚度为 6mm 及其以上的平板玻璃，压板直径应比试模的直径大 25mm 以上。

4. 圆柱体试件的制作应按下列方法进行：

（1）在试验室制作试件时，应根据混凝土拌合物的稠度确定混凝土成型方法，坍落度不大于 70mm 的宜用捣棒人工捣实。

①采用插捣成型时，分层浇注混凝土，当试件的直径为 200mm 时，分 3 层装料；当试件为直径 150mm 或 100mm 时，分 2 层装料，各层厚度大致相等。浇注时以试模的纵轴为对称轴，呈对称方式装入混凝土拌合物，浇注完一层后用捣棒摊平上表面。试件的直径为 200mm 时，每层用捣棒插捣 25 次；试件的直径为 150mm 时，每层插捣 15 次；试件的直径为 100mm 时，每层插捣 8 次。插捣应按螺旋方向从边缘向中心均匀进行，在插捣底层混凝土时，捣棒应达到试模底部；在插捣上层时，捣棒应贯穿该层后插入下一层 20~30mm。插捣时捣棒应保持垂直，不得倾斜。当所确定的插捣次数有可能使混凝土拌合物产生离析现象时，可酌情减少插捣次数至拌合物不产生离析的程度。插捣结束后，用橡皮锤轻轻敲打试模侧面，直到捣棒插捣后留下的孔消失为止。

②采用插入式振捣棒振实时，直径为 100~200mm 的试件应分 2 层浇注混凝土。每层厚度大致相等，以试模的纵轴为对称轴，呈对称方式装入混凝土拌合物。振捣棒的插入密度按浇注层上表面每 $6000mm^2$ 插入一次确定，振捣下层时振捣棒不得触及试模的底板，振捣上层时，振捣棒插入下层大约 15mm 深，不得超过 20mm。振捣时间根据混凝土的质量及振捣棒的性能确定，以使混凝土充分密实为原则。振捣棒要缓慢拔出，拔出后用橡皮锤轻轻敲打试模侧面，直到捣棒插捣后留下的孔消失为止。

③采用振动台振实时，应将试模牢固地安装在振动台上，以试模的纵轴为对称轴，呈对称方式一次装入混凝土，然后进行振动密实。装料量以振动时砂浆不外溢为宜。振动时间根据混凝土的质量和振动台的性能确定，以使混凝土充分密实为原则。

（2）振实后，混凝土的上表面稍低于试模顶面 1~2mm。

5. 时间的端面找平面处理按下述方法进行：

（1）拆模前当混凝土具有一定强度后，清除上表面的浮浆，并用干布吸去表面水，抹上同配比的水泥净浆，用压板均匀地盖在试模顶部。找平层水泥净浆的厚度要尽量薄，并与试件的纵轴相垂直。为了防止压板与水泥浆之间粘固，在压板的下面垫上结实的薄纸。

(2) 找平处理后的端面应与试件的纵轴相垂直，端面的平面度公差应不大于0.1mm。

(3) 不进行试件端面找平层处理时，应将试件上端面研磨整平。

6. 圆柱体试件养护与棱柱体试件相同规定。

### 4.4.4 普通混凝土立方体抗压强度试验

1. 试验目的

测定混凝土立方体抗压强度，作为评定混凝土强度等级的依据。

2. 主要仪器设备

(1) 压力试验机：试验机的精度（示值的相对误差）至少应为±2%，其量程应能使试件的预期破坏荷载不小于全量程的20%，也不大于全量程的80%。

(2) 振动台：振动频率应为(50±3)Hz，空载时的振幅应为(0.5±0.1)mm。

(3) 试模：试模由铸铁或钢制成，应具有足够的刚度并拆装方便。试模内表面应机械加工，其不平度应为每100mm不超过0.05mm，组装后各相邻面不垂直度应不超过±0.5°。

(4) 捣棒、小铁铲、金属直尺、馒刀等。

3. 试验步骤

(1) 试件自养护地点取出后，应尽快进行试验，以免试件内部的温度发生显著变化。先将试件擦干净，测量尺寸（精确至1mm），据此计算试件的承压面积，并检查其外观。如实测尺寸与公称尺寸之差不超过1mm，可按公称尺寸计算承压面积。

试件承压面的不平度应为每100mm不超过0.05mm，承压面与相邻面的不垂直度不应超过±1°。

(2) 将试件安放在下承压板上，试件的承压面应与成型时的顶面垂直。试件的中心应与试验机下压板中心对准。开动试验机，当上压机与试件接近时，调整球座，使接触均衡。当混凝土强度等级≥C60时，试件周围应设置防崩裂网罩。

(3) 加压时，应连续而均匀地加荷，加荷速度应为：混凝土强度等级<C30时，取每秒钟0.3~0.5MPa；当混凝土强度等级≥C30且<C60时，取每秒钟0.5~0.8MPa；当混凝土强度等级≥C60时，取每秒钟0.8~1.0MPa。当试件接近破坏而开始迅速变形时，停止调整试验机油门，直至试件破坏，然后记录破坏荷载。

4. 结果计算

(1) 混凝土立方体试件抗压强度$f_{cc}$应按下式计算（精确至0.1MPa）：

$$f_{cc} = \frac{P}{A} \tag{4-40}$$

式中 $P$——破坏荷载，N；

$A$——受压面积，mm²；

$f_{cc}$——混凝土立方体试件抗压强度，MPa。

(2) 以三个试件的算术平均值作为该组试件的抗压强度值（精确至0.1MPa）。三个测定值的最大值或最小值中如有一个与中间值的差超过中间值的15%时，则把最大及最小值一并舍去，取中间值作为该组试件的抗压强度值。如有两个测定值与中间值的差超过中间值的15%，则该组试件的试验结果无效。

(3) 立方体混凝土抗压强度是以 150mm×150mm×150mm 立方体试件的抗压强度为标准，其他尺寸试件的测定结果，均应换算成边长为 150mm 立方体试件的标准抗压强度。当混凝土强度等级 <C60 时，换算时分别乘以换算系数（100mm×100mm×100mm 立方体试件的换算系数为 0.95；200mm×200mm×200mm 立方体试件的换算系数为 1.05）；当混凝土强度等级 ≥C60 时，宜采用标准试件，当使用非标准试件时，换算系数应由试验确定。

### 4.4.5 普通混凝土轴心抗压强度试验

1. 目的和适用范围

本试验方法适用于测定棱柱体混凝土试件的轴心抗压强度。检验其是否符合结构设计要求。

2. 试验设备

压力试验机。

3. 试验步骤

(1) 试件从养护地点取出后应及时进行试验，用干毛巾将试件表面与上下承压板面擦干净。

(2) 将试件直立放置在试验机的下压板或钢垫板上，并使试件轴心与下压板中心对准。

(3) 开动试验机，当上压板与试件或钢垫板接近时，调整球座，使接触均衡。

(4) 应连续均匀地加荷，不得有冲击。

(5) 试件接近破坏而开始急剧变形时，应停止调整试验机油门，直至破坏，然后记录破坏荷载。

4. 试验结果计算及确定

(1) 混凝土试件轴心抗压强度应按下式计算：

$$f_{cp} = \frac{F}{A} \tag{4-41}$$

式中 $f_{cp}$——混凝土轴心抗压强度，MPa；

$F$——试件破坏载荷，N；

$A$——试件承压面积，$mm^2$；

混凝土轴心抗压强度计算值应精确至 0.1MPa。

(2) 确定混凝土轴心抗压强度值。

(3) 混凝土强度等级 <C60 时，用非标准试件测得的强度值均应乘以尺寸换算系数，其值为对 200mm×200mm×400mm 试件为 1.05；对 100mm×100mm×300mm 试件为 0.95。当混凝土强度等级 ≥C60 时，宜采用标准试件；使用非标准试件时，尺寸换算系数应由试验确定。

### 4.4.6 普通混凝土圆柱体试件抗压强度试验

1. 适用范围

本方法适用于测定圆柱体试件的抗压强度。

2. 试验设备

(1) 压力试验机;

(2) 长尺:量程300mm,分度值0.02mm。

3. 试验步骤

(1) 试件从养护地取出后应及时进行试验,将试件表面与上下承压板面擦干净,然后测量试件的两个相互垂直的直径,分别记为 $d_1$、$d_2$,精度至0.02mm;再分别测量相互垂直的两个直径段部的四个高度。

(2) 将试件置于试验机上下压板之间,使试件的纵轴与加压板的中心一致。开动压力试验机,当上压板与试件或钢垫板接近时,调整球座,使接触均衡;试验机的加压板与试件的端面之间要紧密接触,中间不得夹入有缓冲作用的其他物质。

(3) 应连续均匀地加荷,当试件接近破坏时,开始迅速变形时,停止调整试验机油门直至试件破坏。记录破坏荷载 $F(N)$。

4. 圆柱体试件抗压强度试验结果计算及确定

(1) 试件直径应按下式计算:

$$d = \frac{d_1 + d_2}{2} \tag{4-42}$$

式中 $d$——试件计算直径,mm;

$d_1$、$d_2$——试件两个垂直方向的直径,mm。

试件计算直径的计算精确至0.1mm。

(2) 抗压强度应按下式计算:

$$f_{cc} = \frac{4F}{\pi d^2} \tag{4-43}$$

式中 $f_{cc}$——混凝土的抗压强度,MPa;

$F$——试件破坏载荷,N;

$d$——试件计算直径,mm。

混凝土圆柱体试件抗压强度的计算精确至0.1MPa。

(3) 确定混凝土圆柱体抗压强度值。

(4) 用非标准试件测得的强度值均应乘以尺寸换算系数,其值为对 $\phi$200mm×400mm 试件为1.05;对 $\phi$100mm×200mm 试件为0.95。

### 4.4.7 普通混凝土劈裂抗拉强度试验

1. 试验目的

测定混凝土的抗拉强度,评价其抗裂性能。

2. 主要仪器设备

(1) 试验机:要求同混凝土抗压强度试验要求。

(2) 试模:同混凝土抗压强度试验要求。

(3) 垫条:采用直径为150mm的钢制弧形垫条,其长度不得短于试件的边长,其截面尺寸如图4-17(a)所示。

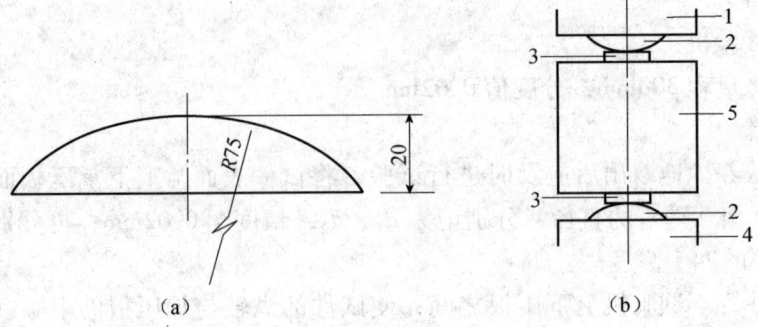

图 4-17 混凝土劈裂抗拉试验装置图
（a）垫条示意图；（b）装置示意图
1，4—压力机上下垫板；2—垫条；3—垫层；5—试件

（4）垫层

应为木质三合板。其尺寸：宽为 15~20mm，厚为 3~4mm，长度不应短于试件长。垫层不得重复使用。

3. 测定步骤

（1）试件从养护地点取出后，应及时进行试验。在试验前试件应保持与原养护地点相似的干湿状态。

（2）先将试件擦拭干净。在试件侧面中部画线定出劈裂面的位置，劈裂面应与试件成型时的顶面垂直。

（3）测量劈裂面的边长（精确至 1mm），并据此计算试件的劈裂面积。如实测尺寸与公称尺寸之差不超过 1mm，按公标尺寸计算劈裂面积。

（4）将试件放在压力机下压板的中心位置。在上下压板与试件之间加垫条和垫层各一条，垫条应与成型时的顶面垂直，使垫条的接触母线与试件上的荷载作用线对准，如图 4-17（b）所示。

（5）加荷时必须连续而均匀地进行，使荷载通过垫条均匀地传至试件上，加荷速度为：混凝土强度等级 <C30 时，取每秒钟 0.02~0.05MPa；强度等级 ≥C30 且 <C60 时，取每秒钟 0.05~0.08MPa；当混凝土强度等级 ≥C60 时，取每秒钟 0.08~0.10MPa。

当试件接近破坏时，应停止调整试验机油门，直至试件破坏，然后记下破坏荷载。

4. 结果计算

（1）劈裂抗拉强度按下式计算（精确至 0.01MPa）：

$$f_{ts} = \frac{2P}{\pi A} = 0.637 \frac{P}{A} \tag{4-44}$$

式中 $f_{ts}$——混凝土劈裂抗拉强度，MPa；
  $P$——破坏荷载，N；
  $A$——试件劈裂面积，$mm^2$。

（2）以三个试件测定值的算术平均值作为该组试件的劈裂抗拉强度值。其异常数据的取舍原则同混凝土抗压强度试验。

（3）采用边长为 150mm 的立方体试件作为标准试件，如采用边长为 100mm 立方体试件，则测得的结果应乘以换算系数0.85。当混凝土强度等级≥C60时，宜采用标准试件；当使用非标准试件时，换算系数应由试验确定。

#### 4.4.8 普通混凝土抗折强度试验

**1. 目的和适用范围**

测定混凝土的抗折强度，检验其是否符合结构设计要求。本方法适用于测定混凝土的抗折强度。

2. 试件除应符合本节中试件制作与养护的规定外，在长向中部1/3区段内不得有表面直径超过5mm、深度2mm的孔洞。

3. 试验设备

（1）试验机。

（2）试验机应能施加均匀、连续、速度可控的荷载，并带有能使两个相等荷载同时作用在试件跨度3分点处的抗折试验装置，如图4-18所示。

（3）试件的支座和加载头应采用直径为20～40mm、长度不小于（b+10）mm的硬钢圆柱，支座立脚点固定铰支，其他应为滚动支点。

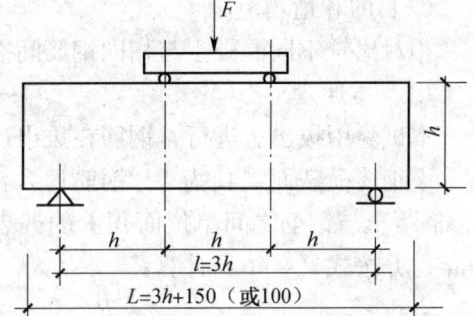

图4-18 抗折试验装置

**4. 抗折强度试验步骤**

（1）试件从养护地取出后应及时进行试验，将试件表面擦干净。

（2）按图4-18装置试件，安装尺寸偏差不得大于1mm。试件的承压面应为试件成型时的侧面。支座及承压面与圆柱的接触面应平稳、均匀，否则应垫平。

（3）施加荷载应保持均匀、连续。当混凝土强度等级＜C30时，加荷速度取每秒0.02～0.05MPa；当混凝土强度等级≥C30且＜C60时，取每秒钟0.05～0.08MPa；当混凝土强度等级≥C60时，取每秒钟0.08～0.10MPa，至试件接近破坏时，应停止调整试验机油门，直至试件破坏，然后记录破坏荷载。

（4）记录试件破坏荷载的试验机示值及试件下边缘断裂位置。

**5. 抗折强度试验结果计算及确定**

（1）若试件下边缘断裂位置处于两个集中荷载作用线之间，则试件的抗折强度$f_f$(MPa)应按下式计算：

$$f_f = \frac{Fl}{bh^2} \qquad (4\text{-}45)$$

式中 $f_f$——混凝土抗折强度，MPa；

$F$——试件破坏荷载，N；

$l$——支座间跨度，mm；

$h$——试件截面高度，mm；

$b$——试件截面宽度，mm。

抗折强度计算应精确至0.1MPa。

（2）三个试件中若有一个折断面位于两个集中荷载之外，则混凝土抗折强度值按另两个试件的试验结果计算。若这两个测值的差值不大于这两个测值的最小值的15%时,则该组试件的抗折强度值按这两个测值的平均值计算,否则该组试件的试验无效。若有两个试件的下边缘断裂位置位于两个集中荷载作用线之外,则该组试件试验无效。

(3)当试件尺寸为100mm×100mm×400mm非标准试件时,应乘以尺寸换算系数0.85;当混凝土强度等级≥C60时,宜采用标准试件;使用非标准试件时,尺寸换算系数应由试验确定。

### 4.4.9 普通混凝土与钢筋握裹强度试验

**1. 目的和适用范围**

相对比较不同混凝土与相同钢筋间握裹力的大小。

**2. 基本原理**

本试验用拔出法进行,钢筋在拔出过程中,握裹应力的分布如图4-19所示。

设钢筋横截面周长为$L$,钢筋埋入深度为$a$,荷重为$P$,混凝土与钢筋之间单位面积上的握裹力系假定为均匀分布,并按式(4-46)计算:

$$\tau_n = \frac{P}{L \cdot a} \quad (4-46)$$

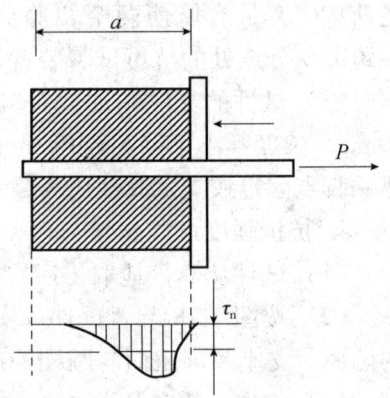

当用螺纹钢筋与混凝土的拔出试验,在破坏时,往往是混凝土先纵向开裂,或钢筋先达到屈服,故得不到极限握裹强度。本试验选取钢筋与混凝土在自由端相对滑动至0.01mm、0.05mm及0.10mm时相应的三个握裹应力的平均值作为握裹强度。至于光圆钢筋与混凝土,则往往是钢筋从混凝土中拔出,这种情况下可以测得极限握裹强度。

图4-19 握裹应力分布

**3. 试验设备**

(1)边长150mm立方体金属试模:试模应能埋设一水平钢筋,水平钢筋轴线距离模底7.5cm。埋入的一端恰好嵌入模壁,予以固定以防下沉,另一端由模壁伸出,作为加力之用。试模装置如图4-20所示。

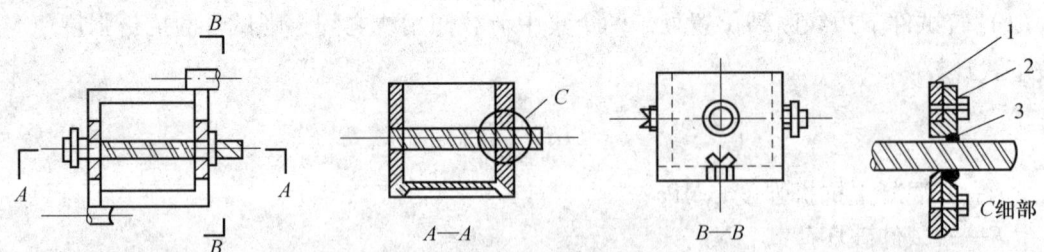

图4-20 握裹力试验用试模
1—模壁;2—固定圈;3—用橡皮圈堵塞

(2)混凝土试件夹头:试件夹头系两块厚度为30mm的长方形钢板(250mm×150mm),用四根直径约18mm的钢杆相连。下端钢板中央开有直径为40mm的圆孔,供试件中的钢筋穿入。上端钢板附有直径为25mm的拉杆，拉杆下端套入钢板并成球面连接，上端供万能机夹持。另附150mm×150mm×10mm 钢垫板一块，中心开有直径40mm 的圆孔，垫于试件下端与夹头的下端钢板之间。

(3) 千分表：精度0.001mm。

(4) 量表固定架：金属制成，横跨试件表面，并可用止动螺丝固定在试件上。上部中央有孔，可夹持千分表，使之直立，量杆朝下。

(5) 万能试验机：示值的相对误差和量程与立方体抗压强度试验对压力试验机的有关规定相同。

4. 试验步骤

(1) 试验用螺纹钢筋，性能应符合 GB 1499 的规定，其计算直径为20mm（内径18mm，外径22mm）。为了具有足够的长度可供万能机夹持和装置量表，一般长度可取500mm。钢筋的尺寸、形状和螺纹均应相同，成型前钢筋应用钢丝刷刷干净，并用丙酮擦拭，不得有铁屑和油污存在。钢筋的自由端顶面应光滑平整，并与试模预留凹洞吻合。在确有必要时，也可改用直径20mm 的光圆钢筋。

(2) 混凝土试件的拌合应按立方体抗压强度试验的规定执行。对每一试验龄期制作六个试件。

安装钢筋时自由端应嵌入模壁，穿钢筋的模壁孔应用橡皮圈和固定圈填塞，以固定钢筋并使密不漏水（图4-21）。

(3) 混凝土的成型和养护还应符合以下规定：

①混凝土骨料最大粒径不应超过40mm。

②对于干稠的混凝土，应采用振动台振实，试样仍应分两层装入。

③试件成型后直至试验龄期，不得碰动钢筋。拆模试件宜延长至两昼夜，拆模时应先取下橡皮圈和固定圈，再将套在钢筋上的试模壁小心取下。

④试件从养护地点取出后，应及时进行试验，以免试件的温度和湿度发生显著变化。

⑤试验时，先将试件擦拭干净，检查外观。试件不得有明显缺损或钢筋松动、歪斜。

⑥将试件套上中心有洞孔的垫板，然后装入已安装在万能机上的试验夹头中，使万能机的下夹头将试件的钢筋夹牢。

⑦在试件上安装量表固定架，并装上千分表，使千分表杆尖端朝下，与略伸出混凝土试件表面的钢筋顶面相接触。

⑧加荷前应检查千分表量杆与钢筋顶面接触是否良好，千分表是否灵活，并进行适当调整。

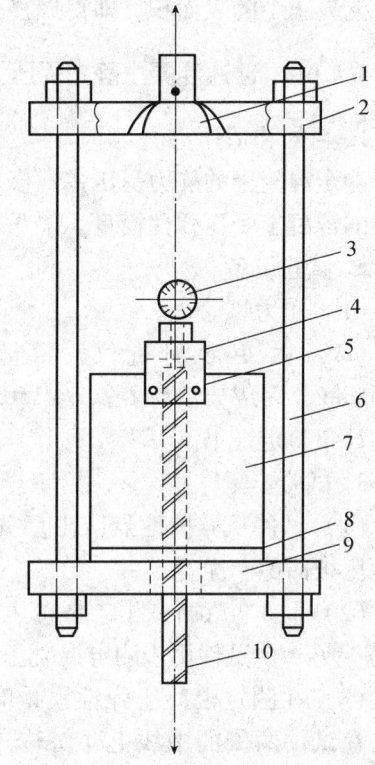

图4-21 握裹力试验装置示意图
1—带球座拉杆；2—上端钢板；3—千分表；
4—量表固定架；5—止动螺丝；6—钢杆；
7—试件；8—垫板；9—下端钢板；
10—埋入试件中的钢筋

⑨记下千分表的初始读数后,即开动万能机,以不超过每秒400N的加荷速度拉拔钢筋。每加一定荷重(1000~5000N),记录相应的千分表读数。

⑩到达下列任一种情况时应停止加荷:

a. 钢筋达到屈服点;

b. 混凝土发生破裂;

c. 钢筋已从混凝土中拔出。

5. 试验结果计算

(1)将各级荷重下的千分表读数减去初始读数,即得该级荷重下的滑动变形。

(2)当采用螺纹钢筋时,以六个试件滑动变形的算术平均值汇出荷重-滑动变形关系曲线,以荷重为纵坐标,滑动变形为横坐标。取滑动变形0.01mm、0.05mm及0.10mm,在曲线上查出相应荷重,此三级荷重的算术平均值,除以钢筋埋入混凝土中的表面积($\pi \times$外径×长度),即得握裹强度(MPa)。

(3)当采用光圆钢筋时,可取六个试件拔出试验时的最大荷重的算术平均值除以钢筋埋入混凝土中的表面积,即得握裹强度(MPa)。

### 4.4.10 普通混凝土静力受压弹性模量试验

1. 目的和适用范围

测定混凝土的静力受压弹性模量,为结构变形计量提供依据。本方法适用于测定棱柱体试件的混凝土受压弹性模量。

2. 试验设备

(1)压力试验机。

(2)微变形测量仪、测量精度不得低于0.001mm,固定架的标距应为150mm。应有有效期内的计量检定证书。

3. 试验步骤

(1)试件从养护地点取出后先将试件表面与上下承压板面擦干净。

(2)取3个试件测定混凝土的轴心抗压强度($f_{cp}$)。另3个试件用于测定混凝土的弹性模量。

(3)在测定混凝土弹性模量时,变形测量仪应安装在试件两侧的中线上并对称于试件的两端,如图4-22所示。

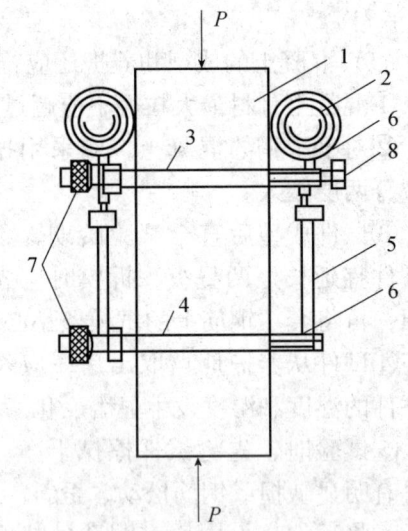

图 4-22 千分表安装示意图
1—试件;2—量表;3—上金属环;
4—下金属环;5—接触杆;6—刀口;
7—金属环固定螺丝;8—千分表固定螺丝

(4)应仔细调整试件在压力试验机上的位置,使其轴心与下压板的中心线对准。开动压力试验机,当上压板与试件接近时调整球座,使其接触均衡。

(5)加荷至基准应力为0.5MPa的初始荷载值$F_0$,保持恒载60s并在以后的30s内记录每测点的变形读数$\varepsilon_0$。应立即连续均匀地加荷至应力为轴心抗压强度$f_{cp}$的1/3的荷载值$F_a$,保持恒载60s并在以后的30s内记录每一测点的变形读数$\varepsilon_0$。

(6) 当以上这些变形值之差与它们平均值之比大于 20% 时,应重新对中试件后重复上述试验。如果无法使其减少到低于 20% 时,则此次试验无效。

(7) 在确认试件符合规定后,以与加荷速度相同的速度卸载至基准应力 $0.5\text{MPa}(F_0)$,恒载 60s;然后用同样的加荷和载荷速度以及 60s 的保持恒载 ($F_0$ 及 $F_a$) 至少进行两次反复预压。在最后一次预压完成后,在基准应力 $0.5\text{MPa}(F_0)$ 持荷 60s 并在以后的 30s 内记录每一测点的变形读数 $\varepsilon_0$;再用同样的加荷速度加荷至 $F_a$,持荷 60s 并在以后的 30s 内记录每一测点的变形读数 $\varepsilon_a$(图 4-23)。

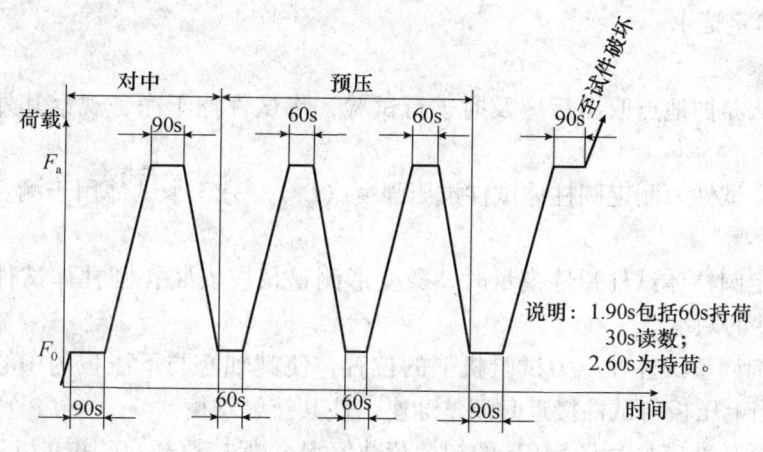

图 4-23 弹性模量加荷方法示意图

(8) 卸除变形测量仪,以同样的速度加荷至破坏,记录破坏荷载。如果试件的抗压强度与 $f_{cp}$ 之差超过 $f_{cp}$ 的 20% 时,则应在报告中注明。

混凝土弹性模量试验结果计算及确定按下列方法进行:

(1) 混凝土弹性模量值应按下式计算:

$$E_c = \frac{F_a - F_0}{A} \times \frac{L}{\Delta n} \tag{4-47}$$

式中　$E_c$——混凝土弹性模量,MPa;
　　　$F_a$——应力为 1/3 轴心抗压强度时的荷载,N;
　　　$F_0$——应力为 0.5MPa 时的初始荷载,N;
　　　$A$——试件承压面积,mm²;
　　　$L$——测量标距,mm。

$$\Delta n = \varepsilon_a - \varepsilon_0 \tag{4-48}$$

式中　$\Delta n$——最后一次从 $F_0$ 加荷至 $F_a$ 时试件两侧变形的平均值,mm;
　　　$\varepsilon_a$——$F_a$ 时试件两侧变形的平均值,mm;
　　　$\varepsilon_0$——$F_0$ 时试件两侧变形的平均值,mm。

混凝土受压弹性模量计算精确至 100MPa。

(2) 弹性模量按 3 个试件测值的算术平均值计算。如果其中有一个试件的轴心抗压强度值与用以确定检验控制荷载的轴心抗压强度相差超过后者的 20% 时,则弹性模量值按另两个试件测值的算术平均值计算;如有两个试件超过上述规定时,则此次试验无效。

### 4.4.11 圆柱体试件静力受压弹性模量试验

**1. 适用范围**

本方法适用于测定圆柱体试件的静力受压弹性模量，每次试验应制备6个试件。

**2. 试验设备**

（1）压力试验机

（2）微变形测量仪：测量精度不得低于0.001mm，固定架的标距应为150mm，应有有效期内的计量检定证书。

**3. 试验步骤**

（1）试件从养护地点取出后应及时进行试验，将试件擦干净，观察其外观，测量试件尺寸。

（2）取3个试件，测定圆柱体试件抗压强度（$f_{cp}$）。另3个试件用于测定圆柱体试件弹性模量。

（3）在测定圆柱体试件弹性模量时，微变形测量仪应安装在圆柱体试件直径的延长线上并对称于试件的两端。

（4）应仔细调整试件在压力试验机上的位置，使其轴心与下压板的中心线对准。开动压力试验机，当上压板与试件接近时调整球座，使其接触均衡。

（5）加荷至基准应力为0.5MPa的初始荷载值$F_0$，保持恒载60s并在以后的30s内记录每测点的变形读数$\varepsilon_0$。应立即连续均匀地加荷至应力为轴心抗压强度$f_{cp}$的1/3的荷载值$F_a$，保持恒载60s并在以后的30s内记录每一测点的变形读数$\varepsilon_0$。

（6）当以上这些变形值之差与它们平均值之比大于20%时，应重新对中试件后重复上述试验。如果无法使其减少到低于20%，则此次试验无效。

（7）在确认试件对中符合规定后，以与加荷速度相同的速度卸载至基准应力0.5MPa（$F_0$），恒载60s；然后用同样的加荷和载荷速度以及60s的保持荷载（$F_0$及$F_a$）至少进行两次反复预压。在最后一次预压完成后，在基准应力0.5MPa（$F_0$）持荷60s并在以后的30s内记录每一测点的变形读数$\varepsilon_0$；再用同样的加荷速度加荷至$F_a$，持荷60s并在以后的30s内记录每一测点的变形读数$\varepsilon_a$（图4-23）。

（8）卸除变形测量仪，以同样的速度加荷至破坏。记录破坏荷载，如果试件的抗压强度与$f_{cp}$之差超过$f_{cp}$20%时，则应在报告中注明。

圆柱体试件弹性模量试验结果计算及确定：

①圆柱体试件混凝土受压弹性模量值应按下式计算：

$$E_c = \frac{4(F_a - F_0)}{\pi d^2} \times \frac{L}{\Delta n} = 1.273 \times \frac{(F_a - F_0)L}{d^2 \Delta n} \tag{4-49}$$

式中 $E_c$——圆柱体试件混凝土静力受压弹性模量，MPa；

$F_a$——应力为1/3轴心抗压强度时的荷载，N；

$F_0$——应力为0.5MPa时的初始荷载，N；

$d$——圆柱体试件的计算直径，mm；

$L$——测量标距，mm。

$$\Delta n = \varepsilon_a - \varepsilon_0 \qquad (4\text{-}50)$$

式中 $\Delta n$——最后一次从 $F_0$ 加荷至 $F_a$ 时试件两侧变形的平均值，mm；

$\varepsilon_a$——$F_a$ 时试件两侧变形的平均值，mm；

$\varepsilon_0$——$F_0$ 时试件两侧变形的平均值，mm。

圆柱体试件混凝土受压弹性模量计算精确至 100MPa。

②圆柱体试件弹性模量按 3 个试件的算术平均值计算。如果其中一个试件的轴心抗压强度值与用以确定检验控制荷载的轴心抗压强度值相差超过后者的 20% 时，则弹性模量值按另两个试件测值的算术平均值计算；如有两个试件超过上述规定时，则此次试验无效。

## 4.5 混凝土耐久性试验

### 4.5.1 采用标准

《普通混凝土长期性能和耐久性能试验方法标准》(GB/T 50082—2009)。

### 4.5.2 一般规定

1. 混凝土取样
(1) 混凝土的取样应符合 GB/T 50080 中的有关规定。
(2) 每组试件所用的拌合物应从同一盘混凝土或同一车混凝土中取样。
2. 试件的横截面尺寸
(1) 试件的横截面尺寸应根据混凝土中骨料的最大粒径按表 4-14 选用。

表 4-14 试件横截面尺寸选用

| 试件横截面尺寸（mm） | 骨料最大公称粒径（mm） |
| --- | --- |
| 100×100 或 $\phi$100 | 31.5 |
| 150×150 或 $\phi$150 | 40 |
| 200×200 或 $\phi$200 | 63 |

注：骨料最大公称粒径应符合 JGJ 52 中的有关规定。

(2) 试件应符合 JG 3019 规定的试模制作，以保证试件的尺寸。
3. 试件的公差
(1) 所有各种试件的承压面的平面度公差不得超过 $0.0005d$（$d$ 为试件的边长或直径）。
(2) 所有各种试件的相邻面间的夹角应为 90°，公差不得超过 0.5°。
(3) 本试验中，除非特别指明试件的尺寸公差外，所有各种试件各边长、直径或高度，其公差应不得超过 1mm。
4. 试件的制作和养护
(1) 试件的制作应符合 GB/T 50081 中的有关规定。
(2) 试件的养护应符合 GB/T 50081 中的有关规定。
(3) 制作混凝土长期性能和耐久性试验用试件时，不宜采用憎水性脱模剂。

### 4.5.3 抗冻性能试验

混凝土的抗冻性是指其在饱和水状态下遭受冰冻时，抵抗冰冻破坏的能力。抗冻性是评定混凝土耐久性的重要指标。抗冻性以抗冻标号（D）表示。它是按标准方法将试件进行冻融循环。以强度降低不超过 25% 或重量损失不大于 5% 时所能承受的最多冻融循环次数来确定。抗冻等级可分为 D25、D50、D100、D150、D200、D250、D300 等。影响混凝土抗冻性的主要因素，除适用原材料本身的条件外，还与混凝土的孔隙率有关。因此常常采用小水灰比以提高混凝土的密实度和采用加气混凝土等办法来提高混凝土的抗冻性能。

混凝土抗冻性能试验可采用慢冻法和快冻法进行测试。

4.5.3.1 慢冻法

1. 本方法适用于测定混凝土试件在气冻水融反复作用下所能经受的冻融循环次数为指标的混凝土抗冻性能。

2. 试件应符合以下规定：

（1）应采用100mm×100mm×100mm立方体试件为标准试件。试件中骨料的最大公称粒径应符合表4-14的规定。

（2）每次试验所需要的试件组数应符合表4-15的规定，每组试件应为3块。

表4-15 慢冻法试验所需的试件组数

| 设计抗冻标号 | D25 | D50 | D100 | D150 | D200 | D250 | D250及以上 | 300以上 |
|---|---|---|---|---|---|---|---|---|
| 检查强度所需冻融次数 | 25 | 50 | 50及100 | 100及150 | 150及200 | 200及250 | 250及300 | 300及设计次数 |
| 鉴定28d强度所需试件组数 | 1 | 1 | 1 | 1 | 1 | 1 | 1 | 1 |
| 冻融试件组数 | 1 | 1 | 2 | 2 | 2 | 2 | 2 | 2 |
| 对比试件组数 | 1 | 1 | 2 | 2 | 2 | 2 | 2 | 2 |
| 总计试件组数 | 3 | 3 | 5 | 5 | 5 | 5 | 5 | 5 |

（3）在成型抗冻试件时，不得采用憎水性脱模剂。

3. 试验设备应符合下列规定：

（1）冷冻箱（室）：能使试件静置不动，通过气冻水融进行冻融循环。在满载运转时的条件下，冷冻期间冻融试验箱内空气的温度应保持在-18~-20℃范围内；融化期间冻融试验箱内浸泡混凝土试件的水温度应保持在18~20℃范围内，且冻融试验箱内各点温度极差不应超过2℃。

（2）控制系统：采用慢冻自动冻融设备时，还应配备满足自动控制、数据曲线实时动态显示、具备断电记忆、试验数据自动存储等功能。

（3）试验架：应采用不锈钢或者耐腐蚀的非金属材料制作，其尺寸应与冻融试验箱和所装的试件相适应。

（4）案秤：最大量程20kg，感量为5g。

（5）压力试验机：精度至少为±2%，其量程应能使试件的预期破坏荷载值不小于全量程的20%，也不大于全量程的80%。试验机上、下压板及试件之间可各垫以钢垫板，钢垫板两承压面均应机械加工。与试件接触的压板或垫板的尺寸应大于试件承压面，其不平度应为每100mm不超过0.02mm。

（6）温度检测仪：温度检测范围不应小于20~-20℃，测量精度不应低于0.5℃。

4. 慢冻试验应按下列步骤进行：

（1）如无特殊要求外，试件应在28d龄期时进行冻融试验。试验前4d应把冻融试件从养护地点取出，进行外观检查，随后放在（20±2）℃水中浸泡，浸泡时水面至少应高出试件顶面20~30mm，冻融试件浸泡4d后进行冻融试验。对比试件则应保留在标准养护室内，直到完成冻融循环后，与抗冻试件同时试压。

注：对于水中养护的试件，达到养护龄期时，即可直接进行抗冻试验，此时，对比试件应继续在水中养护。此种情况应在试验报告中予以说明。

（2）浸泡完毕后，取出试件，用湿布擦除表面水分并应分别称重、编号，然后按标号置入试件架内，且试件架与试件的接触面积不超过试件底面的1/10。把试件架放入冻融试验箱内后，试件与箱底、箱壁之间应至少留有20mm的孔隙。试件架中各试件之间应至少保持30mm的空隙。

（3）应在温度降至 -18℃时开始计算冷冻时间。每次装完试件到温度降至 -18℃所需的试件应在1.5~2h内。冻融箱内温度在冷冻时应保持在 -18 ~ -20℃之间。冻融箱内温度以其中心温度为准，但宜同时监测和控制冻融箱对角线四角处温度，满载运转时冻融箱内各点温度极差不应超过2℃。

（4）每次循环中试件的冻结或融化时间按其尺寸而定，对100mm×100mm×100mm及150mm×150mm×150mm的立方体试件或$\phi$100mm×200mm及$\phi$150mm×300mm的圆柱体试件，冷冻试件应在4~6h内完成，对尺寸为200mm×200mm×200mm的立方体试件或$\phi$200mm×400mm的圆柱体试件，冷冻试件应在6~8h内完成。

（5）冻结试验结束后，应立即加入温度为18~20℃的水，使试件转入融化状态，加水时间不应超过10min。控制系统应使水温保持在18~20℃。冻融箱内的水面应至少高出试件表面20mm。

融化完毕即为该次冻融循环结束，进行下一次冻融循环。

（6）应经常对冻融试件进行外观检查。发现有严重破坏时应进行称重，如某组试件的平均质量损失率超过5%，即可停止其冻融循环试验。

（7）混凝土试件达到表4-15中规定的冻融循环次数后，即应进行抗压强度试验。抗压强度试验应符合GB/T 50081的相关要求。抗压试验前应称重并进行外观检查，详细记录试件表面破损、裂缝及边角缺损情况。如果试件表面破损严重，则应先用高强石膏找平后再进行试压。

（8）如冻融循环因故中断，试件应保持在冷冻状态，宜将试件保存在原容器内用冰块围住。如无这种可能，应将试件在潮湿状态下用防水材料包裹，加以密封，并存放在（-18±2）℃的冷冻室或冰箱中，直至恢复冻融试验为止，此时应将故障原因及暂停试件在试验结果中注明。

试件处在融解状态下发生故障的试件不宜超过两个冻融循环的时间。在整个试验过程中超过两个冻融循环周期的故障次数，不得超过2次。

（9）抗冻能力差异较大的不同品种的混凝土试件不宜在同一个抗冻设备中同时进行抗冻试验。

（10）当一部分时间由于失效破坏或者停止试验被取出时，应用空白试件填充空位。

5. 冻融循环达到以下三种情况之一即可停止试验：

(1) 已经达到规定的循环次数；

(2) 抗压强度损失率已经达到25%；

(3) 质量损失率已经达到5%。

6. 试验结果计算及确定应按下列方法进行：

(1) 强度损失率应按下式进行计算：

$$\Delta f_c = \frac{f_{c0} - f_{cn}}{f_{c0}} \times 100 \quad (4\text{-}51)$$

式中 $\Delta f_c$——N 次冻融循环后的混凝土强度损失率，%；

$f_{c0}$——对比用的三个标准养护混凝土试件的抗压强度平均值，MPa，精确至 0.1MPa；

$f_{cn}$——经 N 次冻融循环后的三个混凝土试件抗压强度平均值，MPa，精确至 0.1MPa；

以三个试件抗压强度试验结果的平均值作为测定值。当最大值或最小值之一，与中间值之差超过中间值的 15% 时，删除此值，取其余两值的平均值作为测定值；当最大值和最小值均超过中间值的 15% 时，则取中间值作为测定值。

(2) 质量损失率应按下式计算：

$$\Delta W_n = \frac{W_0 - W_n}{W_0} \times 100\% \quad (4\text{-}52)$$

式中 $\Delta W_n$——N 次冻融循环后的混凝土质量损失率，%，精确至 0.1；

$W_0$——冻融循环试验前的混凝土试件质量，g；

$W_n$——N 次冻融循环后的混凝土试件质量，g。

以三个试件试验结果的平均值作为测定值。当某个试验结果出现负值，则取 0 值，再取三个试件的平均值。当三个值中，最大值或最小值之一，与中间值之差超过 1% 时，删除此值，取其余两值的平均值作为测定值；当最大值和最小值与中间值之差均超过 1% 时，则取中间值作为测定值。

(3) 抗冻标号应按照如下方法确定：

当抗压强度损失率达到 25% 或者质量损失率达到 5% 时的最大冻融循环次数，作为混凝土抗冻标号，以符号 D 表示。

#### 4.5.3.2 快冻法

1. 本方法适用于测定混凝土在水冻水融的条件下，经受的快速冻融循环次数或抗冻耐久性系数来表示的混凝土抗冻性能。

2. 试验设备应符合下列规定：

(1) 试验盒：宜采用具有弹性的橡胶材料制作，其内表面底部应有橡胶突起部分。盒内加水后水面应至少能高出试件顶面 5mm。试件盒横截面尺寸如图 4-24 所示。

(2) 快速冻融装置：应能使试件盒固定在其中不动，依靠热交换液体的温度变化而连续、自动地按照快冻试验步骤要求进行冻融循环的装置。除了埋设在测温试件中的温度传感器外，应另在冻融箱内防冻液中心、中心与其中一个对角的二分之一处设有温度传感器，以监测箱内温度极差。运转时冻

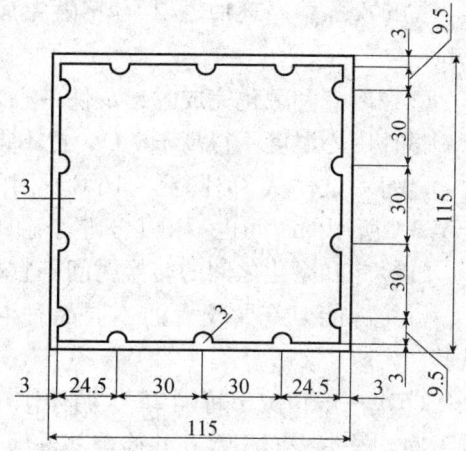

图 4-24 橡胶试验盒横截面示意图

融箱内各点温度的极差不得超过2℃。

（3）台秤：最大量程20kg，感量5g。

（4）混凝土动弹性模量测定仪：应符合本试验中动弹性模量试验中的有关要求。

（5）热电偶、电位差计：能在20～-20℃范围内测定试件中心温度，测量精度不低于±0.5℃。

3. 试件应符合如下规定：

（1）应采用100mm×100mm×100mm的棱柱体试件，每组试件3块。

（2）成型试件时，不得采用憎水性脱模剂。

（3）除制作冻融试件外，尚应制作同样形状、尺寸，且中心埋有热电偶的测温试件，测温试件应采用防冻液作为冻融介质。测温试件所用混凝土的抗冻性能应高于被测试件。测温试件的温度传感器（热电偶）应在试件成型时事先预埋，并应确保埋设在试件中心。不应采用钻孔后直接插入的方式埋设温度传感器。

4. 快冻试验应按照以下步骤进行：

（1）按 GB/T 50081 的相应要求制作试件。如无特殊要求，试件应在28d龄期时进行冻融试验。试验前4d应把冻融试件从养护地点取出，进行外观检查，随后放在(20±2)℃的水中浸泡，浸泡时水面应高出试件顶面20mm，冻融试件浸泡4d后进行冻融试验。

注：对于水中养护的试件，达到养护龄期时，即可直接进行抗冻融试验，此种情况应在试验报告中予以说明。

（2）测定初始值。应及时从养护水中取出试件，用干净的湿布擦除表面水分，称量试件初始质量 $W_0$，然后按照本试验中动弹性模量试验中的规定测定其横向基频的初始值 $f_0$，并对试件表面和边角等完好情况进行必要的外观描述。

（3）将试件放入试件盒内，试件应位于试件盒中心，然后向试件盒中注入清水。在整个试验过程中，盒内水位高度应始终保持高出试件顶面5mm左右。

（4）将试件盒放入冻融箱内的试件架中。测温试件盒应放在冻融箱的中心位置。此时即可开始冻融循环。

（5）冻融循环过程应符合下列要求：

①每次冻融循环应在2～4h内完成，其中用于融化的时间不得小于整个冻融时间的1/4。

②在冷冻和融化完成时，试件中心温度应分别控制在(-18±2)℃和(5±2)℃，任意时刻试件中心温度不得高于7℃，也不得低于-20℃。

③每块试件从3℃降至-16℃所用的时间不得少于冷冻时间的1/2，每块试件从-16℃升至3℃所用的时间也不得少于整个融化时间的1/2，试件内外的温差不宜超过28℃。

④冷冻和融化之间的转换时间不宜超过10min。

⑤抗冻能力差异较大的不同品种混凝土试件不宜在同一个抗冻设备中同时进行抗冻试验。

（6）一般情况下每隔25次循环作一次试件的横向基频 $f_n$，测量前应将试件表面浮渣清洗干净，擦去表面积水，并检查其外部损伤并称量试件的质量 $W_n$。横向基频的测量应按照"普通混凝土动弹性模量试验"规定的方法进行。测完后，应迅速将试件调头重新装入试件盒内并加入清水，继续试验。试件盒在冻融箱中的位置宜固定，也可以根据预先的极化转换试件盒的位置。试件的测量、称量及外观检查应迅速，以免水伤损失，待测试件需要湿布覆盖。

（7）当有一部分试件停止试验被取出时，应另用其他试件填充空位。如冻融循环因故中断，试件应保持在冷冻状态，宜将试件保存在原容器内用冰块围住。如无这种可能，应将试件在潮湿状态下用防水材料包裹，加以密封，并存放在（-18±2）℃的冷冻室或冰箱中。直至恢复冻融试验为止，此时应将故障原因及暂停试件在试验结果中注明。

试件处在融解状态下的时间不宜超过两个循环的时间。特殊情况下，超过两个冻融循环周期的次数，在整个试验过程中最多只允许2次。

（8）冻融到达以下3种情况之一即可停止试验：
①达到规定的冻融循环次数；
②试件的相对动弹性模量下降到60%以下；
③试件的质量损失率达5%。

5. 试验结果计算及确定应符合下列要求：
（1）相对动弹性模量按下式计算：

$$P = \frac{f_n^2}{f_0^2} \times 100 \tag{4-53}$$

式中　$P$——经 $N$ 次冻融循环后混凝土试件的相对动弹性模量，%；
　　　$f_n$——经 $N$ 次冻融循环后混凝土试件的横向基频，Hz；
　　　$f_0$——冻融循环试验前混凝土试件横向基频初始值，Hz。

以三个试件试验结果的平均值作为测定值。当最大值或最小值之一，与中间值之差超过中间值的15%时，剔除此值，取其中两值的平均值作为测定值；当最大值和最小值均超过中间值的15%时，则取中间值作为测定值。

（2）质量损失率应按下式计算：

$$\Delta W_n = \frac{W_0 - W_n}{W_0} \times 100 \tag{4-54}$$

式中　$\Delta W_n$——经 $N$ 次冻融循环后试件的质量损失率，%；
　　　$W_0$——冻融循环试验前的混凝土试件质量，g；
　　　$W_n$——经 $N$ 次冻融循环后混凝土试件的质量，g。

以三个试件试验结果的平均值作为测定值。当三个试验结果中出现负值，取负值为0值，仍取试验结果的平均值。当三个值中，最大值或最小值之一，与中间值之差超过1%时，剔除此值，取其余两值的平均值作为测定值；当最大值和最小值与中间值之差均超过1%时，则取中间值作为测定值。

（3）抗冻耐久性系数应按下式计算：

$$K_n = P \times N / 300 \tag{4-55}$$

式中　$K_n$——经 $N$ 次冻融循环后混凝土试件的抗冻耐久性系数，%；
　　　$N$——达到规定的冻融循环次数，或试件的相对动弹性模量下降到60%以下，或试件的质量损失率达5%要求时混凝土试件经受的冻融循环次数；

$P$——经 $N$ 次冻融循环后混凝土试件的相对动弹性模量,%。

(4) 混凝土抗冻等级应按下列方法确定：

当相对动弹性模量 $P$ 下降至初始值的 60% 或者质量损失率达 5% 时的最大冻融循环次数，作为混凝土抗冻等级，用符号 F 表示。

4.5.3.3 单面冻融法

1. 本方法适用于检验处于大气环境中且与盐或其他腐蚀介质接触的冻融循环的混凝土的抗冻性能。

2. 试验室条件应满足温度（20±2）℃，相对湿度 65%±5% 的要求。

3. 试验设备和用具应符合下列规定：

(1) 试件容器（图 4-25）：应采用由不锈钢制成的顶部有盖的容器，容器内空长度为 (250±1)mm，宽 (200±1)mm，高 (120±1)mm。容器底部安置高 (5±0.1)mm 的不吸水的非金属三角垫条或支撑。

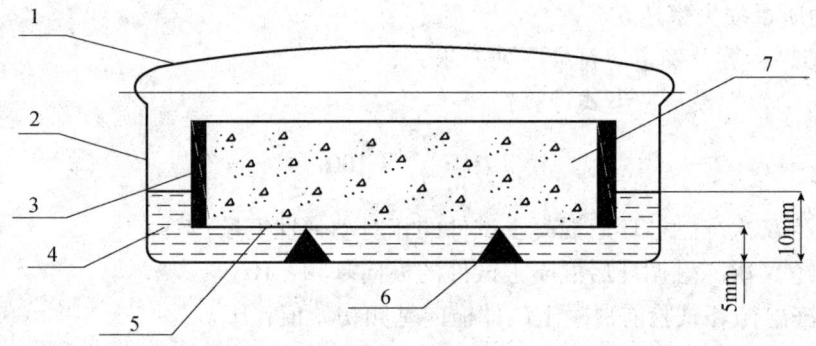

图 4-25 试件容器示意图

1—盖子；2—试验容器；3—侧向封闭；4—试验液体；5—试验表面；6—垫块；7—试件

(2) 液面调整装置（图 4-26）：由一只吸水管和一个能使吸水管嘴与底部间距离固定为 (10±1)mm 的定位装置组成。使用时，吸水管的另一头应与吸水装置相连，应能调整液面的高度。

(3) 冻融试验箱（图 4-27）：应能将试验容器固定其内不动，依靠热交换液体的温度变化而连续、自动地按图 4-28 规定的制度进行冻融循环。冻融试验箱应保证试验容器的底部浸入冷冻液中的深度为 (15±3)mm，箱内装有可将冷冻液和试验容器上部空间隔开的装置和固定的温度计，温度传感器在 0℃ 时的测量精度为 ±0.5℃，在冷却液中测温的时间间隔应为 (6.3±0.8)s。冻融试验箱内

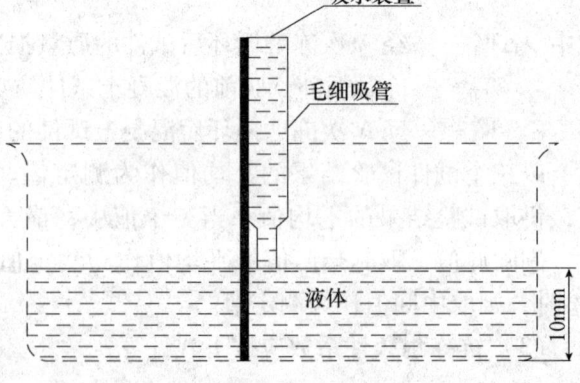

图 4-26 液面调整装置示意图

控温精度应为 0.5℃，运转时冻融箱内各点之间的最大温差不得超过 1℃。连续工作时间不应少于 28d。

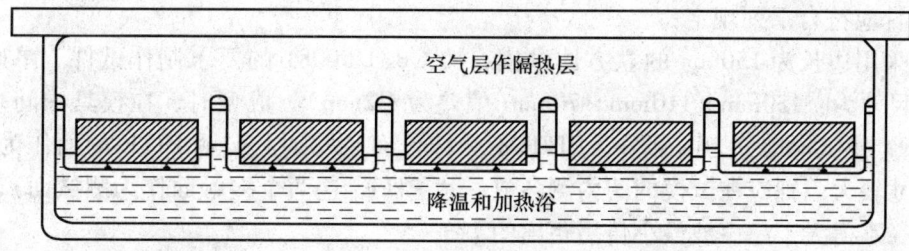

图 4-27 冻融试验箱

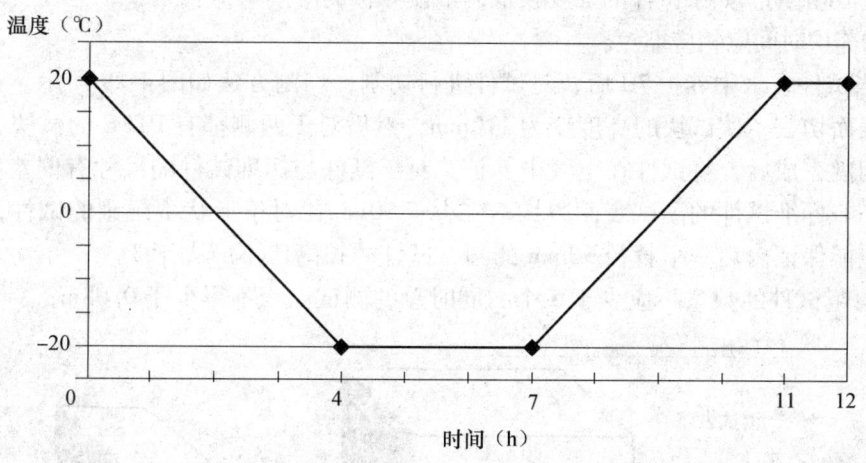

图 4-28 温度循环控制制度

（4）超声浴槽：功率应为 250W，频率应为 35kHz。超声浴槽应具有足够大的尺寸，使试验容器毫无机械接触地放置其中。

（5）超声波测试仪：超声传感器频率范围应在 50～150Hz 之间。

（6）不锈钢盘（剥落物收集器）：由厚 1mm、面积不小于 110mm×150mm、边缘翘起为 (10±2)mm 的不锈钢制成的带把手钢盘，用于收集由于冻融破坏产生的剥落颗粒。

（7）超声传播时间测量装置：应由有机玻璃制成，长 (160±1)mm，高 (80±1)mm 组成。超声传感器安置在该装置两侧相对的位置上，且离试件的试验面应保持 35mm 的距离。

（8）蒸发碗：深度应为 40mm，横截面积为 (225±25)cm² 的圆形容器。

（9）试验溶液：采用质量比应为 97% 去离子水和 3% NaCl 组成的盐溶液作为试验溶液。

（10）烘箱：烘干温度应为 (110±5)℃。

（11）天平：最大量程为 10kg，感量为 0.01g 和 0.1g 各一台。

（12）游标卡尺：长度不小于 300mm，精度为 ±0.1mm。

（13）混凝土成型试模和 PTFE 片：混凝土成型采用边长为 150mm 的立方体标准试模，附加 PTFE 片（Teflon 材料，聚四氟乙烯）。PTFE 片尺寸为 150mm×150mm×2mm。

（14）密封材料：为涂异丁橡胶的铝箔或环氧树脂。密封材料在 -20℃ 时必须仍能保持原有性能，且不表现为脆性。

4. 试件应符合下列规定：

（1）采用边长为150mm的立方体试模，按GB/T 50081的要求制作试件。单边冻融标准试件的尺寸为：150mm×110mm×70mm（偏差为±2mm）。成型时，在模具中间垂直插入一片PTFE，使试模均分为两部分，PTFE不涂抹任何脱模剂。接触PTFE的面作为测试面。若骨料尺寸较大，则应在试模的两内测各放一片PTFE（这两个接触面作为测试面），但骨料的最大粒径不得大于超声波最小传播距离的1/3。

（2）试件成型后，应在空气中带模养护（24±2）h，将试件脱模并放在（20±2）℃的养护水中养护至7d龄期。如果试件的强度较低，带模养护的时间可适当延长，但在（20±2）℃的养护水中的养护时间应相应缩短。

（3）当试件在水中养护7d后，对试件进行切割，切割方法如图4-29所示。首先将试块粗糙的上表面切去，使试块的高度变为110mm，然后对于两侧都有PTFE的试块，从中间等分切开，切割完成后，将试件在空气中养护。对于试件与标准试件的尺寸有偏差者，应在报告中注明。非标准试件的测试表面边长不应小于90mm；对于形状不规则的试件，则其测试表面大小应能保证内切一个直径90mm的圆，试件的长高比不应大于3。

（4）每组试件的数量不应少于5个，同时总的测试面积不得少于$0.08m^2$。

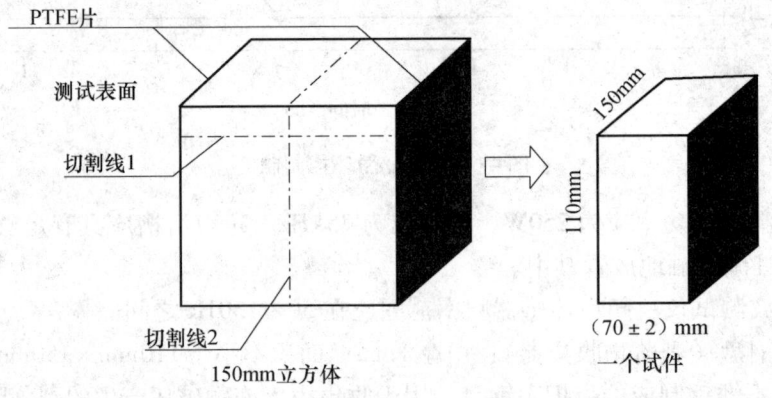

图4-29　混凝土试件切割示意图

5. 单面冻融试验应按照下列步骤进行：

（1）试件干燥：将龄期为7d的试件放在温度为（20±2）℃，相对湿度为（65±5）%的试验室中干燥至28d龄期。干燥时试件应侧立并相互间隔50mm放置。将蒸发碗置于试验室中，碗中装有养护水，水面与碗边缘的距离为（10±1）mm。应确保水蒸发速度为（45±15）$g/(m^2·h)$。蒸发可通过定期称量蒸发碗中水的质量来计算出来。

（2）密封试件侧面：当试件在试验室中干燥至28d龄期前的2~4d，应用环氧树脂密封除试验面和与试验面相对的顶面外的其他侧面。若有需要，密封前可对试件侧面进行适当清洁处理。在此过程中，试件应保持干净和干燥。测量并记录试件密封前后的质量$W_0$和$W_1$，精确至0.1g。

（3）预吸水：将密封好的试件放置在试验容器中，试验面向下接触垫条，试件与试验容器侧壁之间的空隙约为（30±20）mm。在不溅湿试件顶面的条件下，向试件容器中加入试验液体至（10±1）mm的高度，多余的试验液体应用液面调整装置吸去。盖上试验容器的盖子，记录加试验液体的时间。从加试验液体开始，试件开始预吸水，预吸水时间应持续7d，试验温度应为（20±2）℃。预吸水期间应始终保持试验液体高度满足10±1mm的要求并定期检查。每隔2~3d应测量试件的质量，精确至0.1g。

（4）超声波传播时间初始值测量：试件预吸水结束之后，应采用超声波测试仪测定试件的超声传播时间初始值$t_{cs}$，精确至±0.1μs。

在对每个试件测试开始前，应对超声波测试仪器进行校正。校正应按照仪器说明书的要求进行操作。

迅速将试件从试验容器中取出，以试验面向下的方向将试件放置在不锈钢盘上，并一起放入超声传播时间测量装置中（图4-30），使得超声传感器的探头中心与被测试件表面之间的距离约为35mm。向超声传播时间测量装置中加入试验溶液作为耦合剂，液面高于超声传感器探头10mm，但不超过试件上表面。耦合剂的总厚度为10mm，每侧约厚5mm。

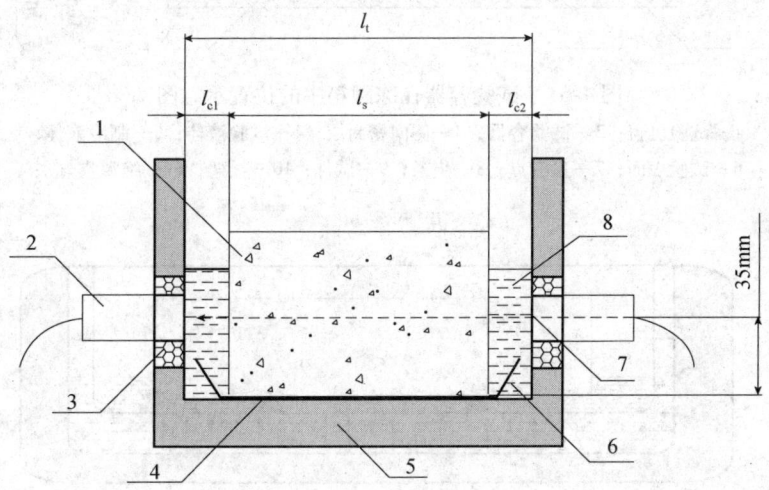

图4-30 测量超声传播时间的试验装置
1—试件；2—超声探头；3—密封层；4—试验表面；5—试验容器；6—不锈钢盘；7—超声传播；8—试验溶液

试验过程中，应始终保持试件和耦合剂的温度在（20±2）℃，防止试件的上表面被湿润，并尽量排除超声传感器表面和试件两侧的气泡，并保护试件的密封材料不受损伤。

（5）冻融循环试验：将试件重新装入试验容器中，试验溶液的高度应满足（10±1）mm的要求。将装有试件的试验容器放置在冻融试验箱的托架上。全部试验容器放入冻融试验箱中后，试验容器浸泡在冷冻液中的深度应为15mm。试验容器在冻融试验箱内的相对位置如图4-31所示。

冻融循环从20℃开始，所有冻融循环的过程宜连续不断地进行。若冻融循环过程被打断，试件则应被一直保存在试验容器中，并确保试验液体不变干。在进行冻融循环试验时，应去掉试验容器的盖子。

（6）测量：每4个冻融循环应对试件进行一次测量。测量应在（20±2）℃的恒温室中进行。测量的内容应包括试件剥落量、试件吸水量和超声传播时间。测量应按下列步骤进行：

①将试验容器从冻融试验箱中取出，放置到超声浴中，试件的试验面朝下（图4-32），

对浸泡在试验液体中的试件进行超声浴3min，以去掉附着在试件表面的松散剥落物。

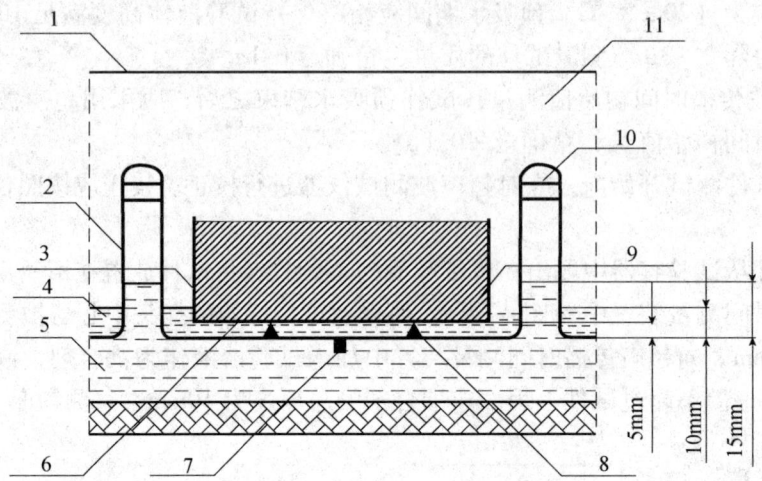

图4-31 试验容器在冻融箱中的位置示意图
1—试验机盖；2—试验容器；3—侧向密封层；4—试验液体；5—制冷液体；
6—试验表面；7—参考点；8—垫条；9—试件；10—托架；11—绝温空气层

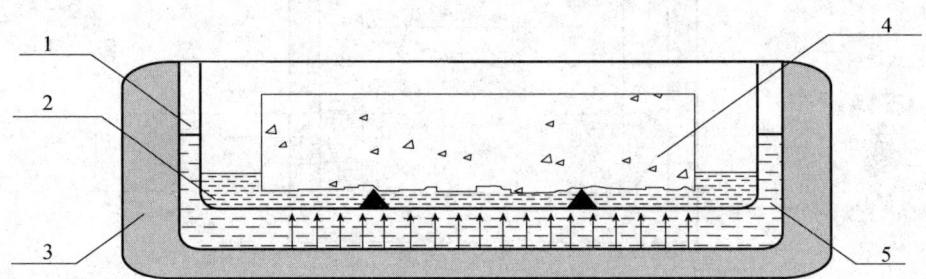

图4-32 试件和试验容器在超声浴中的位置示意图
1—试验容器；2—试验液体；3—超声浴；4—试件；5—水

②待超声浴处理完试件剥落物后，将试件从试验容器中拿起，垂直放置在一吸水物表面上（一般用毛巾），以防止试件表面水分损失。待试验面液体流尽后，将试件放置在不锈钢盘中，试验面向下。用毛巾将试件侧面和上表面的水擦干净，再将试件拿起，把钢盘放置在天平上归零，将试件放回到不锈钢盘中并进行称量。记录此时试件的质量$w_n$，精确至0.1g。

③将试件与不锈钢盘一起放置在超声波测量装置中，按测量超声传播时间初始值相同的方法测定此时试件的超声传播时间$t_n$，精确至±0.1μs。

④测量完试件的超声传播时间后，重新将试件放入另一个试验容器，按上述要求进行下一冻融循环。

⑤将超声波测试过程中掉落到不锈钢盘中的剥落物收集到试验容器中，用滤纸过滤剩在试验容器中的剥落物。过滤前先称量滤纸的质量$\mu_f$。将过滤后含有全部剥落物的滤纸置在（110±5）℃的烘箱中烘干24h，在（20±2）℃、60%±5%RH的试验室中冷却1h±5min。称量烘干后滤纸和剥落物的总质量$\mu_b$，质量称量精确至0.01g。

（7）当冻融循环达到以下情况时可停止试验：

①达到 28 次冻融循环；

②试件表面剥落的质量大于 $500g/m^2$。

6. 试验结果计算及确定按下列方法进行：

（1）试件剥落物的质量 $\mu_s$ 应按下式计算：

$$\mu_s = \mu_b - \mu_f \tag{4-56}$$

式中 $\mu_s$——剥落物的质量，g，精确至 0.01g；

$\mu_f$——滤纸的质量，g，精确至 0.01g；

$\mu_b$——干燥后滤纸和剥落物的总质量，g，精确至 0.01g。

$n$ 次冻融循环之后，每个试件单位面积上剥落物的总质量应按下式进行计算：

$$m_n = (\Sigma \mu_s / A) \times 10^6 \tag{4-57}$$

式中 $m_n$——$n$ 次冻融循环后，每个试件单位测试表面上剥落物的总质量，$g/m^2$；

$\mu_s$——每次测试间隙得到的试件剥落物质量，g，精确至 0.01g；

$A$——为每个试件的试验表面的总面积，$mm^2$。

取 5 个试件单位测试面积上剥落物计算值的平均值作为每组试件单位测试面积上剥落物的总质量。

（2）吸水量：经过 $n$ 次冻融循环后试件相对质量增长 $\Delta w_n$ 应按下式计算：

$$\Delta w_n = (w_n - w_1 + \Sigma \mu_s)/w_0 \times 100 \tag{4-58}$$

式中 $\Delta w_n$——经过 $n$ 次冻融循环后，每个试件的吸水量，%；

$\mu_s$——每次测试间隙得到的试件剥落物质量，g，精确至 0.01g；

$w_0$——预饱和后试件的净质量（不包括侧面密封物的质量），g，精确至 0.1g；

$w_n$——每次测试间隙得到的每个试件的质量，g，精确至 0.1g；

$w_1$——密封后饱水之前试件的质量（包括侧面密封物），g，精确至 0.1g；

取 5 个试件吸水量计算值的平均值作为每组试件的吸水量。

（3）超声相对传播时间和相对动弹模量应按照如下方法计算：

①超声波在耦合剂中的传播时间 $t_c$ 按下式计算：

$$t_c = \frac{l_c}{v_c} \tag{4-59}$$

式中 $l_c$——耦合剂中超声波传播的长度 $l_{c1} + l_{c2}$（mm）；由转换器间的距离和测试试件的长度的差值决定；

$v_c$——超声波在耦合剂中传播的速度，可利用超声波在水中的传播速度来假定，在温度为 $(20 \pm 5)$℃ 为 1490m/s；

$t_c$——超声波在耦合剂中的传播时间，μs。

经 $n$ 次冻融循环之后，每个试件在传播轴线上传播时间的相对变化 $\tau_n$ 按下式计算：

$$\tau_n = \frac{t_{cs} - t_c}{t_n - t_c} \tag{4-60}$$

式中 $\tau_n$——试件的超声相对传播时间；

$n$——冻融循环的次数；

$t_{cs}$——毛细吸收后第一次冻融之前的超声波总传播时间，即超声传播时间初始值，μs；

$t_n$——经 $n$ 次冻融循环之后试件超声波的总传播时间 μs。

取 5 个试件超声波相对传播时间计算值的平均值作为每组试件超声波相对传播时间。

② 经 $n$ 次冻融循环之后，试件的超声相对动弹模量 $R_{u,n}$ 用下式计算：

$$R_{u,n} = \tau_n^2 \times 100 \tag{4-61}$$

取 5 个试件超声波相对动弹模计算值的平均值作为每组试件的超声波相对动弹模值（%）。

### 4.5.4 动弹性模量试验

1. 本方法适用于测定混凝土的动弹性模量，以检验混凝土在经受快速冻融或其他侵蚀作用后内部遭受破坏或损伤的程度。

2. 本试验采用尺寸为 100mm×100mm×400mm 的棱柱体试件。

3. 试验设备应符合下列规定：

（1）共振法混凝土动弹性模量测定仪：输出频率可调范围应为 100～20000Hz，输出功率应能激励试件使之产生受迫振动。

（2）试件支承体：采用约 20m 厚的软泡沫塑料垫，宜采用密度为 16～18g/m³ 的聚苯板。

（3）案秤：最大量程 20g，感量 5g。

4. 混凝土动弹性模量试验应按下列步骤进行：

（1）测定试件的质量和尺寸。试件质量的测量精度应在 ±0.5% 以内，尺寸的测量精度应在 ±0.1% 以内。每个试件的长度和截面尺寸均取 3 个部位测量的平均值。

（2）将试件安放在支承体上，并定出换能器接收点的位置，测量试件的横向基频振动频率时，其支承和换能器的安装位置如图 4-33 所示。将激振器和接收器的测杆轻轻地压在

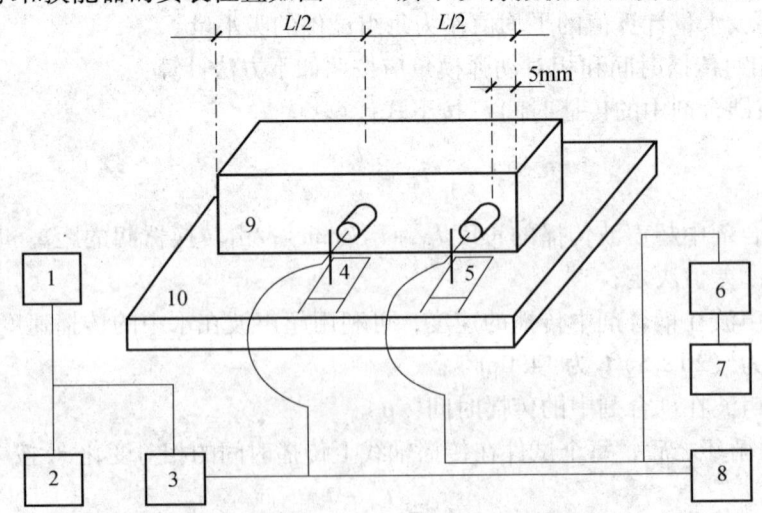

图 4-33 共振法混凝土动弹性模量测定基本原理示意图

1—振荡器；2—频率计；3—放大器；4—激振换能器；5—接收换能器；
6—放大器；7—电表；8—示波器；9—试件（测量时试件成型面朝上）；10—软泡沫塑料垫

试件表面上,测杆与试件接触面宜涂一薄层黄油或凡士林作为耦合介质,测杆压力的大小以不出现噪声为宜。

(3) 先调整共振仪的激振功率和接收增益旋钮至适当位置,变换激振频率,同时注意观察指示电表的指针偏转,当指针偏转为最大时,即表示试件达到共振状态,这时所显示的激振频率即为试件的基频振动频率。每一测量应重复测读两次以上,如两次连续测值之差不超过0.5%,取这两个测值的平均值作为该试件的测试结果。

当示波器作显示的仪器时,示波器的图形调成一个正圆时的频率即为共振频率。在测试过程中,如发现两个以上峰值时,宜采用以下方法测出其真实的共振峰:

① 将输出功率固定,反复调整仪器输出频率,从指示电表上比较幅值的大小,幅值最大者为真实的共振峰。

② 把接收换能器移至距端部0.224倍试件长处,此时如指示电表示值为零,即为真实的共振峰值。

5. 混凝土动弹性模量应按下式计算:

$$E_d = 13.244 \times 10^{-4} \times WL^3 f^2 / a^4 \tag{4-62}$$

式中 $E_d$——混凝土动弹性模量,MPa;

$a$——正方形截面试件的边长,mm;

$L$——试件的长度,mm;

$W$——试件的质量,kg;

$f$——试件横向振动时的基频振动频率,Hz。

混凝土动弹性模量以3个试件的平均值作为试验结果,计算精确至100MPa。

### 4.5.5 抗水渗透试验

#### 4.5.5.1 渗水高度法

1. 本方法适用于测定硬化后混凝土在恒定水压力和恒定时间下的平均渗水高度和相对渗透系数表示的混凝土的抗水渗透性能。

2. 试验设备应符合下列规定:

(1) 混凝土抗渗仪:应能使水压按规定的制度稳定地作用在试件上。仪器施加压力范围:0.1~2.0MPa。

(2) 试模:规格为上口直径175mm、下口直径185mm、高150mm的圆台体。

(3) 密封材料:石蜡加松香或水泥加黄油等。

(4) 梯形板:尺寸如图4-34所示。画有十条等间距垂直于上下端的直线。也可采用尺寸约为200mm×200mm的玻璃或者其他透明材料,将十条等间距线画在上面。

(5) 钢尺:分度值为0.1mm。

(6) 钟表:分度值为1min。

(7) 辅助设备:螺旋加压器、烘箱、电炉、浅

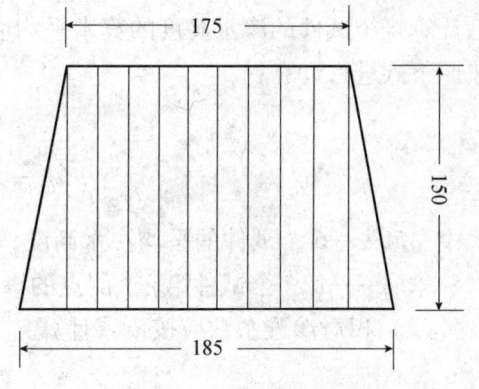

图4-34 梯形板示意图

盘、铁锅、钢丝网等。

（8）加压设备：为螺旋加压或其他加压形式，其压力以能把试件压入试件套内为宜。

3. 抗水渗透试验应按照以下步骤进行：

（1）制作抗渗试件时试模内不宜涂刷憎水脱模剂。抗水渗透试验应以6个试件为一组。

（2）试件拆模后，用钢丝刷刷去两端面的水泥浆膜，然后送入标准养护室养护。

（3）在到达试验龄期（一般为28d）前一天，从养护室取出试件，擦拭干净。待表面晾干后，进行试件密封。用石蜡密封时，在试件侧面滚涂一层熔化的石蜡（内加少量松香）。然后用螺旋加压器将试件压入经过烘箱或电炉预热过的试模中，使试件与试模底平齐，试模变冷后才可解除压力。试模预热温度，以石蜡接触试模，即缓慢熔化，但不流淌为宜。

（4）用水泥加黄油密封时，其质量比为（2.5~3):1。试件表面晾干后，用三角刀将密封材料均匀地刮涂在试件侧面上，厚约1~2mm。套上试模压入，使试件与试模底齐平。也可以采用其他更可靠的密封方式。

（5）启动抗渗仪，开通6个试位下的阀门，使水从6个孔中渗出，充满试位坑。然后关闭抗渗仪，将密封好的试件安装在抗渗仪上。

（6）试验时，水压恒定控制应为（1.2±0.05）MPa/24h。加压过程不应大于5min，以达到稳定压力的时间作为试验记录起始时间（精确至1min）。稳压过程中应随时注意观察试件端面的渗水情况，当有某一个试件端面出现渗水时（此时该试件的渗水高度为试件高度），则停止该试件的试验并记录时间。对于试件端面未出现渗水情况，则试验24h后停止试验，取出试件。

注：在试验过程中，如发现水从试件周边渗出，表明密封不好，应重新进行密封。

（7）将试件放在压力机上，在试件上下两端面直径处各放一根直径为6mm的钢垫条，并保证它们在同一竖直平面内，开动压力机，将试件沿纵断面劈裂为两半。描出水痕，即为渗水轮廓，笔迹不宜太粗。

（8）将梯形板放在试件劈裂面上，用尺沿水痕等间距量测10点渗水高度值，读数精确至0.1mm。

4. 试验结果计算及确定应按下列方法进行：

（1）平均渗水高度：以10个测点处渗水高度的算术平均值作为该试件的渗水高度。然后计算6个试件的渗水高度的算术平均值，作为该组试件的平均渗水高度。平均渗水高度应按照下式进行计算：

$$\overline{h_{ij}} = \frac{\sum_{i=1}^{6}[(\sum_{j=1}^{10}h_{ij})/10]}{6} \tag{4-63}$$

式中 $\overline{h_{ij}}$ ——6个试件的平均渗水高度，mm；

$h_{ij}$ ——第$i$个试件第$j$个测点的渗水高度，mm；

（2）相对渗透系数应按下式计算：

$$K_h = \frac{\alpha \cdot \overline{h_{ij}}}{2TH} \tag{4-64}$$

式中 $K_h$——相对渗透系数，mm/h；
$\overline{h_{ij}}$——6 个试件的平均渗水高度，mm；
$H$——水压力，以水柱高度表示，mm；
注：1MPa 水压力，以水柱高度表示为 102000mm；
$T$——恒压经过时间，h；
$\alpha$——混凝土吸水率，%。混凝土吸水率应试验确定，在无试验条件时可取 0.03，即 3%。

以一组六个试件渗透系数的算术平均值作为渗透系数的试验结果。6 个试件渗透系数中最大值和最小值不大于 6 个试件渗透系数平均值的 30% 时，取 6 个试件的平均渗透系数为试验结果；否则去掉渗透系数中最大值和最小值各一个，取中间四个的平均渗透系数为试验结果。

附注：混凝土吸水率试验。
①本方法用于测试混凝土的吸水率，反映硬化混凝土内部的连通毛细孔隙率。
②吸水率试验装置应符合以下规定：
a. 应采用圆柱形试模，试模直径为 100mm，长度为 200mm。
b. 烘箱：应能够将温度稳定地维持在（110±5）℃范围。
c. 台秤：最大量程 10kg，感量 2g。
d. 容器：可盛水的塑料容器。容器尺寸应保证能够同时容纳 3 个试件，并使其完全浸泡在水中，而且应保证试件之间的距离不小于 50mm。
③试件应符合以下要求：
a. 混凝土取样应符合 GB/T 50080 中的有关规定。
b. 混凝土试件应按照"抗水渗透试验"的有关要求进行制作、表面处理和养护，并且不得采用任何脱模剂。
④混凝土吸水率试验步骤应按照以下规定进行：
a. 吸水率试验一般应在 28d 龄期进行。除非设计有另外的龄期要求。
b. 将养护到规定龄期的试件表面擦拭干净，放在温度（110±5）℃的烘箱中干燥到恒重（24h 的质量损失小于 0.1%）。
c. 将烘干到恒重的试件冷却到室温，冷却过程中应防止试件吸潮。称量冷却到室温的试件质量（干燥质量），记为 $m_0$。
d. 然后将称量过干燥质量的试件半浸泡在水中。水位的高度应该处在试件高度的一半位置[即（100±10）mm 处]。试件之间应保持 50mm 以上的间距。操作过程中不得将水洒在试件未浸泡在水中的另一半。
e. 试件半浸泡 24h 后，将容器中加水，使试件完全浸泡在水中。水面应高出试件顶部（50±10）mm。
f. 试件全浸泡 24h 后，将试件从水中取出，用干净的湿布擦去表面的水分，称量试件浸泡水后的质量（饱水质量），记为 $m_1$。
⑤混凝土吸水率应按照下式计算：

$$\alpha = \frac{m_1 - m_0}{m_0} \times 100 \tag{4-65}$$

式中 $\alpha$——混凝土吸水率，%，精确到 0.1%；
$m_1$——试件浸泡后的饱水质量，g；
$m_0$——试件浸泡前的干燥质量，g。
混凝土吸水率应以三个试件的吸水率平均值作为测定结果。

#### 4.5.5.2 逐级加压法

1. 本方法适用于通过逐级施加水压力来测定以抗渗等级来表示的硬化后混凝土的抗水渗透性能。

2. 仪器设备应符合上述"抗水渗透试验"中的有关规定。

3. 试验步骤应符合以下规定。

（1）试件的密封和安装操作可按照"渗水高度法"的相应步骤进行。

（2）试验时，水压从0.1MPa开始，以后每隔8h增加0.1MPa水压，并随时注意观察试件端面情况。当6个试件中有3个试件表面出现渗水时，或加至规定压力（设计抗渗等级）在8h内6个试件中表面渗水试件少于3个时，即可停止试验，并记下此时的水压力。

注：在试验过程中，如发现水从试件周边渗出，表明密封不好，应重新进行密封。

4. 试验结果处理应符合以下规定：

混凝土的抗渗等级，以每组6个试件中2个出现渗水时的最大水压力表示。抗渗等级应按下式计算：

$$P = 10H - 1 \tag{4-66}$$

式中　$P$——混凝土抗渗等级；

　　　$H$——6个试件中有3个试件渗水时的水压力，MPa。

若水压力加至规定数值或者设计指标，在8h内，6个试件中表面渗水的试件少于2个，则试件的抗渗等级大于规定值或者满足设计要求。

### 4.5.6　抗氯离子渗透试验

#### 4.5.6.1　RCM法

1. 本方法适用于用氯离子在混凝土中非稳态迁移的迁移系数来确定混凝土抗氯离子渗透的性能或高密实性混凝土密实度的测定。

2. 试验所用仪器设备、试剂和溶液应符合下列要求：

（1）试剂要求如下：

①蒸馏水或去离子水。

②氢氧化钠：化学纯。

③氯化钠：化学纯。

④硝酸银：化学纯。

⑤氢氧化钙：化学纯。

（2）仪器设备要求如下：

①水冷式金刚石锯。

②真空容器：至少能够容纳3个试件。

③真空泵：能够保持容器内的气压低于50mbar(5kPa)。

④RCM试验装置，原理图如图4-35所示。其中有机硅橡胶套：内径/外径为100mm/115mm，长度为150mm；夹具（不锈钢环箍）：直径范围为105~115mm，宽度20mm，不锈钢；阴极电解池：塑料箱，尺寸为370mm×270mm×280mm（长×宽×高）；阴极：不锈钢

板，约0.5mm厚；阳极：不锈钢网或带孔的不锈钢板，约0.5mm厚。

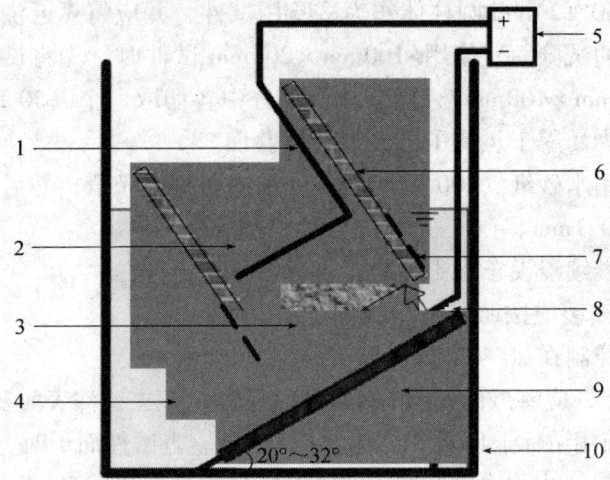

图4-35 RCM快速测量试验装置示意图
1—阳极；2—阳极溶液；3—试件；4—阴极溶液；5—直流稳压电源；
6—橡胶筒；7—环箍；8—阴极；9—支架；10—试验槽

⑤电源：可稳定提供0~60V的可调节直流电，精度0.1V，电流0~10A。

⑥电表：精度为0.1mA。

⑦温度计或电热偶：精度0.2℃。

⑧喷雾器。可喷洒硝酸银溶液。

⑨游标卡尺：精度0.1mm。

⑩尺子：精确至1mm。

⑪水砂纸：200~600号。

⑫细锉刀。

⑬扭矩扳手：20~100Nm，测量误差±5%。

⑭电吹风：2000W。

（3）溶液要求如下：

①溶液：质量浓度为10%NaCl（阴极电解液）和物质的量浓度为0.3mol/L的NaOH溶液（阳极电解液）。溶液应事先配制，密封保存在温度为20~25℃的环境中。

②显色指示剂：0.1mol/L的$AgNO_3$溶液。

3. RCM法试验应按下列步骤进行：

（1）试件制作和加工应按照以下步骤进行。

①标准试件尺寸为直径$\phi(100±1)$ mm，高度$h=(50±2)$mm的圆柱体。

②试件在试验室制作时，可使用$\phi$100mm×100mm或$\phi$100mm×200mm试模，试件成型后应立即用塑料薄膜覆盖并移至标准养护室，24h后拆模并浸没于标准养护室的水池中。

③一般情况下，试件应在成型后28d进行抗氯离子渗透试验，也可根据设计要求，在56d或84d进行抗氯离子渗透试验。

④在抗氯离子渗透试验前7d加工成标准尺寸的试件。使用$\phi 100mm \times 100mm$试件时，应从试件中部切取（50±2）mm圆柱体作为试验用试件，并应将靠近浇注面的试件端面作为暴露于氯离子溶液中的试验面。使用$\phi 100mm \times 200mm$试件时，先将试件从正中间切成相同尺寸的两部分（$\phi 100mm \times 100mm$），然后从两部分中各切取一个（50±2）mm的试件，并应将第一次的切口面作为暴露于氯离子溶液中的试验面。

⑤试件加工后应用水砂纸（200~600号）、细锉刀打磨光滑，然后用游标卡尺测量试件的尺寸，读数精确至0.1mm。

⑥加工好的试件继续浸没于水中养护至试验龄期。

（2）试件准备和安装应按照以下步骤进行：

①试验室温度应控制在20~25℃。

②试件切割完成后，应将试件表面的碎屑刷洗干净，擦去试件表面多余的水。试件的直径和高度应在试件安装前用游标卡尺测量（精度0.1mm）。当试件面干时，将试件置于真空容器中进行真空处理。在5min内将真空容器中的绝对压强减少至10~50mbar，保持3h，然后在真空泵仍然运转的情况下，将用蒸馏水或去离子水配制的饱和氢氧化钙溶液注入容器，并将试件浸没。加溶液后应继续保持容器真空1h。在常压下，试件在溶液中应放置（18±2）h。

③试件安装在RCM试验装置前应采用电吹风冷风档吹干，表面应该干净，无油污、灰砂和水珠。

④RCM试验装置的试验槽在试验前应用室温饮用水冲洗干净。

⑤将试件装入橡胶筒内，置于筒的底部（图4-35）。在与试件齐高（50mm）的橡胶筒体外侧安装两个环箍（每个箍高25mm），并拧紧环箍（图4-36）上的螺丝至扭矩（30±2）Nm，使试件的圆柱侧面处于密封状态。若试件的圆柱曲面具有可能造成液体渗漏的缺陷，则应以密封剂保持其密封性。

⑥把装有试件的橡胶筒安装到试验槽中，安装好阳极板，然后在橡胶筒中注入约300mL、浓度为0.3mol/L的NaOH溶液，使阳极板和试件表面均浸没于溶液中。在阴极试验槽中注入12L质量浓度为10% NaCl的溶液，直至其液面与橡胶筒中的NaOH溶液的液面齐平。

⑦然后将电源的阳极（正极）用红色导线连至橡胶筒中阳极板，阴极（负极）用蓝色或黑色的导线连至试验槽电解液中的阴极板。

图4-36 不锈钢环箍

（3）电迁移试验过程应按照以下步骤进行：

①打开电源，将电压调整到（30±0.2）V，记录通过每个试件的初始电流。

②根据施加30V电压测量得到的初始电流值所处的范围，见表4-16第一列；决定试验应施加的电压，见表4-16第二列。根据实际施加的电压，记录新的初始电流。按照新的初始电流值所处的范围，见表4-16第三列；确定试验应持续的时间，见表4-16第四列。

③按照温度计或者电热偶的显示读数记录每一个阳极电解液的初始温度。

④根据初始电流按照表4-16要求选择试验持续时间。

表 4-16 初始电流与试验试件的关系

| 初始电流 $I_{30V}$（用 30V 电压）(mA) | 施加的电压 $U$（调整后）(V) | 可能的新初始电流 $I_0$ (mA) | 试验持续时间 $t$ (h) |
| --- | --- | --- | --- |
| $I_0 < 5$ | 60 | $I_0 < 10$ | 96 |
| $5 \leq I_0 < 10$ | 60 | $10 \leq I_0 < 20$ | 48 |
| $10 \leq I_0 < 15$ | 60 | $20 \leq I_0 < 30$ | 24 |
| $15 \leq I_0 < 20$ | 50 | $25 \leq I_0 < 35$ | 24 |
| $20 \leq I_0 < 30$ | 40 | $25 \leq I_0 < 40$ | 24 |
| $30 \leq I_0 < 40$ | 35 | $35 \leq I_0 < 50$ | 24 |
| $40 \leq I_0 < 60$ | 30 | $40 \leq I_0 < 60$ | 24 |
| $60 \leq I_0 < 90$ | 25 | $50 \leq I_0 < 75$ | 24 |
| $90 \leq I_0 < 120$ | 20 | $60 \leq I_0 < 80$ | 24 |
| $120 \leq I_0 < 180$ | 15 | $60 \leq I_0 < 90$ | 24 |
| $180 \leq I_0 < 360$ | 10 | $60 \leq I_0 < 120$ | 24 |
| $I_0 \geq 360$ | 10 | $I_0 \geq 120$ | 6 |

⑤试验结束时，测定阳极电解液最终温度和最终电流。

(4) 氯离子渗透深度测定应按照下述步骤进行。

①试验结束后，立即断开电源。将试件从橡胶筒取出，用自来水将试件表面冲洗干净，然后擦去试件表面的多余水分，并在压力试验机上沿轴向劈成两个半圆柱体。在劈开的试件表面立即喷涂 0.1mol/L 的 $AgNO_3$ 溶液显色指示剂，利用 $AgNO_3$ 溶液的比色反应就可以测量出氯离子浸入试件的深度。约 15min 后，就可以观察到明显的颜色变化。按照图 4-37 所示测量显色分界线离试件底面的距离（准确到 0.1mm），计算所得的平均值即为该试件的氯离子平均渗透深度（显色深度）$x_d$。

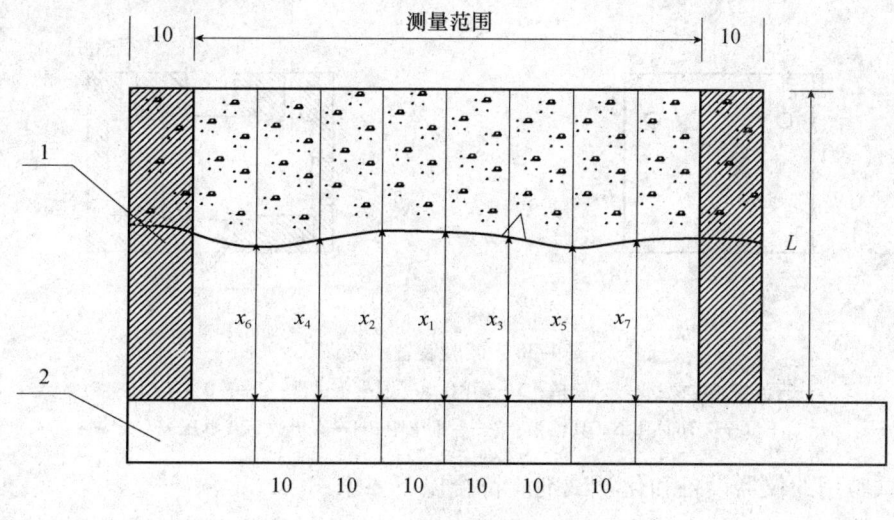

图 4-37 显色分界线位置编号
1—试件边缘部分；2—尺子

②试验结束后排除试验溶液，结垢或沉淀物用黄铜刷清除，试验槽和橡胶筒仔细用饮用水和洗涤剂冲洗干净，最后用室温饮用水洗净并用电吹风（用冷风档）吹干。

4. 试验结果计算及其确定应按下列方法进行：

混凝土的氯离子迁移系数按下式进行计算（中间运算精确至四位有效数字，最后结果保留三位有效数字）：

$$D_{\mathrm{RCM}} = \frac{0.0239(273+T)L}{(U-2)t}\left(x_{\mathrm{d}} - 0.0238\sqrt{\frac{(273+T)Lx_{\mathrm{d}}}{U-2}}\right) \quad (4\text{-}67)$$

式中 $D_{\mathrm{RCM}}$——非稳态迁移系数，$\times 10^{-12}\mathrm{m}^2/\mathrm{s}$；

$U$——所用电压的绝对值，V；

$T$——阳极电解液的初始温度和结束温度的平均值，K；

$L$——试件厚度，m；

$x_{\mathrm{d}}$——氯离子渗透深度的平均值，m；

$t$——试验持续时间，s；以3个试样的氯离子迁移系数的算术平均值作为该组试件的混凝土氯离子迁移系数。

#### 4.5.6.2 电通量法

1. 本方法适用于用混凝土试件的电通量指标来确定混凝土抗氯离子渗透性能或高密实性混凝土密实度的测定。用本方法所测得的指标适用于混凝土的质量控制。本方法不适用于掺亚硝酸钙外加剂的混凝土。

2. 试验采用的设备、试剂和用具。

（1）电通量测试装置：试验应采用符合如图4-38所示原理的电通量测试装置。

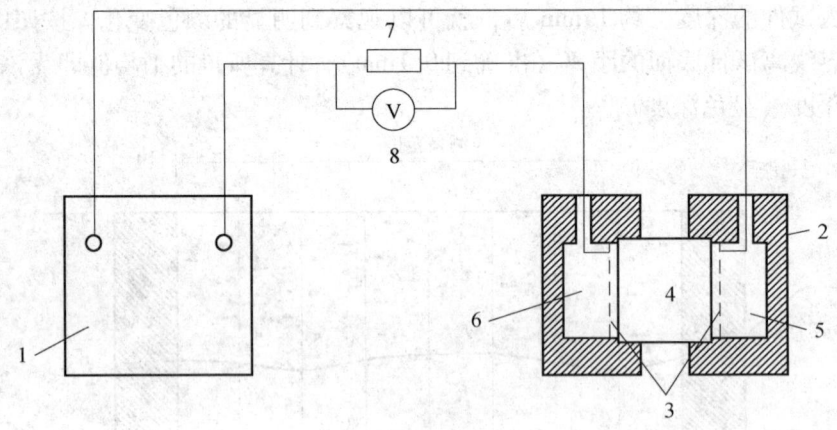

图4-38 试验装置示意图
1—直流稳压电源；2—试验槽；3—铜网；4—混凝土试件；5—3.0% NaCl 溶液；
6—0.3mol/L NaOH 溶液；7—标准电阻；8—直流数字式电压表

（2）试验用的仪器设备和化学试剂应符合以下要求：

①直流稳压电源：0~80V，0~10A。可稳定输出60V直流电压，精度±0.1V。

②耐热塑料或耐热有机玻璃试验槽：其结构尺寸如图4-39所示。

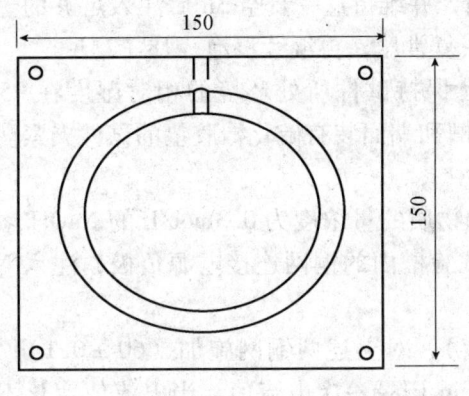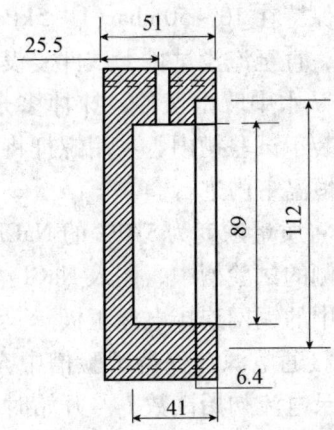

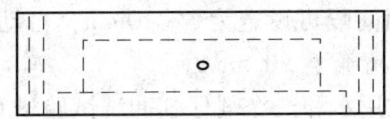

图 4-39　试验槽结构图

③紫铜垫板和铜网：紫铜垫板宽度为（12±2）mm，厚度为 0.51mm。铜网孔径为 0.95mm（64 孔/cm$^2$）或者 20 目。

④1Ω 标准电阻直流数字电流表：标准电阻精度 0.1%；直流数字电流表量程 0~20A，精度 0.1%。

⑤真空泵：能够保持容器内的气压低于 50mbar（5kPa）。

⑥真空表或压力计：精度 ±665Pa（5mmHg 柱），量程 0~13300Pa（0~100mmHg 柱）。

⑦真空干燥器：内径≥250mm。

⑧用化学纯试剂配制的 3.0% NaCl 溶液（质量浓度）。

⑨用化学纯试剂配制的 0.3mol/L NaOH 溶液。

⑩硅胶或树脂密封材料。

⑪硫化橡胶垫：外径 100mm、内径 75mm、厚 6mm。

⑫切割试件的设备：可移动的、水冷式金刚锯或碳化硅锯。

⑬烧杯：体积在 1000mL 以上。烧杯、真空干燥器、真空泵、分液装置、真空表组合成抽真空设备。

⑭温度计量程 0~120℃，精度 0.1℃。

3. 电通量试验应按下列步骤进行：

（1）电通量试验应采用直径 $\phi=(100±1)$mm，高度 $h=(50±2)$mm 的圆柱体试件。试件的制作和加工同上述 "RCM 法试验"。如试件表面有涂料等表面处理应预先切除，试样内不得含有钢筋。试样移送试验室前要避免冻伤或其他物理伤害。

（2）先将养护到规定龄期的试件暴露于空气中至表面干燥，以硅胶或树脂密封材料涂刷试件圆柱表面或侧面，必要时填补涂层中的孔洞以保证试件圆柱面或侧面完全密封。

（3）测试前应进行真空饱水。将试件放入真空干燥器中，启动真空泵，使真空干燥器中的负压保持在 10~50mbar(1~5kPa) 之间,并维持这一真空 3h 后注入足够的蒸馏水或者去离子水,直至淹没试件,试件浸没 1h 后恢复常压,再继续浸泡 (18±2)h。

(4) 从水中取出试件,抹掉多余水分(保持试件所处环境的相对湿度在 95% 以上),将试件安装于试验槽内,采用螺杆将两试验槽和端面装有硫化橡胶垫的试件夹紧。试验应在 20~25℃恒温室内进行。

(5) 将质量浓度为 3.0% 的 NaCl 溶液和物质的量浓度为 0.3mol/L 的 NaOH 溶液分别注入试件两侧的试验槽中,注入 NaCl 溶液的试验槽内的铜网连接电源负极,注入 NaOH 溶液的试验槽中的铜网连接电源正极。

(6) 接通电源(保持试验槽中充满溶液),对上述两铜网施加 (60±0.1)V 直流恒电压,并记录电流初始读数 $I_0$。开始时每隔 5min 记录一次电流值,当电流值变化不大时,每隔 10min 记录一次电流值;当电流变化很小时,每隔 30min 记录一次电流值,直至通电 6h。采用自动采集数据的测试装置时,记录电流的时间间隔可设定为 5~10min,自动采集电流装置时应具备自动计算电通量的功能。电流测量值精确至 ±0.5mA。

(7) 试验结束后,应及时排除试验溶液,用饮用水和洗涤剂仔细冲洗试验槽 60s,再用蒸馏水洗净并用电吹风(用冷风档)吹干。

4. 试验结果计算及确定应按下列方法进行:

(1) 绘制电流与时间的关系图。将各点数据以光滑曲线连接起来,对曲线作面积积分,或按梯形法进行面积积分,即可得试验 6h 通过的电通量(C)。

(2) 也可采用下列简化公式计算每个试件的总库仑电通量:

$$Q = 900(I_0 + 2I_{30} + 2I_{60} + \cdots + 2I_{300} + 2I_{330} + I_{360}) \quad (4\text{-}68)$$

式中　$Q$——通过的电通量,C;

　　　$I_0$——初始电流;

　　　$I_t$——在 $t$ 时间的电流。

如果试件直径不是 95mm,计算的通过总电通量必须调整。通过给计算的总电通量乘以一个标准试件和实际试件横截面积的比值,即:

$$Q_s = Q_x \times (95/x)^2 \quad (4\text{-}69)$$

式中　$Q_s$——通过直径为 95mm 的试件的电通量,C;

　　　$Q_x$——通过直径为 $x$mm 的试件的电通量,C;

　　　$x$——非标准试件的直径,mm。

(3) 取同组三个试件通过电通量的平均值作为该组试件的电通量值。如果某一个测值与中值的差值超过中值的 15%,则取其余两个测值的平均值作为该组的试验结果。如有两个测值与中值的差值都超过中值的 15%,则取中值作为该组的试验结果。

作为相互比较的混凝土电通量值以标准养护 28d 的试件测得的电通量值为准。

### 4.5.7　收缩试验

#### 4.5.7.1　非接触法

1. 本方法主要适用于测定初凝或接近初凝后早龄期混凝土的自由收缩变形,也可用于无约束状态下混凝土早龄期与外界隔绝湿交换的条件下自收缩变形的测定。

2. 本方法以 100mm×100mm×515mm 的棱柱体试件为标准试件，它适用于骨料最大公称粒径不得超过 31.5mm 的混凝土。当混凝土骨料最大公称粒径大于 31.5mm 时可采用截面为 150mm×150mm（骨料最大粒径不超过 40mm）或截面为 200mm×200mm（骨料最大粒径不超过 63mm）的棱柱体试件。

3. 试验设备应符合下列规定：

（1）非接触法混凝土收缩变形测定仪：构造原理如图 4-40 所示。

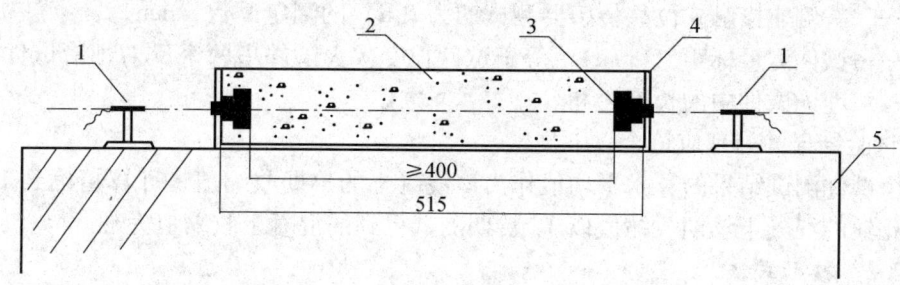

图 4-40 非接触式混凝土收缩变形测定仪示意图（mm）
1—位移传感器；2—试件；3—反射靶；4—试模；5—试验台

非接触式混凝土收缩变形测定仪应设计成整机一体化装置，并具备自动采集和处理数据的功能。整个测试装置（含试件、传感器等）应固定于具有避振功能的固定式试验台面上，严禁振动。

（2）试模：应有可靠方式将反射靶固定于试模上，使反射靶在试件成型浇注振动过程中不会移位偏斜，且在成型完成后应能保证反射靶与试模之间摩擦力尽可能小。试模应具有足够的刚度并且本身的收缩变形要小。试模的长度应能保证混凝土试件的测量标距不小于 400mm。

（3）位移传感器和反射靶：传感器的测试量程不小于试件测量标距长度的 0.1%，测试精度不应小于 0.005mm。应有可靠方式将非接触传感器测头固定，使测头能在测量整个过程中与试模相对位置保持固定不变。

反射靶的构造形式及埋设方式应能保证其与混凝土共同工作，即反射靶能够随着混凝土收缩而同步移动。

4. 试验步骤应按下列规定进行：

（1）试验应在温度为（20±2）℃，相对湿度为 60%±5% 的恒温恒湿条件下进行。采用本试验方法进行收缩变形试验应带模进行测试。

（2）先在试模内涂刷润滑油，然后在试模内铺设两层塑料薄膜，每层薄膜上均匀涂抹一层润滑油，保证混凝土在试模中的自由变形。将反射靶固定在试模两端。

（3）将混凝土拌合物浇筑入试模中，振动成型抹平。之后应带模立即移入恒温恒湿室。成型试件的同时，应按照 GB/T 50080 的要求测定混凝土的初凝时间。当初凝或接近初凝时，开始采用固定于试模两端的非接触式位移传感器测定试件左右两侧的初始读数，此后至少应按每隔 1h 或规定的时间间隔测定试件两侧的变形读数。

（4）在整个测试过程中，试件在变形测定仪上放置的位置、方向均应始终保持固定不变。

（5）需要测定混凝土自身收缩值的试件，浇筑振捣后应立即采用塑料薄膜作密封处理。

5. 混凝土收缩率试验结果的计算和处理：

（1）混凝土收缩率试验应按照下式计算：

$$\varepsilon_{st} = \frac{(L_{1i} - L_{10}) + (L_{2i} - L_{20})}{L_0} \times 100 \tag{4-70}$$

式中 $\varepsilon_{st}$——测试期为 $i(h)$ 的混凝土收缩率，$i$ 从测定试件初始读数时算起，%；

$L_{10}$——左侧非接触式位移传感器测定初始读数，mm；

$L_{1i}$——左侧非接触式位移传感器测试期为 $i(h)$ 的测定读数，mm；

$L_{20}$——右侧非接触式位移传感器测定初始读数，mm；

$L_{2i}$——右侧非接触式位移传感器测试期为 $i(h)$ 的测定读数，mm；

$L_0$——试件测量标距，（mm），等于试件长度减去试件中两个反射靶沿试件长度方向埋入试件中的长度之和。

（2）试验结果的处理应符合以下规定：

取 3 个试件测试结果的算术平均值作为该混凝土的早期收缩值，计算精确到 $10 \times 10^{-6}$。作为相对比较的混凝土早期收缩值以 3d 龄期测试得到的混凝土收缩值为准。

4.5.7.2 接触式法

1. 本方法适用于测定在无约束和规定的温湿度条件下硬化后混凝土试件收缩变形性能。

2. 试件和测头应符合以下规定：

（1）测定混凝土收缩时以 100mm×100mm×515mm 的棱柱体试件为标准试件，它适用于骨料最大粒径不超过 31.5mm 的混凝土。

对于骨料最大粒径大于 31.5mm 时可采用截面为 150mm×150mm（骨料最大粒径不超过 40mm）或截面为 200mm×200mm（骨料最大粒径不超过 63mm）的棱柱体试件。采用卧式混凝土收缩仪时，应采用尺寸为 100mm×100mm×515mm 的棱柱体标准试件。

（2）试件两端应预埋测头或留有埋设测头的凹槽。测头应由不锈钢或其他不锈的材料制成，并具有图 4-41 的外形。

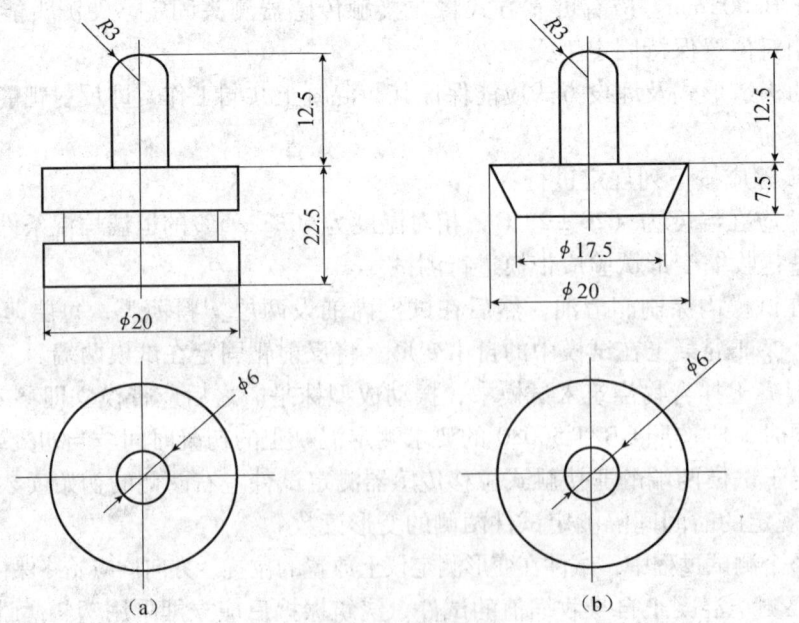

图 4-41 收缩测头
(a) 预埋测头；(b) 后埋测头

(3) 采用接触式引伸仪时，所用试件的长度应至少比仪器的测量标距长出一个截面边长。测钉应粘贴在试件两侧面的轴线上。

(4) 使用混凝土收缩仪时，制作试件的试模应具有能固定测头或预留凹槽的端板。使用接触式引伸仪时，可用一般棱柱体试模制作试件。

(5) 试件成型时不得使用机油等憎水性脱模剂。试件成型后应带模养护 1~2d，并保证拆模时不损伤试件。对于事先没有埋设测头的试件，拆模后应立即粘好或埋好测头或测钉。试件拆模后，应立即送至温度为 (20±2)℃，湿度为 95% 以上的标准养护室养护。

3. 试验设备应符合下列规定：

(1) 测量混凝土变形的装置应具有硬钢或石英玻璃制作的标准杆，以便在测量前及测量过程中校核仪表的读数。

(2) 收缩测量装置可有以下两种形式：

①卧式混凝土收缩仪：测量标距为 540mm，装有精度为 0.01mm 的百分表或测微器；

②其他形式的变形测量仪表：其测量标距不应小于 100mm 及骨料最大粒径的 3 倍。并至少能达到相对变形为 $10 \times 10^{-6}$ 的测量精度。

4. 混凝土收缩试验步骤应按下列要求进行：

(1) 收缩试验应在恒温恒湿环境中进行，恒温恒湿室应能使室温保持在 (20±2)℃，相对湿度保持在 60%±5%。试件在恒温恒湿室内应放置在不吸水的搁架上，底面架空，每个试件之间应至少留有 30mm 的间隙。

(2) 测定代表某一混凝土收缩性能的特征值时，试件应在 3d 龄期（从搅拌混凝土加水时算起）从标准养护室取出并立即移入恒温恒湿室测定其初始长度，此后至少应按以下规定的时间间隔测量其变形读数：1d、3d、7d、14d、28d、45d、60d、90d、120d、150d、180d、360d（从移入恒温恒湿室内算起）。

测定混凝土在某一具体条件下的相对收缩值时（包括在徐变试验时的混凝土收缩变形测定）应按要求的条件安排试验，对非标准养护试件如需移入恒温恒湿室进行试验，应先在该室内预置 4h，再测其初始值，以使它们具有同样的温度基准。测量时应记下试件的初始干湿状态。

(3) 测量前应先用标准杆校正仪表的零点，并应在半天的测定过程中至少再复核 1~2 次（其中一次在全部试件测读完后）。如复核时发现零点与原值的偏差超过 ±0.01mm，调零后应重新测定。

(4) 试件每次在卧式收缩仪上放置的位置、方向均应保持一致。试件上应标明相应的方向记号。试件在放置及取出时应轻稳仔细，勿碰撞表架及表杆，如发生碰撞，则应取下试件，重新以标准杆复核零点。

用接触式引伸仪测定时，也应使每次测量时试件与仪表保持同样的方向性。每次读数应重复 3 次。

(5) 需要测定混凝土自缩值的试件，在 3d 龄期时从标准养护室取出后应立即密封处理，密封处理可采用金属套或蜡封，采用金属套时试件装入后应盖严焊死，不得留有任何能使内外湿度交换的缝隙。外露测头的周围也应用石蜡反复封堵严实。采用蜡封时应至少涂蜡 3 次，每次涂蜡前应用浸蜡的纱布或蜡纸包缠严实，蜡封完毕后应套以塑料袋加以保护。自收缩试验期间，试件应无重量变化，如在 180d 试验间隔期内质量变化超过 10g，该试件的试验结果无效。

5. 混凝土收缩值应按下式计算：

$$\varepsilon_{st} = \frac{L_0 - L_t}{L_b} \tag{4-71}$$

式中 $\varepsilon_{st}$——试验期为 $t(d)$ 的混凝土收缩值，$t$ 从测定初始长度时算起；

$L_b$——试件的测量标距，用混凝土收缩仪测定时应等于两测头内侧的距离，即等于混凝土试件长度（不计测头凸出部分减去两个测头埋入深度之和，mm；采用接触式引伸仪时，即为仪器的测量标距；

$L_0$——试件长度的初始读数，mm；

$L_t$——试件在试验期为 $t(d)$ 时测得的长度读数，mm。

作为相互比较的混凝土收缩值为不密封试件于 3d 龄期自标准养护室移入恒温恒湿室中放置 180d 所测得的收缩值。可将不密封试件于 3d 龄期自标准养护室移入恒温恒湿室中放置 360d 所测得的收缩值作为该混凝土的终极收缩值。

取 3 个试件值的算术平均值作为该混凝土的收缩值，计算精确至 $10 \times 10^{-6}$。

#### 4.5.8 早期抗裂试验

1. 本方法适用于测试混凝土在约束条件下的早期抗裂性能。
2. 试验装置及试件尺寸应符合下列要求：

（1）试件：本试验方法以尺寸为 800mm × 600mm × 100mm 的平面薄板型试件为标准试件，每 2 个试件为一组。混凝土骨料最大粒径不应超过 31.5mm。

（2）试模：

①形状和尺寸如图 4-42 所示。

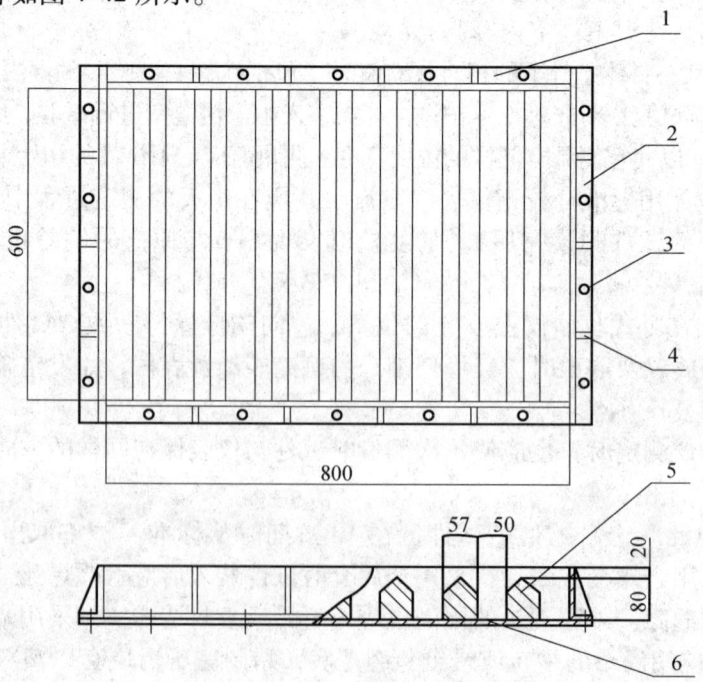

图 4-42 混凝土早期抗裂性能试验装置

1—槽钢；2—槽钢；3—螺栓；4—槽钢加强肋；5—裂缝诱导器；6—底板

②采用钢制模具,模具的四边用槽钢焊接而成,模具四边与底板通过螺栓固定在一起。模具内的应力诱导发生器有七根,分别用50mm×50mm、40mm×40mm角钢与5mm×50mm钢板焊接组成,并平行于模具短边,与底板固定。底板采用不小于5mm厚的钢板,并在底板表面铺设聚乙烯薄膜隔离层。模具作为测试装置的一个部分,测试时应与试件连在一起。

3. 试验应按下列步骤进行:

(1) 试验宜在恒温恒湿室中进行,恒温恒湿室应能使室温保持在 (20±2)℃,相对湿度保持在60%±5%。

(2) 将混凝土浇筑至模具内,混凝土摊平后表面应比模具边框略高,使用平板表面式振捣器或者采用捣棒插捣,控制好振捣时间,防止过振和欠振。

(3) 在振捣后,用抹子整平表面,使骨料不外露,表面平实。

(4) 试件成型30min后,应立即调节风扇,使试件表面中心处风速为5m/s。用电风扇直吹试件表面,风向平行于试件表面。

(5) 从混凝土搅拌加水开始起算时间,到24h测读裂缝。裂缝长度以肉眼可见裂缝为准,用钢直尺测量其长度,取裂缝两端直线距离为裂缝长度。应测量每条裂缝的长度。当一个刀口上有两条裂缝时,可将两条裂缝的长度相加,折算成一条裂缝。

裂缝宽度用放大倍数至少40倍的读数显微镜(分度值为0.01mm)测量,应测量每条裂缝的最大宽度。

(6) 根据混凝土浇筑24h后测量得到裂缝数据,计算平均开裂面积、单位面积的裂缝数目和单位面积上的总开裂面积。

4. 试验结果计算及其确定应按下列方法进行:

(1) 每根裂缝的平均开裂面积应按下式计算:

$$a = \frac{1}{2N}\sum_{i}^{N}(W_i \times L_i) \quad (mm^2/根) \quad (4-72)$$

(2) 单位面积的裂缝数目应按下式计算:

$$b = \frac{N}{A} \quad (根/m^2) \quad (4-73)$$

(3) 单位面积上的总开裂面积应按下式计算:

$$c = a \cdot b \quad (mm^2/m^2) \quad (4-74)$$

式中 $W_i$——第 $i$ 根裂缝的最大宽度,mm;

$L_i$——第 $i$ 根裂缝的长度,mm;

$N$——总裂缝数目,根;

$A$——平板的面积,$m^2$;

$a$——每根裂缝的平均开裂面积,$mm^2$/根;

$b$——单位面积的开裂裂缝数目,根/$m^2$;

$c$——单位面积上的总开裂面积,$mm^2/m^2$。

### 4.5.9 受压徐变试验

1. 本方法适用于测定混凝土试件在长期恒定轴向压力下变形性能。

2. 试验仪器设备应符合下列规定：

（1）徐变仪应符合下列规定：

①徐变仪应在要求时间范围内（一般至少一年）把所要求的压缩荷载加到试件上，并应保持该荷载不变。

②常用徐变仪可分为弹簧式或液压式，其工作荷载范围一般为180~500kN，由以下组件构成：压在受荷试件端头上的压板；持荷部件——弹簧或者与一个高压氮气瓶和一套液压调节单元相连的液压膜片或油缸；以及承受加荷系统反力的丝杆。

③弹簧式压缩徐变仪的基本形式如图4-43所示。它包括上下压板、球座或球铰及其配套垫板、弹簧持荷装置，以及2~3根承力丝杆。压板与垫板应具有足够的刚度，且压板的受压面的平整度偏差不应大于0.1mm/100mm，以保证对试件均匀加荷。弹簧及丝杆的尺寸应按徐变仪所要求的试验吨位而定。在试验荷载下，丝杆的拉应力一般不应大于材料屈服点的30%，弹簧的工作压力不应超过允许极限荷载的80%，但工作时弹簧的压缩变形也不得小于20mm，以使它具有足够的调整能力。

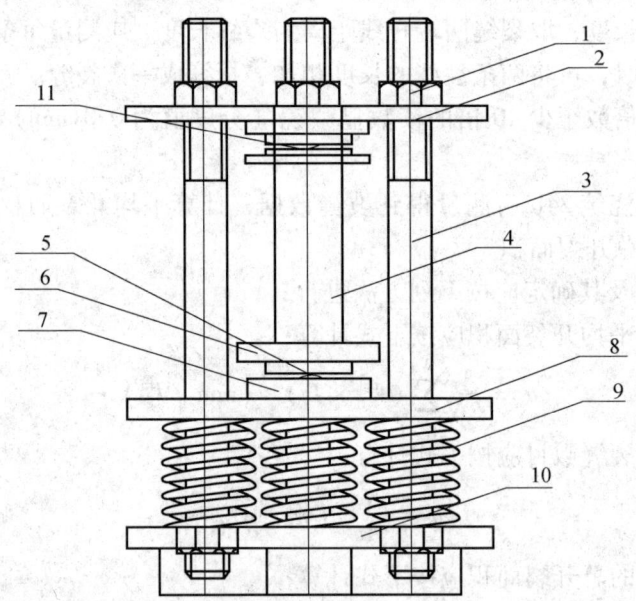

图4-43 弹簧式压缩徐变仪的基本形式

1—螺母；2—上压板；3—丝杆；4—试件；5—球铰；6—垫板；7—定心；8—下压板；9—弹簧；10—底盘；11—球铰

④当使用液压式持荷部件时，可以通过一套中央液压调节单元同时加荷几个徐变架，该单元由以下组件构成：储液器、调节器、显示仪表和一个高压源（如高压氮气瓶或高压泵）。

⑤有条件时也可采用几个试件串叠受荷，以提高设备的利用率，但上下压板之间的总距离不得超过1600mm。

（2）加荷装置包括加荷架、油压千斤顶及测力装置。

①加荷架：由接长杆及顶板组成，用以承受加荷时的反力。加荷时加荷架与徐变仪丝杆顶部相连（图4-43）。

②油压千斤顶：一般起重千斤顶，其吨位应大于所要求的试验荷载。

③测力装置：钢环测力计、荷载传感器或其他形式的压力测定装置，其测量精度应达到所加荷载的2%，其量程应能使试验压力值不小于全量程的20%，也不大于全量程的80%。

（3）变形量测装置应满足以下规定：

①变形量测装置可采用外装式、内埋式或便携式，其量测的应变值精度应为0.01mm/m。

②采用外装式变形量测装置时（如带接长杆的千分表），应至少量测不少于两个均匀布置在试件周边的基线的应变。测点应精确地布置在试件的纵向表面的纵轴上，且应与试件端头等距，与相邻试件端头的距离不小于一个截面边长。

③采用内埋式变形量测装置时（如差动式应变计或钢弦式应变计），应注意在试件成型时以适当方式固定该装置，使其量测基线位于试件中部并与试件纵轴重合。

④采用便携式变形量测装置时（如接触式引伸仪），测头应以恰当方式牢固附置在试件上。

⑤量测标距应至少为混凝土骨料最大粒径的3倍，且不少于100mm。

3. 试件应符合下列规定：

（1）试件的形状与尺寸应符合下列条件：

①徐变试验应采用棱柱体试件。试件的截面尺寸和长度应根据混凝土中骨料的最大粒径按表4-17选用，长度应为截面尺寸的3~4倍。

②当试件叠放时，在每叠试件端头的试件和压板之间应加装一个未安装应变量测仪表的辅助性混凝土垫块，其截面尺寸应与被测试件的相同，且长度应至少等于其截面尺寸的一半。

表4-17 徐变试验试件尺寸选用表

| 骨料最大粒径（mm） | 试件最小边长（mm） | 试件长度（mm） |
| --- | --- | --- |
| ≤31.5 | 100 | 400 |
| 40 | 150 | ≥450 |

（2）试件数量应符合下列规定：

①制作徐变试件时，应同时制作相应的棱柱体抗压试件及收缩试件，以供确定试验荷载大小及测定收缩之用。

②收缩试件应与徐变试件相同，并装有与徐变试件相同的变形测量装置。

③抗压试件及收缩试件应随徐变试件一并养护。

④测试这三项性能的试件数量宜各为3个，其中徐变试件至少为2个，宜同时制作立方体抗压强度和弹性模量试件。

（3）试件制备应符合下列规定：

①徐变试件应符合行业标准JG 3019中的有关规定。若要叠放试件时，宜磨平其端头。

②徐变试件的受压面与相邻的纵向表面之间的角度与直角的偏差不应超过1mm/100mm。

③采用外装式应变量测装置时，徐变试件两侧面应有安装量测装置的测头，测头宜采用埋入式，这时试模的侧壁应具有能在成型时使测头定位的装置。在对粘结的工艺及材料确有

把握时，允许采用胶粘。

（4）根据不同测试目的，试件的养护与存放可采用以下不同方式：

①标准环境中的徐变：在拆模之前，应覆盖试件表面，以防止水分蒸发。试件应在成型后不少于24h且不多于48h时拆模，随后立即送入标准养护室养护到7d龄期（自混凝土搅拌加水开始起算），养护期间试件不应置于水中养护。养护完成后移入温度为（20±2）℃、相对湿度为（60±5）%的恒温恒湿室进行测试，直至测试完成。

②绝湿徐变：适用于测试诸如大体积混凝土内部徐变的情况。在这种情况下，要防止试件在存放或测试期间吸收或失去水分，试件在制作或脱模后应密封在保湿外套中（橡皮套、金属套筒等），以防止由于蒸发导致的失水，而且在整个试件存放和测试期间也应保持密封。

③在特定温度下的徐变：如果需要考虑温度对混凝土弹性和非弹性性质的影响时，应控制试件存放在试验环境中的温度，使其符合希望的温度条件。

④其他存放条件：如需确定在具体使用条件下的混凝土徐变值，则应根据具体情况确定试件的养护及试验制度。

4. 徐变试验应符合下列规定：

（1）加荷龄期与持荷时间：作对比或检验混凝土的徐变性能时，试件应在28d龄期时加荷。当研究某一混凝土的徐变特性时，应至少制备5组徐变试件并分别在龄期为3d、7d、14d、28d、90d时加荷。

（2）受压徐变试验应按下列步骤进行：

①试验前需要粘贴测头或测点的应在1d以前粘好，仪表安装好后应仔细检查，不得有任何松动或异常现象。加荷装置、测力计等也应予以检查。

②在即将加荷徐变试件前，测试同条件养护试件的棱柱体抗压强度。

③把徐变试件放在徐变仪的下压板上，此时试件、加荷装置、测力计及徐变仪的轴线应重合。再次检查变形测量仪表的调零情况，记下初始读数。当采用未密封的徐变试件时，需在将其放在徐变仪上的同时，覆盖参比用收缩试件的端部，以提供与徐变试件同样的干燥条件。

④试件放好后，开始加荷。如无特殊要求，试验时取徐变应力为所测得的棱柱体抗压强度的40%。用加荷装置先加压至徐变应力的20%进行对中。此时，两侧的变形相差应小于其平均值的10%，如超出此值，应卸荷，重新调整后，再加荷到徐变应力的20%，检查对中的情况。对中完毕后，应立即继续加荷直到徐变应力，读出两边的变形值。此时，两边变形的平均值即为在徐变荷载下的初始变形值。从对中完毕到测初始变形值之间的加荷及测量时间不得超过1min。拧紧承力丝杆上端的螺帽，卸荷，观察两边变形值的变化情况。

此时，试件两侧的读数相差不应超过平均值的10%，否则应予以调整，调整应在试件持荷的情况下进行，调整过程中所产生的变形增值应计入徐变变形之中。再加荷到徐变应力，检查两侧变形读数，其总和与加荷前读数相比，误差不应超过2%，否则应予以补足。

⑤变形值的测读周期：一般应在1d、3d、7d、14d、28d、45d、60d、90d、120d、150d、180d、360d测读试件的变形值。

⑥在测读徐变试件的变形读数的同时应测定同条件放置参比用收缩试件的收缩值。

⑦试件加荷后应定期检查荷载的保持情况，一般在加荷后7d、28d、60d、90d各校核一次，如荷载变化大于2%，应予以补足。

注：在使用弹簧式加载架时，可以通过施加正确的荷载并拧紧丝杆上的螺帽，来进行调整。

5. 试验结果计算及其确定应按下列方法进行：

（1）徐变应变应按下式计算：

$$\varepsilon_{ct} = \frac{\Delta L_t - \Delta L_0}{L_b} - \varepsilon_t \tag{4-75}$$

式中 $\varepsilon_{ct}$——加荷 $t(d)$ 后的徐变应变，精确至 $10\mu\varepsilon$；

$\Delta L_t$——加荷 $t(d)$ 后的总变形值，mm，精确至0.01mm；

$\Delta L_0$——加荷时测得的初始变形值，mm，精确至0.01mm；

$L_b$——测量标距 mm；

$\varepsilon_t$——同龄期的收缩值，精确至 $10\mu\varepsilon$。

作为供对比用的混凝土徐变值，为经过标准养护的混凝土试件，在28d龄期时经受0.4倍棱柱体抗压强度恒定荷载作用360d的徐变值。同时，可以测得的3年徐变值作为终极徐变值。

（2）徐变度应按下式计算：

$$C_t = \frac{\varepsilon_{ct}}{\delta} \tag{4-76}$$

式中 $C_t$——加荷 $t(d)$ 的混凝土徐变度 $[1/(N/mm^2)]$，计算精确至 $10^{-6}/(N/mm^2)$；

$\delta$——徐变应力（$N/mm^2$）。

（3）徐变系数应按下列公式计算：

$$\varphi_t = \frac{\varepsilon_{ct}}{\varepsilon_0} \tag{4-77}$$

$$\varepsilon_0 = \Delta L_0 / L_b \tag{4-78}$$

式中 $\varphi_t$——加荷 $t(d)$ 的徐变系数；

$\varepsilon_0$——在加荷时测得的初始应变值，精确至 $10\mu\varepsilon$。

### 4.5.10 碳化试验

1. 本方法适用于测定在一定浓度的二氧化碳气体介质中混凝土试件的碳化程度，反映混凝土的抗碳化能力。

2. 碳化试验所用试件及处理应符合下列规定：

（1）宜采用棱柱体混凝土试件，以3块为一组，根据骨料最大粒径，试件的最小边长应符合表4-14的规定。棱柱体的长宽比不宜小于3。

（2）无棱柱体试件时，也可用立方体试件代替，但其数量应相应增加。

（3）试件一般应在28d龄期进行碳化，掺有掺合料的混凝土可以根据特性决定碳化前的养护龄期。碳化试验的试件宜采用标准养护，试件在试验前2d应从标准养护室取出，然后在60℃温度下烘48h。

（4）经烘干处理后的试件，留下一个或相对的两个沿长度方向侧面暴露，其余表面应采用加热的石蜡予以密封。在暴露侧面上沿长度方向用铅笔以10mm间距画出平行线，作为预定碳化深度的测量点。

3. 试验设备应符合下列规定：

（1）碳化箱：带有密封盖的密闭容器，容器的容积至少应为预定进行试验的试件体积的两倍。箱内应有架空试件的铁架、二氧化碳引入口、分析取样用的气体引入口、箱内气体对流循环装置、为保持箱内恒温恒湿所需的设施以及温湿度监测装置。宜在碳化箱上设玻璃观察口对箱内的温度进行读数。

（2）气体分析仪：能分析箱内二氧化碳浓度，精确至1%。

（3）二氧化碳供气装置：包括气瓶、压力表和流量计。

4. 混凝土碳化试验应按下列步骤进行：

（1）将经过处理的试件放入碳化箱内的铁架上，试件暴露的侧面向上。各试件之间的间距不应小于50mm。

（2）将碳化箱盖严密封。密封可采用机械办法或油封，但不得采用水封以免影响箱内的湿度调节。开动箱内气体对流装置，徐徐充入二氧化碳，并测定箱内的二氧化碳浓度，逐步调节二氧化碳的流量，使箱内的二氧化碳浓度保持在（20±3）%。在整个试验期间应采取去湿措施或者有关装置，使箱内的相对湿度控制在（70±5）%的范围内。碳化试验应在（20±5）℃的温度下进行。

（3）每隔一定时期对箱内的二氧化碳浓度、温度及湿度作一次测定。宜在前2d每隔1h测定一次，以后每隔4h测定一次。根据所测得的二氧化碳浓度、温度及湿度随时调节，去湿用的硅胶应经常更换。

（4）碳化到了3d、7d、14d和28d时，分别取出试件，破型测定碳化深度。棱柱体试件在压力试验机上用劈裂法从一端开始破型。每次切除的厚度为试件宽度的一半，用石蜡将破型后试件的切断面封好，再放入箱内继续碳化，直到下一个试验期。如采用立方体试件，则在试件中部劈开，立方体试件只做一次检验，劈开测试碳化深度后不再放回碳化箱重复使用。

（5）将切除所得的试件部分刮去断面上残存的粉末，随即喷上（或滴上）浓度为1%的酚酞酒精溶液（酒精溶液含20%的蒸馏水）。约经30s后，按原先标划的每10mm一个测量点用钢板尺测出各点碳化深度。如果测点处的碳化分界线上刚好嵌有粗骨料颗粒，则可取该颗粒两侧处碳化深度的平均值作为该点的深度值。碳化深度测量精确至0.5mm。

5. 混凝土碳化试验结果计算和处理应符合以下规定：

（1）混凝土在各试验龄期时的平均碳化深度应按下式计算：

$$\overline{d_t} = \frac{1}{n}\sum_{i=1}^{n} d_i \tag{4-79}$$

式中 $\overline{d_t}$——试件碳化$t(d)$后的平均碳化深度，mm，精确至0.1mm；

$d_i$——各测点的碳化深度，mm；

$n$——测点总数。

（2）以在标准条件下［即二氧化碳浓度为（20±3）%，温度为（20±2）℃，湿度为（70±5）%］的3个试件碳化28d的碳化深度平均值作为混凝土碳化测定值，用以对比各种混凝土的抗碳化能力以及对钢筋的保护作用。

（3）以各龄期计算所得的碳化深度绘制碳化时间与碳化深度的关系曲线，以表示在该条件下的混凝土碳化发展规律。

### 4.5.11 混凝土中钢筋锈蚀试验

1. 本方法适用于测定在给定条件下混凝土中钢筋的锈蚀程度，以对比不同混凝土对钢筋的保护作用。本方法不适用于在含有氯离子等侵蚀性介质中混凝土内钢筋锈蚀试验。

2. 试件的制作与处理应符合以下规定：

（1）混凝土中钢筋锈蚀试验应采用100mm×100mm×300mm的棱柱体试件，每组3块，适用于骨料最大粒径不超过31.5mm的混凝土。

（2）试件中埋置的钢筋应采用直径为6.5mm的普通低碳钢热轧（Q235）盘条调直截短制成，其表面不得有锈坑及其他严重缺陷。每根钢筋长为（299±1）mm。用砂轮将其一端磨出长约30mm的平面，用钢字打上标记，然后用12%盐酸溶液进行酸洗，经清水漂净后，用石灰水中和，并再用清水冲洗干净，擦干后在干燥器中至少存放4h，然后用分析天平（或者满足精度要求的电子天平）称取每根钢筋的初重（精确至0.001g），存放在干燥器中备用。

（3）试件成型前应将套有定位板的钢筋放入试模，定位板应紧贴试模的两个端板，为防止试模上的隔离剂沾污钢筋，安放完毕后应使用丙酮擦净钢筋表面。

（4）试件成型后，在（20±2）℃的温度下盖湿布养护24h后编号拆模，然后用钢丝刷将试件两端部混凝土刷毛，用水灰比小于试件用混凝土的水灰比、水泥和砂子比例为1∶2水泥砂浆抹上20mm厚的保护层，应确保钢筋端部密封质量。就地潮湿养护（或用塑料薄膜盖好）24h后，移入标准养护室养护至28d。

3. 混凝土中钢筋锈蚀试验所用设备：

（1）混凝土碳化试验装置：包括碳化箱、供气装置及气体分析仪。

（2）钢筋定位板：木质五合板或薄木板锯成，尺寸100mm×100mm，板上应钻有穿插钢筋的圆孔（图4-44）。

（3）分析天平或电子秤：最大量程1kg，感量0.001g。

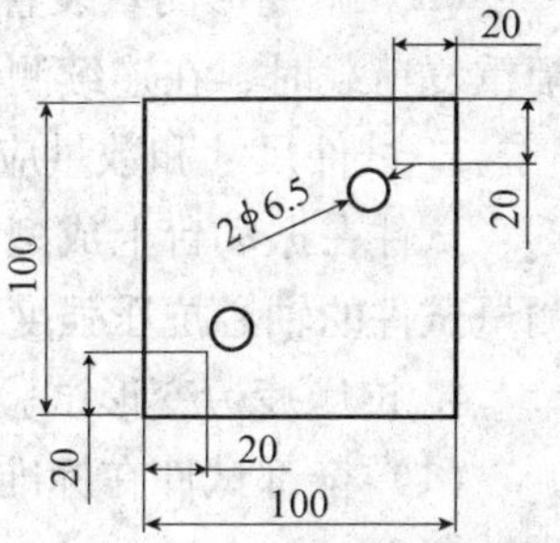

4. 混凝土中钢筋锈蚀应按下列步骤进行：

（1）钢筋锈蚀试验的试件应先进行碳化，碳化在28d龄期时开始。碳化应在二氧化碳浓度为（20±3）%、相对湿度为（70±5）%和温度为（20±2）℃的条件下进行，碳化时间为28d。

图4-44 钢筋定位板示意图

注：对于有特殊要求的混凝土中钢筋锈蚀试验，碳化时间可以再延长14d或者28d。

（2）试件碳化处理后应立即移入标准养护室放置。在养护室中，试件间隔的距离不应小于50mm，并应避免试件直接淋水。在潮湿条件下存放56d后取出，破型，先测出碳化深度，然后进行钢筋锈蚀程度的测定。

（3）取出试件中的钢筋，刮去钢筋上粘附的混凝土，用12%盐酸溶液进行酸洗，经清水漂净后，用石灰水中和，最后再以清水冲洗干净。擦干后在干燥器中至少存放4h，用分析天平或者达到同样精度的电子天平称重（精确至 0.001g）计算锈蚀失重。酸洗钢筋时，洗液中放入两根尺寸相同的同类无锈钢筋作为基准校正。

5. 钢筋锈蚀的失重率应按下式计算：

$$L_W = \frac{g_0 - g - \frac{(g_{01} - g_1) + (g_{02} - g_2)}{2}}{g_0} \times 100 \quad (4-80)$$

式中 $L_W$——钢筋锈蚀失重率，%；
$\quad g_0$——钢筋未锈前质量，g；
$\quad g$——钢筋锈蚀经过酸洗处理后的质量，g；
$\quad g_{01}$、$g_{02}$——分别为基准校正用的两根钢筋的初始质量，g；
$\quad g_1$、$g_2$——分别为基准校正用的两根钢筋酸洗后的质量，g。

失重率结果的计算应精确至 0.01%。

### 4.5.12 抗压疲劳变形试验

1. 本方法适用于检测在自然条件下，混凝土在等幅重复荷载作用下疲劳累计变形与加载循环次数的关系，以反映混凝土抗压疲劳变形性能。

2. 试验设备应符合下列规定：

（1）疲劳试验机：其吨位应能使试件预期的疲劳破坏荷载不小于全量程的 20%，也不大于全量程的 80%。准确度为Ⅰ级，加载振动频率在 4~8Hz 之间。

（2）上、下钢垫板：应具有足够的刚度，其尺寸应大于 100mm×100mm，不平度要求为每 100mm 不超过 0.02mm。

（3）微变形测量装置：标距为 150mm，可在试件两侧相对的位置上同时测量。承受等幅重复荷载时，在连续测量情况下，精度不得低于 0.001mm。

3. 试件尺寸和数量应符合下列要求：

试件在振动台上成型，尺寸为 100mm×100mm×300mm。每组试件 6 个，其中 3 个用于测量试件的轴心抗压强度 $f_c$，其余 3 个用于疲劳变形性能试验。

4. 抗压疲劳变形试验步骤应按下列规定进行：

（1）全部试件在标准养护室养护至 28d 龄期后取出，在室温下 (20±5)℃存放至 3 个月龄期。

（2）试件从养护地点取出后，取 3 块试件为一组，按照 GB/T 50081 相关要求测定其轴心抗压强度 $f_c$。

（3）对剩下的 3 块试件进行疲劳变形试验。每一试件进行疲劳试验前，应先在疲劳试验机上进行静压变形对中，对中时采用两次对中的方式。首次对中的应力取棱柱体抗压强度 $f_c$ 的 20%（荷载可近似取一整千牛数），第二次对中应力采用棱柱体抗压强度 $f_c$ 的 40%。对中时，试件两侧变形值之差应小于平均值的 5%；否则应调整试件位置，直至符合对中要求方可进行疲劳试验。

（4）疲劳试验脉冲频率以 4Hz 为宜，一般情况下疲劳的上限应力取 $0.66f_c$，下限应力取 $0.1f_c$；在有特殊要求时，疲劳的上限应力和下限应力可根据要求选定。

(5) 试验中每 $10^5$ 次重复加载后停机测量混凝土棱柱体试件的累积变形。测量应在疲劳试验机停机后 15s 内完成。对测试结果进行记录之后,继续加载进行疲劳试验,直到试件破坏为止。若加载至 $2 \times 10^6$ 次,试件尚未破坏,也可停止试验。

5. 试验结果的计算与处理应符合以下规定:

取 3 个试件在相同加载次数时累积变形的平均值作为混凝土试件在等幅重复荷载下的疲劳变形值,计算结果应精确至 $10\mu\varepsilon$。

### 4.5.13 抗硫酸盐侵蚀试验

1. 本方法适用于在干湿交替环境中遭受硫酸盐侵蚀的混凝土抗硫酸盐侵蚀试验。混凝土抗硫酸盐侵蚀性能指标以能够经受的最大干湿循环次数(即抗硫酸盐等级)来表示,符号为 $KS$。

2. 试件应符合以下规定:

(1) 本试验应采用尺寸为 100mm×100mm×100mm 的立方体混凝土试件,每组采用 3 块混凝土试件。

(2) 除制作抗硫酸盐侵蚀试验用试件外,还应按照同样方法,同时制作抗压强度对比用试件。试件数量应符合表 4-18 的要求。

表 4-18 抗硫酸盐侵蚀试验所需的试件组数

| 设计抗硫酸盐侵蚀等级 | $KS$15 | $KS$30 | $KS$60 | $KS$90 | $KS$120 | $KS$150 | $KS$150 以上 |
|---|---|---|---|---|---|---|---|
| 检查强度所需干湿循环次数 | 15 | 15 及 30 | 30 及 60 | 60 及 90 | 90 及 120 | 120 及 150 | 150 及设计次数 |
| 检定 28d 强度所需试件组数 | 1 | 1 | 1 | 1 | 1 | 1 | 1 |
| 干湿循环试件组数 | 1 | 2 | 2 | 2 | 2 | 2 | 2 |
| 对比试件组数 | 1 | 2 | 2 | 2 | 2 | 2 | 2 |
| 总计试件组数 | 3 | 5 | 5 | 5 | 5 | 5 | 5 |

3. 试验设备和试剂应符合下列规定:

(1) 干湿循环试验装置:宜采用能使试件静置不动,浸泡、烘干及冷却等过程自动进行的自动干湿循环装置。设备的控制系统应能够满足对干湿循环设备进行自动控制、数据实时显示,并具备断电记忆、试验数据自动存储的功能。

(2) 也可采用以下设备进行干湿循环试验:

①烘箱:应能使温度稳定在 (80±5)℃。

②容器:应至少能够装 27L 溶液(供 3 组试件试验)的带盖耐盐腐蚀的容器。

(3) 台秤:最大量程 20kg,感量 1g。

(4) 试剂:应采用化学纯无水硫酸钠试剂。

4. 干湿循环试验步骤应符合以下规定:

(1) 在试件养护到 28d 龄期的前两天,将试件从标准养护室取出,擦干表面水分,放入烘箱中,在(80±5)℃温度下烘48h,烘干结束后将试件在干燥环境中冷却到室温。

注:对于掺入掺合料比较多的混凝土,也可以采用56d龄期或者设计规定的龄期进行试验,对这种情况应在试验报告中说明原因。

(2)将试件放入试件盒中,试件之间应保持50mm的间距,试件与试件盒侧壁的间距不小于20mm。

注:试件盒中盛的溶液体积与试件的表观体积之比应保持在3±0.5。

(3)将配制好的5%$Na_2SO_4$溶液放入试件盒直到溶液超过最上层试件表面50mm左右,开始浸泡过程,从试件开始放入溶液,到浸泡过程结束的时间为(15±0.5)h。放溶液的时间不应超过30min。浸泡龄期应从将混凝土试件移入5%$Na_2SO_4$溶液中起计算时间。

注:试验过程中宜定期检查和调整溶液的pH值,一般每隔15个循环测试一次溶液pH值,始终维持溶液的pH值在6~8之间。溶液的温度应控制在20~25℃。如不具备检验和调整pH值的条件(如工地试验室),也可不检测其pH值,但应每月更换一次试验用溶液。

(4)浸泡过程结束后,立即排液,在30min内将溶液排空,溶液排空后将试件风干30min,从溶液开始排泄到试件风干的时间为1h。

(5)风干过程结束后立即升温,将试件盒内的温度升到80℃,开始烘干过程,升温过程应该在30min内完成。温度升到80℃后,将温度维持在(80±5)℃。从升温开始到开始冷却的时间为6h。

(6)烘干过程结束后,应立即对试件进行冷却,从开始冷却到将试件盒内的试件表面温度冷却到25~30℃的时间为2h。

(7)试件冷却到规定温度后,完成一个干湿循环试验。每个干湿循环的总时间为(24±2)h。然后再次放入溶液,按照上述3~6的步骤进行下一个循环。

(8)应按照表4-18的规定进行干湿循环试验,并在达到相应的干湿循环次数后,进行抗压强度试验。同时观察经过循环后混凝土表面的破损情况并进行外观描述。

注:对经受干湿循环的试件进行抗压强度试验时,应同时取一组标准养护的对比试件进行抗压强度试验。

(9)当质量耐蚀系数低于95%,或者抗压强度耐蚀系数低于75%,或者干湿循环次数达到150次,即可停止试验。

5. 混凝土抗蚀系数的结果计算及确定应按下列方法进行:

混凝土强度耐蚀系数和质量耐蚀系数应分别按照下列公式进行计算。

强度耐蚀系数:

$$K_f = \frac{f_0 - f_n}{f_0} \times 100 \qquad (4-81)$$

质量耐蚀系数:

$$K_w = \frac{w_0 - w_n}{w_0} \times 100 \qquad (4-82)$$

式中 $K_f$——强度耐蚀系数,%;

$f_n$——为N次循环后受硫酸盐腐蚀的一组混凝土试件的抗压强度平均值,MPa,计算至0.1MPa;

$f_0$——与受硫酸盐腐蚀试件同龄期的标准养护的一组对比混凝土试件的抗压强度平均

值，MPa，计算至 0.1MPa；

$K_w$——质量耐蚀系数，%；

$w_n$——为 N 次循环后受硫酸盐腐蚀的一组混凝土试件的质量，g；

$w_0$——为受硫酸盐腐蚀的一组混凝土试件在浸泡前的质量，g。

#### 4.5.14 碱-集料反应试验

1. 本试验方法用于检验混凝土试件在温度 38℃ 及潮湿条件养护下，水泥中的碱与集料反应所引起的膨胀是否具有潜在危害。本试验适用于碱硅酸盐反应和碱-碳酸盐反应。

2. 试验仪器设备应符合以下要求：

（1）筛：与公称直径分别为 20mm、16mm、10mm、5mm 的圆孔筛对应的方孔筛。

（2）磅秤：最大量程 50kg，感量 50g。

（3）台秤：最大量程 10kg，感量 5g。

（4）振动台：应符合 JG 3020 要求。

（5）试模：尺寸 75mm×75mm×275mm，试模两个端板应预留安装测头的圆孔，孔的直径应与测头直径相匹配。试模制作公差应符合 JG 3019 的要求。

（6）测头（埋钉）：直径 5~7mm，长 25mm，用不锈金属制成，测头均应位于试模两端的中心部位。

（7）测长仪：测量范围为 275~300mm，精度为 0.001mm。

（8）养护盒：由耐腐蚀材料制成，应不漏水，能密封。盒底部应有 (20±5)mm 深的水，盒内有试件架，可使试件垂直立在盒中，但试件底部不与水接触。一个养护盒应能同时容纳 3 个试件。

（9）搅拌机：应符合 JG 3036 的要求。

3. 碱-集料反应试验步骤应按以下规定执行：

（1）试件制备应按以下步骤进行：

①水泥应使用硅酸盐水泥，水泥含碱量宜为 (0.9±0.1)%（以 $Na_2O$ 当量计，即 $Na_2O + 0.658K_2O$）。通过外加浓度为 10% 的 NaOH 溶液，使试验用水泥含碱量达到 1.25%。

②如果试验用来评价砂料的活性，则应采用非活性的石料，石料的非活性也需通过试验确定，试验用砂料的细度模数宜为 2.7±0.2。如果试验用来评价石料的活性，则应用非活性的砂料。砂料的非活性也需通过试验确定。如果工程用的集料为同一品种的材料，则试验用该砂、石料来评价活性。试验用石料为三种级配：20~16mm、16~10mm 和 10~5mm，各取 1/3 等量混合。

③每立方米混凝土水泥用量为 (420±10)kg。水灰比为 0.42~0.45。石与砂料的质量比为 6:4。试验中除外加 NaOH，以使水泥含碱量达到 1.25% 外，不得再使用其他的外加剂。

（2）试件制作应按以下步骤进行：

①成型前 24h，应将试验所用材料（水泥、砂、石及拌合水等）放入 (20±5)℃ 的成型室。

②混凝土搅拌宜采用机械拌合。

③混凝土一次装入试模，用捣棒和抹刀捣实，然后在振动台上振动 30s，直至表面泛浆

为止。

④混凝土试件的制作和成型应符合 GB/T 50081 有关要求。试件的尺寸应为 75mm × 75mm × 275mm。

⑤试件成型后带模一起送入 (20 ± 2)℃、相对湿度在 95% 以上的标准养护室中，在混凝土初凝前 1～2h，对试件抹面，要求沿模口抹平并编号。

(3) 试件的养护及测量应按以下步骤进行：

①试件在标准养护室中养护 (24 ± 4)h 后脱模，脱模时应特别小心不要损伤测头，并尽快测量试件的基准长度。待测试件应用湿布盖好，以防干燥。

②试件的基准长度测量应在 (20 ± 2)℃ 的恒温室中进行。每个试件至少重复测试两次，取两次测值的平均值作为该试件的基准长度值。

③测量后将试件放入养护盒中，盖严盒盖，并放入 (38 ± 2)℃ 的养护室或养护箱里养护。

④试件的龄期以测定基准长度后算起，测量龄期为 1 周、2 周、4 周、8 周、13 周、18 周、26 周、39 周和 52 周，以后可半年测一次。每次测量的前一天，应将养护盒从 (38 ± 2)℃ 的养护室中取出，放入 (20 ± 2)℃ 的恒温室中，恒温 (24 ± 4)h。试件各龄期的测量与测量基准长度的方法相同，测量完毕后，将试件调头放入养护盒中，盖好盒盖，将养护盒放回 (38 ± 2)℃ 的养护室中继续养护至下一测试龄期。

⑤每次测量时，应对试件进行观察，有无裂缝、变形、渗出物及反应产物等，并做详细记录。必要时可以在长度测试周期全部结束后，辅以岩相分析，综合判断试件内部结构和产物。

4. 试验结果计算和处理应按以下规定执行。

(1) 试件的膨胀率应按下式计算 (精确至 0.001%)，以 3 个试件测值的平均值作为某一龄期膨胀率的测定值：

$$\varepsilon_t = \frac{L_t - L_0}{L_0 - 2\Delta} \times 100 \tag{4-83}$$

式中 $\varepsilon_t$ ——试件在 $t$ 天龄期的膨胀率，%，精确至 0.001%；

$L_t$ ——试件在 $t$ 天龄期的长度，mm；

$L_0$ ——试件的基准长度，mm；

$\Delta$ ——测头的长度，mm。

(2) 试验精度应符合下述要求：当平均膨胀率小于 0.02% 时，同一组试件中单个试件之间的膨胀率的差值 (最高值与最低值之差) 不应超过 0.008%；当平均膨胀率大于 0.02% 时，同一组试件中单个试件的膨胀率的差值 (最高值与最低值之差) 不应超过平均值的 40%。

(3) 当试件在 52 周的测试龄期内的膨胀率超过 0.04% 时，或者膨胀率虽小于 0.04%，但试验周期已经达到 52 周 (一年)，则可以结束试验。

## 4.6 混凝土外加剂性能试验

现代混凝土技术几乎已经离不开混凝土外加剂,混凝土外加剂理所当然地成为混凝土原材料中除水泥、砂、石和水之外的第五种组分。混凝土外加剂的本征性能主要包括固体含量、密度、细度、pH值、表面张力、氯离子含量、硫酸钠含量、还原糖含量、碱含量等,其试验方法可参见GB/T 8077。混凝土外加剂从微观、亚微观层次改变了硬化混凝土的结构,从而大大改善了新拌混凝土和硬化混凝土的性能。本节主要介绍掺加外加剂后的混凝土的拌合物性能和硬化混凝土性能,以此来检验和表征混凝土外加剂的性能。

### 4.6.1 采用标准

《混凝土外加剂》(GB 8076—2008)。

### 4.6.2 试验方法

#### 4.6.2.1 材料

1. 水泥

混凝土外加剂用基准水泥技术条件:

基准水泥是检验混凝土外加剂性能的专用水泥,是由符合下列品质指标的硅酸盐水泥熟料与二水石膏共同粉磨而成的42.5强度等级的P.I型硅酸盐水泥。基准水泥必须由经中国建材联合会混凝土外加剂分会与有关单位共同确认具备生产条件的工厂供给。

(1) 品质指标(除满足42.5强度等级硅酸盐水泥技术要求外)

①熟料中铝酸三钙($C_3A$)含量6%~8%。

②熟料中硅酸三钙($C_3S$)含量55%~60%。

③熟料中游离氧化钙($f$-CaO)含量不得超过1.2%。

④水泥中碱($Na_2O + 0.658K_2O$)含量不得超过1.0%。

⑤水泥比表面积$(350 \pm 10)m^2/kg$。

(2) 试验方法

①游离氧化钙、氧化钾和氧化钠的测定按GB/T 176测定。

②水泥比表面积按GB/T 8074的方法测定。

③铝酸三钙和硅酸三钙含量由熟料中氧化钙、二氧化硅、三氧化二铝和三氧化二铁含量,按下式计算得:

$$C_3S = 3.80 \cdot SiO_2(3KH - 2) \quad (4-84)$$

$$C_3A = 2.65 \cdot (Al_2O_3 - 0.64Fe_2O_3) \quad (4-85)$$

$$KH = \frac{CaO - f\text{-}CaO - 1.65Al_2O_3 - 0.35Fe_2O_3}{2.80SiO_2} \times 100 \quad (4-86)$$

式中 $C_3S$、$C_3A$、$SiO_2$、$Al_2O_3$、$Fe_2O_3$ 和 $f$-CaO——分别表示该成分在熟料中所占的质量百分数;

$KH$——石灰饱和系数。

2. 砂

符合 GB/T 14684 中Ⅱ区要求的中砂，但细度模数为 2.6~2.9，含泥量小于 1%。

3. 石子

符合 GB/T 14685 要求的公称粒径为 5~20mm 的碎石或卵石，采用二级配，其中 5~10mm 占 40%，10~20mm 占 60%，满足连续级配要求，针片状物质含量小于 10%，空隙率小于 47%，含泥量小于 0.5%。如有争议，以碎石结果为准。

4. 水

符合 JGJ 63 混凝土拌合用水的技术要求。

5. 外加剂

需要检测的外加剂。

#### 4.6.2.2 配合比

基准混凝土配合比按 JGJ 55 进行设计。掺非引气型外加剂的受检混凝土和其对应的基准混凝土的水泥、砂、石的比例相同。配合比设计应符合以下规定：

1. 水泥用量：掺高性能减水剂或泵送剂的基准混凝土和受检混凝土的单位水泥用量为 360kg/m³；掺其他外加剂的基准混凝土和受检混凝土单位水泥用量为 330kg/m³。

2. 砂率：掺高性能减水剂或泵送剂的基准混凝土和受检混凝土的砂率均为 43%~47%；掺其他外加剂的基准混凝土和受检混凝土的砂率为 36%~40%；但掺引气减水剂或引气剂的受检混凝土的砂率应比基准混凝土的砂率低 1%~3%。

3. 外加剂掺量：按生产厂家指定掺量。

4. 用水量：掺高性能减水剂或泵送剂的基准混凝土和受检混凝土的坍落度控制在（210±10）mm，用水量为坍落度在（210±10）mm 时的最小用水量；掺其他外加剂的基准混凝土和受检混凝土的坍落度控制在（80±10）mm。

用水量包括液体外加剂、砂、石材料中所含的水量。

#### 4.6.2.3 混凝土搅拌

采用符合 JG 3036 要求的公称容量为 60L 的单卧轴式强制搅拌机。搅拌机的拌合量应不少于 20L，不宜大于 45L。

外加剂为粉状时，将水泥、砂、石、外加剂一次投入搅拌机，干拌均匀，再加入拌合水，一起搅拌 2min。外加剂为液体时，将水泥、砂、石一次投入搅拌机，干拌均匀，再加入掺有外加剂的拌合水一起搅拌 2min。

出料后，在铁板上用人工翻拌至均匀，再行试验。各种混凝土试验材料及环境温度均应保持在（20±3）℃。

#### 4.6.2.4 试件制作及试验所需试件数量

1. 试件制作

混凝土试件制作及养护按 GB/T 50080 中相关规定进行，但混凝土预养温度为（20±3）℃。

2. 项目及数量

试验项目及所需数量见表 4-19。

表 4-19 试验项目及所需数量

| 项目 | | 外加剂类别 | 试验类别 | 试验所需数量 | | | |
|---|---|---|---|---|---|---|---|
| | | | | 混凝土拌合批数 | 每批取样数量 | 掺外加剂混凝土总取样数目 | 受检混凝土总取样数目 |
| 减水率 | | 除早强剂、缓凝剂外各种外加剂 | 混凝土拌合物 | 3 | 1次 | 3次 | 3次 |
| | | | | 3 | 1个 | 3个 | 3个 |
| 泌水率比 | | 各种外加剂 | | 3 | 1个 | 3个 | 3个 |
| 含气量 | | | | 3 | 1个 | 3个 | 3个 |
| 凝结时间差 | | | | 3 | 1个 | 3个 | 3个 |
| 1h经时变化量 | 坍落度 | 高性能减水剂、泵送剂 | 硬化混凝土 | 3 | 6、9或12块 | 18、27或36块 | 18、27或36块 |
| | 含气量 | 引气剂、引气减水剂 | | | | | |
| 抗压强度比 | | 各种外加剂 | 硬化混凝土 | 3 | 1块 | 3块 | 3块 |
| 收缩率比 | | | | 3 | 1块 | 3块 | 3块 |
| 相对耐久性 | | 引气减水剂、引气剂 | 硬化混凝土 | 3 | 1块 | 3块 | 3块 |

注：1. 试验时，检验同一种外加剂的三批混凝土的制作宜在开始试验一周内的不同日期完成。对比的基准混凝土和受检混凝土应同时成型。
2. 试验龄期中抗压强度比测 1d、3d、7d、28d，相对耐久性测 28d。
3. 试验前后应仔细观察试样，对有明显缺陷的试样和试验结果都应舍去。

**4.6.2.5 混凝土拌合物性能试验方法**

1. 坍落度和坍落度 1h 经时变化量测定

每批混凝土取一个试样。坍落度和坍落度 1h 经时变化量均以三次试验结果的平均值表示。三次试验的最大值和最小值与中间值之差有一个超过 10mm 时，将最大值和最小值一并舍去，取中间值作为该批的试验结果；最大值和最小值与中间值之差均超过 10mm 时，则应重做。坍落度及坍落度 1h 经时变化量测定值以 mm 表示，结果表达修约到 5mm。

（1）坍落度测定方法参见 GB/T 50080。

（2）坍落度 1h 经时变化量测定。

当要求测定此项时，应将搅拌的混凝土留下足够一次混凝土坍落度的试验数量，并装入用湿布擦过的试样筒内，容器加盖，静置至 1h（从加水搅拌时开始计算），然后倒出，在铁板上用铁锹翻拌至均匀后，再按照坍落度测定方法测定坍落度。计算出机时和 1h 之后的坍落度之差值，即得到坍落度的经时变化量。

坍落度 1h 经时变化量按下式计算：

$$\Delta Sl = Sl_0 - Sl_{1h} \tag{4-87}$$

式中 $\Delta Sl$——坍落度经时变化量，单位为毫米，mm；
$Sl_0$——出机时测得的坍落度，单位为毫米，mm；
$Sl_{1h}$——1h 后测得的坍落度，单位为毫米，mm。

## 2. 减水率测定

减水率为坍落度基本相同时，基准混凝土和受检混凝土单位用水量之差与基准混凝土单位用水量之比。减水率按下式计算，应精确到0.1%。

$$W_R = \frac{W_0 - W_1}{W_0} \times 100 \tag{4-88}$$

式中 $W_R$——减水率，用百分数表示，%；

$W_0$——基准混凝土单位用水量，单位为公斤每立方米，$kg/m^3$；

$W_1$——受检混凝土单位用水量，单位为公斤每立方米，$kg/m^3$。

$W_R$以三批试验的算术平均值计，精确到1%。若三批试验的最大值或最小值中有一个与中间值之差超过中间值的15%时，则把最大值与最小值一并舍去，取中间值作为该组试验的减水率。若有两个测值与中间值之差均超过15%时，则该批试验结果无效，应该重做。

## 3. 泌水率比测定

泌水率比按下式计算，应精确到1%。

$$R_B = \frac{B_t}{B_c} \times 100 \tag{4-89}$$

式中 $R_B$——泌水率比，用百分数表示，%；

$B_t$——受检混凝土泌水率，用百分数表示，%；

$B_c$——基准混凝土泌水率，用百分数表示，%。

泌水率的测定和计算方法如下：

先用湿布润湿容积为5L的带盖筒（内径为185mm，高200mm），将混凝土拌合物一次装入，在振动台上振动20s，然后用抹刀轻轻抹平，加盖以防水分蒸发。试样表面应比筒口边低约20mm。自抹面开始计算时间，在前60min，每隔10min用吸液管吸出泌水一次，以后每隔20min吸水一次，直至连续三次无泌水为止。每次吸水前5min，应将筒底一侧垫高约20mm，使筒倾斜，以便于吸水。吸水后，将筒轻轻放平盖好。将每次吸出的水都注入带塞量筒，最后计算出总的泌水量，精确至1g，并按式（4-90）、式（4-91）计算泌水率：

$$B = \frac{V_W}{(W/G)G_W} \times 100 \tag{4-90}$$

$$G_W = G_1 - G_0 \tag{4-91}$$

式中 $B$——泌水率，用百分数表示，%；

$V_W$——泌水总质量，单位为克，g；

$W$——混凝土拌合物的用水量，单位为克，g；

$G$——混凝土拌合物的总质量，单位为克，g；

$G_W$——试样质量，单位为克，g；

$G_1$——筒及试样质量，单位为克，g；

$G_0$——筒质量，单位为克，g。

试验时，从每批混凝土拌合物中取一个试样，泌水率取三个试样的算术平均值，精确到0.1%。若三个试样的最大值或最小值中有一个与中间值之差大于中间值的15%，则把最大值与最小值一并舍去，取中间值作为该组试验的泌水率；如果最大值和最小值与中间值之差均大于中间值的15%时，则应重做。

4. 含气量和含气量1h经时变化量的测定

试验时，从每批混凝土拌合物取一个试样，含气量以三个试样测值的算术平均值来表示。若三个试样中的最大值或最小值中有一个与中间值之差超过0.5%时，将最大值与最小值一并舍去，取中间值作为该批的试验结果；如果最大值与最小值与中间值之差均超过0.5%，则应重做。含气量和1h经时变化量测定值精确到0.1%。

（1）含气量测定

按《普通混凝土拌合物性能试验方法标准》GB/T 50080中用气水混合式含气量测定仪，并按仪器说明进行操作，但混凝土拌合物应一次装满并稍高于容器，用振动台振实15~20s。

（2）含气量1h经时变化量测定

当要求测定此项时，将按照本试验中4.6.2.3搅拌的混凝土留下足够一次含气量试验的数量，并装入用湿布擦过的试样筒内，容器加盖，静置至1h（从加水搅拌时开始计算），然后倒出，在铁板上用铁锹翻拌均匀后，再按照含气量测定方法测定含气量。计算出机时和1h之后的含气量之差值，即得到含气量的经时变化量。

含气量1h经时变化量按下式计算：

$$\Delta A = A_0 - A_{1h} \tag{4-92}$$

式中 $\Delta A$——含气量经时变化量，用百分数表示，%；

$A_0$——出机后测得的含气量，用百分数表示，%；

$A_{1h}$——1h后测得的含气量，用百分数表示，%。

5. 凝结时间差测定

凝结时间差按下式计算：

$$\Delta T = T_t - T_c \tag{4-93}$$

式中 $\Delta T$——凝结时间之差，单位为分钟，min；

$T_t$——受检混凝土的初凝或终凝时间，单位为分钟，min；

$T_c$——基准混凝土的初凝或终凝时间，单位为分钟，min。

凝结时间采用贯入阻力仪测定，仪器精度为10N，凝结时间测定方法如下：

将混凝土拌合物用5mm（圆孔筛）振动筛筛出砂浆，拌匀后装入上口内径为160mm，下口内径为150mm，净高150mm的刚性不渗水的金属圆筒，试样表面应略低于筒口约10mm，用振动台振实约3~5s，置于（20±2）℃的环境中，容器加盖。一般基准混凝土在成型后3~4h，掺早强剂的在成型后1~2h，掺缓凝剂的在成型后4~6h开始测定，以后每0.5h或1h测定一次，但在临近初、终凝时，可以缩短测定间隔时间。每次测点应避开前一次测孔，其净距为试针直径的2倍，但至少不小于15mm，试针与容器边缘之距离不小于25mm。测定初凝时间用截面积为100mm²的试针，测定终凝时间用20mm²的试针。

测试时，将砂浆试样筒置于贯入阻力仪上，测针端部与砂浆表面接触，然后在（10±2）s内均匀地使测针贯入砂浆（25±2）mm深度。记录贯入阻力，精确至10N，记录测量时间，精确至1min。贯入阻力按下式计算，精确到0.1MPa。

$$R = \frac{P}{A} \tag{4-94}$$

式中 $R$——贯入阻力值,单位为兆帕,MPa;
$P$——贯入深度达 25mm 时所需的净压力,单位为牛顿,N;
$A$——贯入阻力仪试针的截面积,单位为平方毫米,$mm^2$;

根据计算结果,以贯入阻力值为纵坐标,测试时间为横坐标,绘制贯入阻力值与时间关系曲线,求出贯入阻力值达 3.5MPa 时,对应的时间作为初凝时间;贯入阻力值达 28MPa 时,对应的时间作为终凝时间。从水泥与水接触时开始计算凝结时间。

试验时,每批混凝土拌合物取一个试样,凝结时间取三个试样的平均值。若三批试验的最大值或最小值之中有一个与中间值之差超过 30min,把最大值与最小值一并舍去,取中间值作为该组试验的凝结时间。若两测值与中间值之差均超过 30min 组试验结果无效,则应重做。凝结时间以 min 表示,并修约到 5min。

#### 4.6.2.6 混凝土性能试验方法

1. 抗压强度比测定

抗压强度比以掺外加剂混凝土与基准混凝土同龄期抗压强度之比表示,按下式计算,精确到 1%。

$$R_f = \frac{f_t}{f_c} \times 100 \tag{4-95}$$

式中 $R_f$——抗压强度比,用百分数表示,%;
$f_t$——受检混凝土的抗压强度,单位为兆帕,MPa;
$f_c$——基准混凝土的抗压强度,单位为兆帕,MPa。

受检混凝土与基准混凝土的抗压强度按《普通混凝土力学性能试验方法标准》GB/T 50081 规定的方法进行试验和计算。试件制作时,用振动台振动 15~20s。试件预养温度为 $(20\pm3)$℃。试验结果以三批试验测值的平均值表示,若三批试验中有一批的最大值或最小值与中间值的差值超过中间值的 15%,则把最大值与最小值一并舍去,取中间值作为该批的试验结果;如有两批测值与中间值的差均超过中间值的 15%,则试验结果无效,应该重做。

2. 收缩率比测定

收缩率比以 28d 龄期时受检混凝土与基准混凝土的收缩率的比值表示,按下式计算:

$$R_\varepsilon = \frac{\varepsilon_t}{\varepsilon_c} \times 100 \tag{4-96}$$

式中 $R_\varepsilon$——收缩率比,用百分数表示,%;
$\varepsilon_t$——受检混凝土的收缩率,用百分数表示,%;
$\varepsilon_c$——基准混凝土的收缩率,用百分数表示,%。

受检混凝土及基准混凝土的收缩率按《普通混凝土长期性能和耐久性试验方法》GBJ 82 规定的方法测定和计算。试件用振动台成型,振动 15~20s。

每批混凝土拌合物取一个试样,以三个试样收缩率比的算术平均值表示,计算精确 1%。

3. 相对耐久性试验

按 GBJ 82 相关规定进行，试件采用振动台成型，振动 15~20s，标准养护 28d 后进行冻融循环试验（快冻法）。

相对耐久性指标是以掺外加剂混凝土冻融 200 次后的动弹性模量是否不小于 80% 来评定外加剂的质量。每批混凝土拌合物取一个试样，相对动弹性模量以三个试件测值的算术平均值表示。

## 4.7 高强高性能混凝土用矿物外加剂试验

### 4.7.1 采用标准

《高强高性能混凝土用矿物外加剂》(GB/T 18736—2002)。

### 4.7.2 试验方法

1. 本方法适用于高强高性能混凝土用磨细矿渣、磨细粉煤灰、磨细天然沸石和硅灰及其复合的矿物外加剂。

2. 氧化镁、三氧化硫、烧失量：按 GB/T 176 进行。

3. 氯离子：按 JC/T 420 进行。

4. 硅灰中二氧化硅分析

(1) 标准试剂：

①盐酸：36%～38%；

②硫酸：95%～98%；

③氢氟酸：40%；

④无水碳酸钠；

⑤动物胶：1%。

在分析中用体积比表示试剂稀释程度，例如：盐酸(1+2)表示1份体积的浓盐酸与2份体积的水相混合。

(2) 分析步骤：

1) 将试样在 105～110℃烘干。

2) 称取 0.5g 试样于预先放入 3～4g 无水碳酸钠的铂坩埚中，搅拌均匀，送入预热至800℃的高温炉中，升温至1000℃熔融30min（空白置于近炉门处，到温度后可先取出），坩埚取出后立即倾斜放置，冷却。将坩埚置于250mL烧杯中，加入60mL冷的盐酸(1+2)，待熔块脱离坩埚后，用水洗净坩埚，并用橡皮擦棒擦净，置于水浴上蒸发至湿盐状。在蒸发过程中，要经常搅拌溶液，使盐类成粉末状而不呈晶状析出，取下，冷却，加入6～8mL的1%动物胶溶液，空白加5mL，充分搅匀，放置5min以上，用水冲洗杯壁，加入20mL热水，搅拌使盐类溶解，待沉淀沉降后趁热过滤，烧杯中沉淀全部转移入漏斗中，用2%温热盐酸洗涤至无铁离子，再用水洗涤两次。

3) 将沉淀连同滤纸放在铂坩埚中，低温灰化，在1000℃灼烧30～50min，干燥器中冷却，称重，再灼烧20～30min，直至恒量。然后沉淀用水润湿，加4滴硫酸(1+1)和5mL氢氟酸蒸发至冒三氧化硫白烟，最后在小电炉上使白烟冒尽。坩埚及残渣在950℃灼烧20min 称量。用差减法计算结果。

5. 吸铵值测定方法

(1) 标准试剂

①氯化铵溶液：1mol/L；

②氯化钾溶液：1mol/L；

③硝酸铵溶液：0.005mol/L：
④硝酸银溶液：5%；
⑤NaOH 标准溶液：0.1mol/L：
⑥甲醛溶液：38%；
⑦酚酞酒精溶液：1%。

(2) 测定仪器
①干燥器：$\phi 30 \sim \phi 40$cm；
②电炉：300~500W；
③烧杯：150mL；
④锥形瓶：250~300mL；
⑤漏斗：$\phi 10 \sim \phi 20$cm，附中速定性滤纸；
⑥滴定管：50mL，最小刻度 0.1mL；
⑦分析天平：200g，感量 0.1mg。

(3) 测试步骤
①取通过 80μm 方孔筛的磨细天然沸石风干样，放入干燥器中 24h 后，称取 1g 精确到 0.1mg 置于 150mL 的烧杯中，放入 100mL 的 1mol/L 的氯化铵溶液。

②将烧杯放在电热板或调温电炉上加热微沸 2h（经常搅拌，可补充水，保持杯中溶液至少 30mL）。

③趁热用中速滤纸过滤，取煮沸并冷却的蒸馏水洗烧杯和滤纸沉淀，再用 0.005mol/L 的硝酸铵淋洗至无氯离子（用黑色比色板滴两滴淋洗液，加入一滴硝酸银溶液，无白色沉淀产生，表明无氯离子）。

④移去滤液瓶，将沉淀移到普通漏斗中，用煮沸的 1mol/L 氯化钾溶液每次约 30mL 冲洗沉淀物，用一干净烧杯承接，分四次洗至 100~120mL 为止。

⑤在洗液中加入 10mL 甲醛溶液，静置 20min。

⑥在锥形洗液瓶中加入 2~8 滴酚酞指示剂，用氢氧化钠标准溶液滴定，直至微红色为终点（半分钟不褪色）记下消耗的氢氧化钠标准溶液体积。

⑦磨细天然石吸铵值计算：

$$A = \frac{M \times V \times 100}{m} \quad (4-97)$$

式中 $A$——吸铵值，mmol/100g；
$M$——NaOH 标准溶液的摩尔浓度，mol/L；
$V$——消耗有标准溶液的体积，mL；
$m$——磨细天然沸石风干样放入干燥器中 24h 的质量，g。

(4) 测试结果处理
同一样品分别进行两次测试，所得测试结果之差不得大于 3%，取平均值为试验结果。计算值取到小数 1 位，当测试结果超过允许范围时，应查找原因，重新按上述试验方法进行测试。

6. 比表面积

硅灰的比表面积用 BET 氮吸附法测定，磨细矿渣、磨细粉煤灰、磨细天然沸石采用激光粒度分析仪测定其粒度分布，并按仪器说明书给定的方法计算出比表面积。

7. 含水率

按 GB/T 176 进行。

8. 矿物外加剂胶砂需水量比及活性指数

矿物外加剂胶砂需水量及活性指数的测试方法：

（1）本方法适用于磨细矿渣、硅灰、粉煤灰、磨细天然沸石等及其复合的矿物外加剂胶砂需水量比及活性指数的测试方法。

（2）试验用仪器

采用 GB/T 17671 水泥胶砂强度检验方法（ISO 法）中所规定的试验用仪器。

（3）试验用材料

①水泥

采用的水泥为基准水泥。基准水泥必须由经中国建材联合会混凝土外加剂分会与有关单位共同确认具备生产条件的工厂供给。

②砂

符合 GB/T 17671 规定的标准砂。

③水

采用自来水或蒸馏水。

④矿物外加剂

受检的矿物外加剂。

（4）试验条件及方法

①试验条件：

试验室应符合 GB/T 17671 的规定。试验用各种材料和用具应预先放在试验室内，使其达到试验室相同的温度。

②试验方法：

a. 胶砂配比

胶砂配比见表 4-20。

表 4-20　胶砂配比

| 材料 | 基准胶砂 | 受检胶砂 | | | | 备注 |
| --- | --- | --- | --- | --- | --- | --- |
| | | 磨细矿渣 | 磨细粉煤灰 | 磨细天然沸石 | 硅灰 | |
| 水泥 | 450±2 | 225±1 | 315±1 | 405±1 | 405±1 | 表中所示为一次搅拌量 |
| 矿物外加剂 | — | 225±1 | 135±1 | 45±1 | 45±1 | |
| ISO 砂 | 1350±5 | 1305±5 | 1350±5 | 1350±5 | 1350±5 | |
| 水 | 225±1 | 使受检胶砂流动度达基准胶砂流动度值±5mm | | | | |

b. 搅拌

把水加入搅拌锅里，再加入预先混匀的水泥和矿物外加剂，把锅放置在固定架上，上升至固定位置。然后按 GB/T 17671—1999 中 6.3 进行搅拌，开动机器后，低速搅拌 30s 后，在第二个 30s 开始的同时均匀地将砂子加入。当各级砂是分装时，从最粗粒级开始，依次将所需的每级砂量加完。把机器转至高速再拌30s。停用90s，在第一个15s内用一个胶皮刮具将叶片和锅壁上的胶砂刮入锅中间，在高速下继续搅拌60s。各个搅拌阶段，时间误差应在±1s以内。水泥胶砂流动度测定参照GB/T 2419进行。

c. 试件的制备

按GB/T 17671相关规定进行。

d. 试件的养护

试件脱模前处理和养护、脱模、水中养护按GB/T 17671相关规定进行。

强度和试验龄期：试算龄期是从水泥加水搅拌开始试验时算起，不同龄期强度试验在下列时间里进行。

——72h±45min；

——7d±2h；

——>28d±8h。

(5) 结果与计算

①需水量比

根据表4-20配比，测得受检胶砂的需水量，按下式计算相应矿物外加剂的需水量之比：

$$R_w = \frac{W_t}{225} \times 100 \tag{4-98}$$

式中 $R_w$——受检胶砂的需水量比，%；

$W_t$——受检胶砂的用水量，g；

225——基准胶砂的用水量，g。

计算结果取为整数。

②矿物外加剂活性指数计算

在测得相应龄期基准胶砂和试验胶砂抗压强度后，按下式计算矿物外加剂的相应龄期的活性指数：

$$A = \frac{R_t}{R_0} \times 100 \tag{4-99}$$

式中 $A$——矿物外加剂的活性指数；

$R_t$——受检胶砂相应龄期的强度，MPa；

$R_0$——基准胶砂相应龄期的强度，MPa。

计算结果取为整数。

9. 总碱量

按GB/T 176进行。

## 4.8 水泥和混凝土用粒化高炉矿渣微粉检测

### 4.8.1 采用标准

《用于水泥和混凝土中的粒化高炉矿渣粉》（GB/T 18046—2008）。

### 4.8.2 试验方法

1. 本方法适用于做水泥混合材和混凝土掺合料的粒化高炉矿渣粉。
2. 组分和材料

（1）矿渣

符合 GB/T 203 规定的粒化高炉矿渣。

（2）石膏

符合 GB/T 5483 中规定的 G 类或 M 类二级（含以上的）石膏或混合石膏。

（3）助磨剂

符合 JC/T 667 的规定，其加入量不应超过矿渣粉质量的 0.5%。

3. 技术要求

矿渣粉应符合表 4-21 的规定。

表 4-21 矿渣粉技术要求

| 项目 | | | 级别 | | |
|---|---|---|---|---|---|
| | | | S105 | S95 | S75 |
| 密度（g/cm³） | | ≥ | 2.8 | | |
| 比表面积（m²/kg） | | ≥ | 500 | 400 | 300 |
| 活性指数（%） | 7d | ≥ | 95 | 75 | 55 |
| | 28d | | 105 | 95 | 75 |
| 流动度比（%） | | ≥ | 95 | | |
| 含水量（质量分数）（%） | | ≤ | 1.0 | | |
| 三氧化硫（质量分数）（%） | | ≤ | 4.0 | | |
| 氯离子（质量分数）（%） | | ≤ | 0.06 | | |
| 烧失量（质量分数）（%） | | ≤ | 3.0 | | |
| 玻璃体含量（质量分数）（%） | | ≥ | 85 | | |
| 放射性 | | | 合格 | | |

4. 试验方法

（1）烧失量

按 GB/T 176 进行，但灼烧时间为 15~20min。

矿渣粉在灼烧过程中由于硫化物的氧化引起的误差，可通过式（4-100）、式（4-101）进行校正：

$$w_{O_2} = 0.8 \times (w_{灼SO_3} - w_{未灼SO_3}) \tag{4-100}$$

式中 $w_{O_2}$——矿渣粉灼烧过程中吸收空气中氧的质量分数,%;
$w_{灼SO_3}$——矿渣灼烧后 $SO_3$ 质量分数,%;
$w_{未灼SO_3}$——矿渣未灼烧时的 $SO_3$ 质量分数,%。

$$X_{校正} = X_{测} + w_{O_2} \tag{4-101}$$

式中 $X_{校正}$——矿渣粉校正后的烧失量（质量分数）,%;
$X_{测}$——矿渣粉试验测得的烧失量（质量分数）,%。

(2) 三氧化硫

按 GB/T 176 进行。

(3) 氯离子

按 JC/T 420 进行。

(4) 密度

按 GB/T 208 进行。

(5) 比表面积

按 GB/T 8074 进行。

(6) 活性指数及流动度比

①方法原理

a. 测定试验样品和对比样品的抗压强度，采用两种样品同龄期的抗压强度之比评价矿渣粉活性指数。

b. 测定试验样品和对比样品的流动度，两者流动度之比评价矿渣粉流动度比。

②样品

a. 对比样品：符合 GB 175 规定的强度等级为 42.5 的硅酸盐水泥或普通硅酸盐水泥，且 7d 抗压强度 35MPa，28d 抗压强度 50~60MPa，比表面 300~400m²/kg，$SO_3$ 含量（质量分数）2.3%~2.8%，碱含量（$Na_2O + 0.658K_2O$）（质量分数）0.5%~0.9%。

b. 试验样品：由对比水泥和矿渣粉按质量比 1:1 组成。

③试验方法及计算

a. 砂浆配比

对比胶砂和试验胶砂配比见表 4-22。

表 4-22 砂浆配比

| 砂浆种类 | 水泥（g） | 矿渣粉（g） | 中国 ISO 标准砂（g） | 水（mL） |
|---|---|---|---|---|
| 对比砂浆 | 450 | — | 1350 | 225 |
| 试验砂浆 | 225 | 225 | 1350 | 225 |

b. 砂浆搅拌

按 GB/T 17671 进行。

c. 矿渣粉活性指数试验及计算

分别测定对比胶砂和试验胶砂的 7d、28d 抗压强度。

矿渣粉 7d 活性指数按下式计算，计算结果保留至整数：

$$A_7 = \frac{R_7 \times 100}{R_{07}} \tag{4-102}$$

式中 $A_7$——矿渣粉 7d 活性指数,%；

$R_{07}$——对比胶砂 7d 抗压强度，MPa；

$R_7$——试验胶砂 7d 抗压强度，MPa。

矿渣粉 28d 活性指数按下式计算，计算记过保留至整数：

$$A_{28} = \frac{R_{28} \times 100}{R_{028}} \tag{4-103}$$

式中 $A_{28}$——矿渣粉 28d 活性指数,%；

$R_{028}$——对比胶砂 28d 抗压强度，MPa；

$R_{28}$——试验胶砂 28d 抗压强度，MPa。

d. 矿渣粉的流动度对比试验

按表 4-22 胶砂配比和 GB/T 2419 进行试验，分别测定对比胶砂和试验胶砂的流动度，矿渣粉的流动度按式（4-104）计算，计算结果保留至整数：

e. 矿渣粉的流动度比按式（4-104）计算，计算结果取整数。

$$F = \frac{L \times 100}{L_0} \tag{4-104}$$

式中 $F$——矿渣粉流动度比,%；

$L_0$——对比样品胶砂流动度，mm；

$L$——试验样品胶砂流动度，mm。

（7）含水量

①原理

将矿渣粉放入规定温度的烘干箱内烘至恒重，以烘干前和烘干后的质量之差与烘干前的质量之比确定矿渣粉的含水量。

②仪器

a. 烘干箱：可控制温度不低于 110℃，最小分度值不大于 2℃；

b. 天平：量程不小于 50g，最小分度值不大于 0.01g。

③试验步骤

a. 称取矿渣粉试样约 50g，准确至 0.01g，倒入蒸发皿中。

b. 将烘干箱温度调整并控制在 105~110℃。

c. 将矿渣粉试样放入烘干箱内烘干，取出后放在干燥器中冷却至室温后称量，准确至 0.01g，至恒重。

④结果计算

含水量按下式计算，计算结果保留至 0.1%。

$$w = \frac{(w_1 - w_0) \times 100}{w_1} \tag{4-105}$$

式中 $w$——矿渣粉含水量（质量分数）,%；

$w_1$——烘干前试样的质量，g；

$w_0$——烘干后试样的质量，g。

(8) 玻璃体含量

①原理

根据粒化高炉矿渣微粉 X 射线衍射图中玻璃体部分的面积与底线上面积之比为玻璃体含量。

②仪器

a. X 射线衍射仪（铜靶）：功率大于 3kW，试验条件：管流≥40mA，管压≥37.5kV；

b. 电子天平：量程不小于 10g，最小分度值不大于 0.001g；

c. 电热干燥箱：温度控制范围（105±5）℃。

③试验步骤

a. 在烘箱中烘干矿渣粉样品 1h。用玛瑙研钵研磨，使其全部通过 80μm 方孔筛，以每分钟等于或小于 1°（2θ）的扫描速度，扫描试样 0.237～0.404nm 晶面区间（2θ = 22.0°～38.0°）。

b. 衍射图谱曲线上 1°（2θ）衍射角的线性距离不小于 10mm，0.404～0.237nm 晶面间的空间（d-空间）最强衍射峰的高度应大于 100mm。

注：扫描范围扩大到 10°～60°时，可搜索到杂质存在，通过杂质的主要峰值可以辨析其主要成分，并和玻璃体含量一起报告。

④图谱处理

在 0.237～0.404nm 晶面区间（2θ = 22.0°～38.0°）的空间在峰底画一直线代表背底。计算中仅考虑线性底部上方空间区域的面积。

0.237～0.404nm 范围内，在衍射强度曲线的震荡中点画一直线，尖锐衍射峰代表晶体部分，其余为玻璃体部分，在纸上把衍射峰轮廓和玻璃体区域剪下并分别称重，精确至 0.001g。

注：允许通过计算机软件直接测量相应的面积。

⑤计算

按下式测定玻璃体含量，取整数。

$$w_{\text{glass}} = \frac{w_{\text{gp}}}{w_{\text{gp}} + w_{\text{cp}}} \times 100 \tag{4-106}$$

式中 $w_{\text{glass}}$——矿渣粉玻璃体含量（质量分数），%；

$w_{\text{gp}}$——代表样品中玻璃体的纸质量，g；

$w_{\text{cp}}$——代表样品中晶体部分的纸质量，g。

(9) 放射性

按 GB 6566 进行，其中放射性试验样品为矿渣粉和硅酸盐水泥按质量比 1:1 混合制成。

## 4.9 水泥和混凝土用粉煤灰检测

### 4.9.1 采用标准

《用于水泥和混凝土中的粉煤灰》(GB/T 1596—2005)。

### 4.9.2 试验方法

1. 本方法适用于拌制混凝土和砂浆时作为掺合料的粉煤灰及水泥生产中作为活性混合材料的粉煤灰。

2. 分类

按煤种分成 F 类和 C 类。

(1) F 类粉煤灰——由无烟煤或烟煤煅烧收集的粉煤灰。

(2) C 类粉煤灰——由褐煤或次烟煤煅烧收集的粉煤灰,其氧化钙含量一般大于10%。

3. 等级

拌制混凝土和砂浆用粉煤灰分为三个等级:Ⅰ级、Ⅱ级、Ⅲ级。

4. 技术要求

(1) 拌制混凝土和砂浆用粉煤灰应符合表 4-23 中技术要求

表 4-23 拌制混凝土和砂浆用粉煤灰技术要求

| 项目 | | 技术要求 | | |
|---|---|---|---|---|
| | | Ⅰ级 | Ⅱ级 | Ⅲ级 |
| 细度(45方孔筛筛余),不大于(%) | F 类粉煤灰 | 12.0 | 25.0 | 45.0 |
| | C 类粉煤灰 | | | |
| 需水量比,不大于(%) | F 类粉煤灰 | 95 | 105 | 115 |
| | C 类粉煤灰 | | | |
| 烧失量,不大于(%) | F 类粉煤灰 | 5.0 | 8.0 | 15.0 |
| | C 类粉煤灰 | | | |
| 含水量,不大于(%) | F 类粉煤灰 | 1.0 | | |
| | C 类粉煤灰 | | | |
| 三氧化硫,不大于(%) | F 类粉煤灰 | 3.0 | | |
| | C 类粉煤灰 | | | |
| 游离氧化钙,不大于(%) | F 类粉煤灰 | 1.0 | | |
| | C 类粉煤灰 | | | |
| 安定性(雷氏夹沸煮后增加距离),不大于(mm) | C 类粉煤灰 | 5.0 | | |

（2）水泥活性混合材料用粉煤灰应符合表4-24中技术要求

表4-24 水泥活性混合材料用粉煤灰技术要求

| 项目 | | 技术要求 |
|---|---|---|
| 烧失量，不大于（%） | F类粉煤灰 | 8.0 |
| | C类粉煤灰 | |
| 含水量，不大于（%） | F类粉煤灰 | 1.0 |
| | C类粉煤灰 | |
| 三氧化硫，不大于（%） | F类粉煤灰 | 3.5 |
| | C类粉煤灰 | |
| 游离氧化钙，不大于（%） | F类粉煤灰 | 1.0 |
| | C类粉煤灰 | 4.0 |
| 安定性（雷氏夹沸煮后增加距离），不大于（mm） | C类粉煤灰 | 5.0 |
| 强度活性指数，不小于（%） | F类粉煤灰 | 70.0 |
| | C类粉煤灰 | |

（3）放射性

合格。

（4）碱含量

粉煤灰中的碱含量按 $Na_2O+0.658K_2O$ 计算值表示，当粉煤灰用于活性骨料混凝土，要限制合料的碱含量时，由买卖双方协商确定。

（5）均匀性

以细度（45μm方孔筛筛余）为考核依据，单一样品的细度不应超过前10个样品细度平均值的最大偏差，最大偏差范围由买卖双方协商确定。

5. 试验方法

（1）细度

①范围

本方法规定了粉煤灰细度试验用负压筛析仪的结构和组成，适用于粉煤灰细度的试验。

②原理

利用气流作为筛分的动力和介质，通过旋转的喷嘴喷出的气流作用使筛网里的待测粉状物料呈流态化，并在整个系统负压的作用下，将细颗粒通过筛网抽走，从而达到筛分的目的。

③仪器设备

a. 负压筛析仪：负压筛析仪主要由45μm方孔筛、筛座、真空源和收尘器等组成，其中45μm方孔筛内径为 $\phi$150mm，

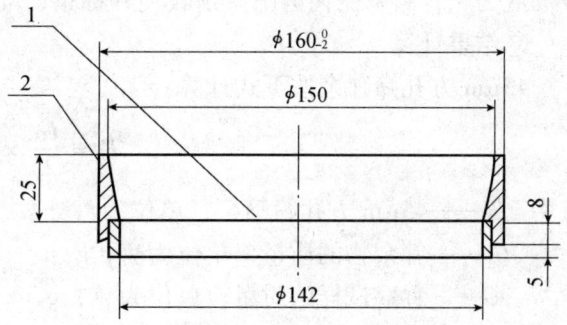

图4-45 45μm方孔示意图（单位：mm）
1—筛网；2—筛框

高度为25mm，45μm方孔筛及负压筛析仪筛座结构示意图如图4-45、图4-46所示。

b. 天平：量程不小于50g，最小分度值不大于0.01g。

④试验步骤

a. 将测试用粉煤灰样品置于温度为105～110℃烘干箱内烘至恒重，取出放在干燥器中冷却至室温。

b. 称取试样约10g，准确至0.01g，倒入45μm方孔筛筛网上，将筛子置于筛座上，盖上筛盖。

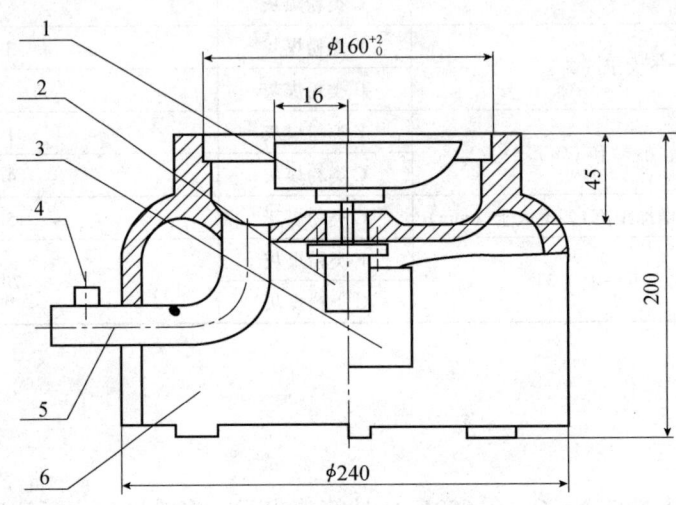

图4-46　筛座示意图（单位：mm）

1—喷气嘴；2—微电机；3—控制板开口；4—负压表接口；5—负压源及收尘器接口；6—壳体

c. 接通电源，将定时开关固定在3min，开始筛析。

d. 开始工作后，观察负压表，使负压稳定在4000～6000Pa。若负压小于4000Pa，则应停机，清理收尘器中的积灰后再进行筛析。

e. 在筛析过程中，可用轻质木棒或硬橡胶棒轻轻敲打筛盖，以防吸附。

f. 3min后筛析自动停止，停机后观察筛余物，如出现颗粒成球、粘筛或有细颗粒沉积在筛框边缘，用毛刷将细颗粒轻轻刷开，将定时开关固定在手动位置，再筛析1～3min直至筛分彻底为止，将筛网内的筛余物收集并称量，准确至0.01g。

⑤结果计算

45μm方孔筛筛余按下式计算：

$$F = \frac{G_1}{G} \times 100\% \tag{4-107}$$

式中　$F$——45μm方孔筛筛余，单位为百分数，%；

$G_1$——筛余物的质量，单位为克，g；

$G$——称取试样的质量，单位为克，g。

计算至0.1%。

⑥筛网的校正

筛网的校正采用粉煤灰细度标准样品或其他同等级标准样品，测定标准样品的细度，筛网校正系数按下式计算：

$$K = \frac{m_0}{m}$$  (4-108)

式中　$K$——筛网校正系数；

　　　$m_0$——标准样品筛余标准值，单位为百分数，%；

　　　$m$——标准样品筛余实测值，单位为百分数，%。

　　　计算至0.1。

注1：筛网校正系数范围为0.8~1.2。

注2：筛析150个样品后进行筛网的校正。

（2）需水量比

①范围

本方法规定了粉煤灰的需水量比试验方法，适用于粉煤灰的需水量比测定。

②原理

按 GB/T 2419 测定试验胶砂和对比胶砂的流动度，以二者流动度达到130~140mm时的加水量之比确定粉煤灰的需水量比。

③材料

a. 水泥：GSB 14—1510 强度检验用水泥标准样品。

b. 标准砂：符合 GB/T 17671 规定的0.5~1.0mm的中级砂。

c. 水：洁净的饮用水。

④仪器设备

a. 天平：量程不小于1000g，最小分度值不大于1g；

b. 搅拌机：符合 GB/T 17671 规定的行星式水泥胶砂搅拌机；

c. 流动度跳桌：符合 GB/T 2419 规定。

⑤试验步骤

a. 胶砂配比见表4-25。

表4-25　胶砂配比

| 胶砂种类 | 水泥（g） | 粉煤灰（g） | 标准砂（g） | 加水量（mL） |
| --- | --- | --- | --- | --- |
| 对比胶砂 | 250 | — | 750 | 125 |
| 试验胶砂 | 175 | 75 | 750 | 按流动度达到130~140mm调整 |

b. 试验胶砂按 GB/T 17671 规定进行搅拌。

c. 搅拌后的试验胶砂按 GB/T 2419 测定流动度，当流动度在130~140mm范围内，记录此时的加水量；当流动度小于130mm或大于140mm时，重新调整加水量，直至流动度达到130~140mm为止。

⑥结果计算

需水量比按下式计算：

$$X = \frac{L_1}{125} \times 100$$  (4-109)

式中 $X$——需水量比,单位为百分数,%；

$L_1$——试验胶砂流动度达到 130～140mm 时的加水量,单位为毫升,mL；

125——对比胶砂的加水量,单位为毫升,mL。

计算至 1%。

(3) 烧失量、三氧化硫、游离氧化钙和碱含量

按 GB/T 176 进行。

(4) 含水量

①原理

将粉煤灰放入规定温度的烘干箱内烘干至恒重,以烘干前和烘干后的质量之差与烘干前的质量之比确定粉煤灰的含水量。

②仪器设备

a. 烘干箱：可控制温度不低于 110℃,最小分度值不大于 2℃。

b. 天平：量程不小于 50g,最小分度值不大于 0.01g。

③试验步骤

a. 称取粉煤灰试样约 50g,准确至 0.01g,倒入蒸发皿中。

b. 将烘干箱温度调整并控制在 105～110℃。

c. 将粉煤灰试样放入烘干箱内烘至恒重,取出放在干燥器中冷却至室温后称量,准确至 0.01g。

④结果计算

含水量按下式计算：

$$W = \frac{w_1 - w_0}{w_1} \times 100 \tag{4-110}$$

式中 $W$——含水量,单位为百分数,%；

$w_1$——烘干前试样的质量,单位为克,g；

$w_0$——烘干后试样的质量,单位为克,g。

计算至 0.1%。

(5) 安定性

试验样品按对比样品和被检验粉煤灰以 7:3 质量比混合而成,安定性试验按 GB/T 1346 进行。

(6) 活性指数

①原理

按 GB/T 176 测定试验胶砂和对比胶砂的抗压强度,以二者抗压强度之比确定试验胶砂的活性指数。

②材料

a. 水泥：GSB 14—1510 强度检验用水泥标准样品；

b. 标准砂：符合 GB/T 17671 规定的中国 ISO 标准砂；

c. 水：洁净的饮用水。

③仪器设备

天平、搅拌机、振实台或振动台、抗压强度试验机等均应符合 GB/T 17671 规定。

④试验步骤

a. 胶砂配比见表 4-26。

表 4-26 胶砂配比

| 胶砂种类 | 水泥（g） | 粉煤灰（g） | 标准砂（g） | 水（mL） |
|---|---|---|---|---|
| 对比胶砂 | 450 | — | 1350 | 225 |
| 试验胶砂 | 315 | 135 | 1350 | 225 |

b. 将对比胶砂和试验胶砂分别按 GB/T 17671 规定进行搅拌、试体成型和养护。

c. 试体养护至 28d，按 GB/T 17671 规定分别测定对比胶砂和试验胶砂的抗压强度。

⑤结果计算

活性指数按下式计算：

$$H_{28} = \frac{R}{R_0} \times 100 \tag{4-111}$$

式中 $H_{28}$——活性指数，单位为百分数，%；

$R$——试验胶砂 28d 抗压强度，单位为兆帕，MPa；

$R_0$——对比胶砂 28d 抗压强度，单位为兆帕，MPa。

计算至 1%。

注：对比胶砂 28d 抗压强度也可取 GSB 14—1510 强度检验用水泥标准样品给出的标准值。

（7）放射性

按 GB 6566 进行。

（8）均匀性

按本节细度试验中的规定进行。

## 4.10 预应力高强混凝土管桩用硅砂粉试验

### 4.10.1 采用标准

《预应力高强混凝土管桩用硅砂粉》（JC/T 950—2005）。

### 4.10.2 试验方法

1. 本方法适用于采用压蒸养护工艺生产预应力高强混凝土管桩用硅砂粉。
2. 原材料
（1）建筑用砂或破碎后的石英石

二氧化硅含量大于 90.0% 的建筑用砂或破碎后的石英石，其含泥量及有害物质含量应符合 GB/T 14684 规定的 I 类砂的要求，且不得采用未经淡化的海砂。

（2）助磨剂

粉磨时允许加入助磨剂，其加入量不得大于硅砂粉质量的 1%，助磨剂的质量应符合 JC/T 667 的规定。助磨剂在使用前必须进行试验验证，不得对压蒸养护工艺生产预应力高强混凝土管桩产生有害的影响。

3. 技术要求

硅砂粉的质量应符合表 4-27 的规定。

**表 4-27 硅砂粉的质量要求**

| 项　目 | 技术指标 |
| --- | --- |
| 含水率（%） | ≤1.0 |
| 比表面积（$m^2/kg$） | 400～500 |
| 密度（$g/cm^3$） | ≥2.6 |
| 烧失量（%） | ≤1.5 |
| 氯离子（%） | ≤0.02 |
| 二氧化硅（%） | ≥190.0 |

4. 试验方法

（1）含水率

①方法原理

在 105～110℃ 的恒温下将硅砂粉的附着水烘干，从而测定硅砂粉的含水量。

②试验步骤

用分析天平（称量 200g，感量 0.1mg）准确称取 5g 硅砂粉试样（$m_{11}$），置于已知质量的瓷坩埚（$m_{10}$）中，放入 105～110℃ 的恒温控制的烘干箱中烘 2h，取出坩埚置于干燥器中冷却至室温，称量（$m_{12}$）。

③结果计算

硅砂粉的含水率按下式计算，试验结果精确到 0.1%。

$$W = \frac{m_{11} - (m_{12} - m_{10})}{m_{12} - m_{10}} \times 100 \tag{4-112}$$

式中 $W$——硅砂粉的含水率，单位为百分数，%；

$m_{10}$——瓷坩埚的质量，单位为克，g；

$m_{11}$——烘干前试样的质量，单位为克，g；

$m_{12}$——烘干后试样的质量及瓷坩埚的质量，单位为克，g。

（2）比表面积

按 GB/T 8074 进行。

（3）密度

按 GB/T 208 进行。

（4）烧失量

①试验步骤

a. 将铂坩埚置于高温炉中，在950℃的温度下灼烧1h，稍冷后置于干燥器中用分析天平（称量200g，感量0.1mg）称量，反复灼烧，直至恒重（$m_{20}$）。

b. 准确称取在105~110℃烘干过的试样约1g（$m_{21}$），放入已灼烧至恒重的铂坩埚中，在950~1000℃的温度下灼烧45min。

c. 取出铂坩埚置于干燥器中冷却至室温（约30min），称量，反复灼烧，直至恒重（$m_{22}$）。

②结果计算

硅砂粉的烧失量按下式计算，试验结果精确到0.1%。

$$L = \frac{m_{21} - (m_{22} - m_{20})}{m_{21}} \times 100 \tag{4-113}$$

式中 $L$——硅砂粉的烧失量，单位为百分数，%；

$m_{20}$——铂坩埚的质量，单位为克，g：

$m_{21}$——试样的质量，单位为克，g；

$m_{22}$——灼烧后试样及铂坩埚的质量，单位为克，g。

（5）氯离子

按 JC/T 420 进行。

（6）二氧化硅

①标准试剂

a. 氢氟酸：浓度40%；

b. 硫酸：95%~98%。

在分析中用体积比表示试剂稀释程度，例如：硫酸（1+1）表示1份体积的浓硫酸与1份体积的水相混合。

②分析步骤

a. 用分析天平（称量200g，感量0.1mg）准确称取硅砂粉约1g（$m_{31}$），置于铂坩埚中，在950~1000℃的温度下灼烧至恒重，称量（$m_{32}$）。

b. 将铂坩埚中的试样用少量蒸馏水润湿，加入4~5滴硫酸（1+1）及5~7mL 氢氟酸，置于通风橱内的电热板或电炉上，使之低温加热蒸发至干，取下后冷却。

c. 再加 2~3 滴硫酸（1+1）及 3~4mL 氢氟酸，继续加热蒸发至干，然后升高温度，至 $SO_3$ 白烟完全逸尽。

d. 将铂坩埚置于高温炉中，在 900℃ 的温度下灼烧 30min。取出铂坩埚置于干燥器中冷却至室温，称量，反复灼烧—冷却—称量，直至恒重（$m_{33}$）。

注：试验后一般采用焦硫酸钾清洗铂坩埚。

e. 结果计算

硅砂粉的二氧化硅含量按下式计算，试验结果精确到 0.1%。

$$S = \frac{m_{32} - m_{33}}{m_{31}} \times 100 \tag{4-114}$$

式中　$S$——硅砂粉的二氧化硅含量，单位为百分数，%；

$m_{31}$——试样的质量，单位为克，g；

$m_{32}$——灼烧后未经氢氟酸处理的试样及铂坩埚的质量，单位为克，g；

$m_{33}$——用氢氟酸处理并经灼烧后残渣及铂坩埚的质量，单位为克，g。

# 第5章 建筑结构材料与功能材料试验

## 5.1 钢筋拉伸和弯曲试验

### 5.1.1 采用标准

《金属材料 室温拉伸试验方法》(GB 228—2002)。
《金属材料 弯曲试验方法》(GB 232—1999)。
《钢筋混凝土用热轧带肋钢筋》(GB 1499.2—2007)。
《钢筋混凝土用热轧光圆钢筋》(GB 1499.1—2008)。

### 5.1.2 检验规则

**1. 取样**

钢筋应按批进行检查和验收,每批重量不大于60t。每批应由同一牌号、同一炉罐号、同一规格、同一交货状态的钢筋组成。允许由同一牌号、同一冶炼方法、同一浇铸方法的不同炉罐号组成混合批,但每批不多于6个炉罐号,各炉罐号含碳量之差不得大于0.02%,含锰量之差不大于0.15%。

拉伸试验取样原则及数量:自每批同一公称直径的钢筋中任意抽取两根,于每根钢筋距端部大于50cm处截取一段,每次取2根钢筋作试样,试样长度由下式确定:

拉伸试样长度$\geqslant 3a + 2h + L_0$,$a$——钢筋公称直径;$h$——试验机夹具夹持长度;$L_0$——原始标距。

弯曲试验取样原则及数量:自每批同一公称直径的钢筋中任意抽取两根,于每根钢筋距端部大于50cm处截取一段,每次取2根钢筋作试样,试样长度由下式确定:

弯曲试样长度$\geqslant 0.5\pi(d+a) + 140\text{mm}$,$d$——弯心直径,$\pi$取3.1。

拉伸、冷弯试验用钢筋试样不允许进行车削加工。

**2. 判定与复验**

热轧钢筋进行的两个拉伸、两个冷弯试验中,所有指标均符合标准要求,该试样对应的钢筋批判定为合格。

任何检验如有某一项试验结果不符合标准要求,则从同一批中按取样规则再取双倍数量的试样进行该不合格项目的复验。复验结果(包括该项试验所要求的任一指标)即使有一个指标不合格,则整批钢筋对于供货单位不得交付用户,对使用单位不得使用。

**3. 环境温度**

除非另有规定,试验一般在室温10~35℃范围内进行。对温度要求严格的试验,试验温度应为(23±5)℃。

### 5.1.3 拉伸试验

**1. 试验目的**

拉伸试验是测定钢筋在拉伸过程中应力和应变之间的关系曲线以及屈服点、抗拉强度和断后伸长率三个重要指标，用来评定钢材的质量。

**2. 试验设备**

（1）万能材料试验机：准确度为1级或优于1级（测力示值相对误差±1%）；为保证机器安全和试验准确，所有测量值应在试验机被选量程的20%~80%范围内。

（2）尺寸量具：公称直径小于等于10mm时，分辨力为0.01mm；大于10mm时，分辨力为0.05mm。

**3. 试验步骤**

（1）根据钢筋公称直径$d_0$确定试件的标距长度。原始标距$L_0=5d_0$，如钢筋的平行长度（夹具间非夹持部分的长度）比原始标距长许多，可在平行长度范围内用小标记、细画线或细墨线均匀划分5~10mm的等间距标记，标记一系列套叠的原始标距，便于在拉伸试验后根据钢筋断裂位置选择合适的原始标记。

（2）试验机指示系统调零。

（3）将试件固定在试验机夹头内，应确保试样受轴向拉力的作用。开动机器进行拉伸试验，直至钢筋被拉断。拉伸速率要求：屈服前，应力增加速率见表5-1规定；屈服后，平行长度的应变速率不应超过0.008/s。

表5-1 试件屈服前的应力增加速率

| 钢筋的弹性模量（N/mm²） | 应力增加速率 [N/(mm²·s)] | |
| --- | --- | --- |
| | 最小 | 最大 |
| <150000 | 2 | 20 |
| ≥150000 | 6 | 60 |

注：热轧钢筋的弹性模量约为200000N/mm²。

**4. 结果计算**

（1）强度

①从力-位移曲线图或测力盘读取不计初始瞬时效应时屈服阶段的最小力或屈服平台的恒定力（$F_{eL}$）、试验过程中的最大力（$F_m$）。初始瞬时效应含义示图如图5-1所示。

②按式（5-1）、式（5-2）分别计算屈服强度（$R_{eL}$）、抗拉强度（$R_m$）：

$$R_{eL} = F_{eL}/S_0 \tag{5-1}$$

$$R_m = F_m/S_0 \tag{5-2}$$

式中 $S_0$——钢筋的公称横截面积（表5-2），mm²；

$F_{eL}$——屈服阶段的最小力，N；

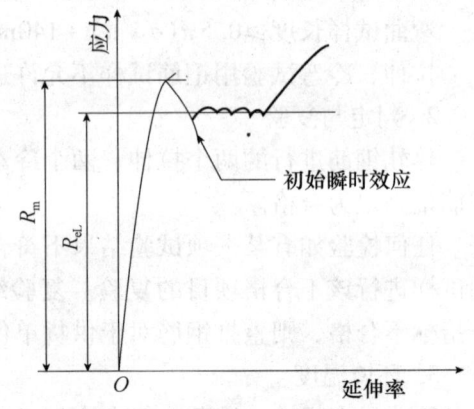

图5-1 初始瞬时效应含义示图

$F_\mathrm{m}$——试验过程中的最大力,N。

表5-2 钢筋的公称横截面积

| 公称直径(mm) | 公称横截面积(mm²) | 公称直径(mm) | 公称横截面积(mm²) |
|---|---|---|---|
| 6 | 28.27 | 22 | 380.1 |
| 8 | 50.27 | 25 | 490.9 |
| 10 | 78.54 | 28 | 615.8 |
| 12 | 113.1 | 32 | 804.2 |
| 14 | 153.9 | 36 | 1018 |
| 16 | 201.1 | 40 | 1257 |
| 18 | 254.5 | 50 | 1963 |
| 20 | 314.2 | | |

③强度数值修约至 1MPa($R \leqslant 200$MPa)、5MPa($200$MPa$< R < 1000$MPa)

也可以使用自动装置(例如微处理机等)或自动测试系统测定屈服强度和抗拉强度,而不绘制拉伸曲线图。

(2)断后伸长率测定

①选取平行长度中包含断裂处的一个 $L_0$,将试样断裂的部分仔细地配接在一起,使其轴线处于同一直线上,并确保试样断裂部分适当接触后测量试样断裂后标距 $L_\mathrm{u}$,准确到 ±0.25mm。(请注意下面③中 $L_\mathrm{u}$ 的确定原则)。

②按下式计算断后伸长率(精确至0.5%):

$$A = \frac{L_\mathrm{u} - L_0}{L_0} \times 100\% \tag{5-3}$$

式中 $A$——断后伸长率,%;

$L_\mathrm{u}$——断后标距,mm;

$L_0$——原始标距,mm。

③$L_\mathrm{u}$ 的确定原则

a. 若任取一个标距测量其 $L_\mathrm{u}$,计算断后伸长率大于或等于规定值,不管断裂位置处于何处测量均为有效。

b. 当断裂处与最接近的标距标记距离不小于原始标距的三分之一时,直接选取包含断裂处的一个标距测量其 $L_\mathrm{u}$ 为有效。

c. 当断裂处在标距点上或标距外时,则试验结果无效,应重做试验。

d. 当断裂处在上述情况以外时,可按下述移位法确定断后标距 $L_\mathrm{u}$。

在长段上,从拉断处 $O$ 点取最接近等于短段的格数,得 $B$ 点;再取长段所余格数[偶数,图5-2(a)]之半,得 $C$ 点;或者取所余格数[奇数,图5-2(b)]减1与加1之半,得 $C$ 与 $C_1$ 点。移位后的 $L_\mathrm{u}$,分别为 $AO + OB + 2BC$ 或者 $AO + OB + BC + BC_1$。

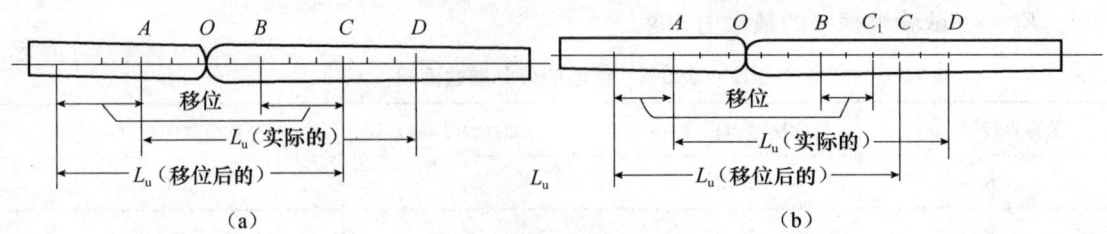

图 5-2 用移位法计算标距

### 5.1.4 冷弯试验

1. 试验目的

检查钢筋承受规定弯曲角度的弯曲变形性能。

2. 试验设备

万能材料试验机或压力试验机。

3. 试验步骤

（1）虎钳式弯曲

试样一端固定，绕弯心直径进行弯曲，如图 5-3（a）所示，试样弯曲到规定的角度或出现裂纹、裂缝或断裂为止。

（2）支辊式弯曲

①试样放置于两个支点上，将一定直径的弯心在试样的两个支点中间施加压力，使试样弯曲到规定的角度，如图 5-3（b）所示，或出现裂纹、裂缝、断裂为止。两支辊间距离 $l = (d + 3a) \pm 0.5a$，并且在试验过程中不允许有变化。

②当弯曲角度为 180°时，弯曲可一次完成试验，亦可先弯曲到图 5-3（b）所示的状态，然后放置在试验机平板之间继续施加压力，压至试样两臂平行。此时可以加与弯心直径相同尺寸的衬垫进行试验，如图 5-3（c）所示。

弯曲试验时，应缓慢施加弯曲力。

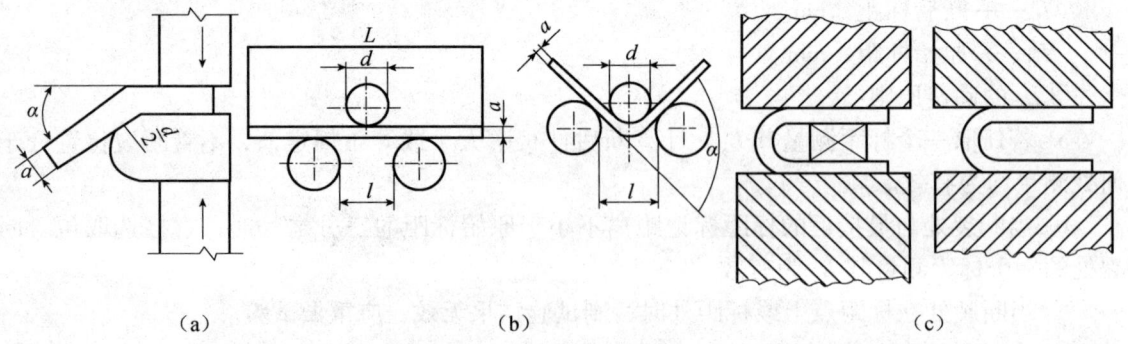

图 5-3 弯曲试验示意图

（a）虎钳式弯曲；（b）支辊式弯曲；（c）试样弯曲至两臂平行

4. 结果评定

检查试件弯曲处的外表面，若无裂纹、裂缝或裂断，则评定试样合格。

## 5.2 木材含水率和顺纹强度试验

### 5.2.1 采用标准

《木材物理力学试验方法总则》（GB/T 1928—2009）。
《木材含水率测定方法》（GB/T 1931—2009）。
《木材顺纹抗压强度试验方法》（GB/T 1935—2009）。
《木材抗弯强度试验方法》（GB/T 1936.1—2009）。
《木材顺纹抗剪强度试验方法》（GB/T 1937—2009）。
《木材顺纹抗拉强度试验方法》（GB/T 1938—2009）。

### 5.2.2 木材物理力学试验的一般规定

1. 试样制作要求和检查

试样各面均应平整，端部相对的两个边棱应与试样端面的年轮大致平行，并与另一相对的棱边相垂直，试样上不允许有明显的可见缺陷，每个试样必须清楚地写上编号。

试样制作精度，除在各项试验方法中有具体的要求外，试样各相邻面均应成准确的直角。试样长度允许误差为±1mm，宽度和厚度允许误差为±0.5mm，但在试样全长上宽度和厚度的相对偏差，应不大于0.2mm。

试样相邻面直角的准确性，用钢直角尺检查。

2. 试样含水率的调整

经气干或干燥室处理后的试条或试样毛坯所制成的试样，应置于相当于木材平衡含水率为12%的环境条件中，调整试样含水率到平衡。为满足木材平衡含水率12%环境条件的要求，当室温为（20±2）℃时，相对湿度应保持在（65±5）%；当室温低于或高于（20±2）℃时，需相应降低或升高相对湿度，以保证达到木材平衡含水率12%的环境条件。

3. 试验室要求

试验室应保持温度（20±2）℃，相对湿度（65±5）%。如试验室不能保持这种条件时，经调整含水率后的试样，送试验室时应先放入密闭容器中，试验时才取出。

4. 试验设备

（1）木材万能试验机：示值误差不得超过±1.0%。
（2）天平：称量应准确到0.001g。
（3）烘箱：应能保持在（103±2）℃。
（4）称量瓶、干燥器、钢直角尺、量角卡规（角度为106°42′）、钢尺、卡尺。

### 5.2.3 木材含水率测定

1. 试验目的

了解木材的干燥程度，进行木材标准含水率时强度的换算。

2. 试样

试样通常在需要测定含水率的试材、试条上，或在物理力学试验后的试样上，按该试方法的规定部位截取。试样尺寸约为 20mm×20mm×20mm。附在试样上的木屑、碎片等必须清除干净。

3. 试验步骤

(1) 试样截取后应立即称量，准确至 0.001g。

(2) 将同批试验取得的含水率试样，一并放入烘箱内，在 (103±2)℃ 的温度下烘 8h 后，从中选定 2~3 个试样进行第一次试称，以后每隔 2h 试称一次，至最后两次称量之差不超过试样质量的 0.5% 时，即认为试样达到全干。

(3) 将试样从烘箱中取出，放入装有干燥剂的玻璃干燥器内的称量瓶中，盖好称量瓶和干燥器盖。

(4) 试样冷却至室温后，自称量瓶中取出称量。

(5) 如试样为含有较多挥发物质（树脂、树胶等）的木材，用烘干法测定含水率会产生过大的误差时，宜改用真空干燥法测定木材的含水率。

4. 结果计算

试样的含水率按下式计算，准确至 0.1%：

$$W = \frac{m_1 - m_0}{m_0} \times 100 \tag{5-4}$$

式中　$W$——试样含水率，%；

　　　$m_1$——试样试验时的质量，g；

　　　$m_0$——试样全干时的质量，g。

### 5.2.4　抗弯强度测定

1. 试验目的

测定木材承受逐渐施加弯曲荷载的最大能力。

2. 支座要求

试验机的支座及压头的端部为半径 15mm 的半圆形，支座间的跨距为 240mm。

3. 试样尺寸为 20mm×20mm×300mm，其长度为顺纹方向。

4. 试验步骤

(1) 抗弯强度只做弦向试验，在试样长度的中央，用卡尺沿径向测量宽度 $b$，沿弦向测量高度 $h$，精确至 0.1mm。

(2) 在支座间试样中部的径面以均匀速度加荷。压头与支座间的距离为 120mm。以均匀速度加荷，或将加荷速度定位 5~10mm/min。记录破坏荷载 $P_{max}$，测定精度到 1%。

(3) 试验后，立即在试样靠近破坏处，截取约 20mm 长的木块（1 个）测定试样含水率。

5. 结果计算

试样含水率为 $W\%$ 的抗弯强度 $\sigma_{bW}$，按下式计算（精确至 0.1MPa）：

$$\sigma_{bW} = \frac{3P_{max}L}{2bh^2} \tag{5-5}$$

式中　$\sigma_{bW}$——含水率为 $W\%$ 的抗弯强度，MPa；

$P_{max}$——破坏荷载，N；

$L$——支座间跨距，mm；

$b$——试件宽度，mm；

$h$——试件高度，mm。

应按式（5-9）将含水率为 $W\%$ 的抗弯强度值换算成标准含水率（12%）时的抗弯强度（精确至 0.1MPa）。

### 5.2.5 顺纹抗压强度测定

1. 试验目的

测定木材沿纹理方向承受压力荷载的最大能力。

2. 试样尺寸为 20mm×20mm×30mm 的棱柱体，其长度为顺纹方向。

3. 试验步骤

（1）在试样长度中央测量试样厚度 $t$ 及宽度 $b$，精确至 0.1mm。

（2）将试样放置在试验机球面活动支座的中心位置，以均匀速度加荷，即试验机指针明显地退回或数字显示的荷载有明显减少为止。记录破坏荷载 $P_{max}$，允许测得精度为 100N。

（3）试验后用整个试样，立即测定其含水率。

4. 结果计算

试样含水率为 $W\%$ 的抗压强度 $\sigma_W$，按下式计算（精确至 0.1MPa）：

$$\sigma_W = \frac{P_{max}}{bt} \tag{5-6}$$

式中 $\sigma_W$——试样含水率为 $W\%$ 时的顺纹抗压强度，MPa；

$P_{max}$——破坏荷载，N；

$b$——试件宽度，mm；

$t$——试件厚度，mm。

应按式（5-9）将含水率为 $W\%$ 的顺纹抗压强度值换算成标准含水率（12%）时的顺纹抗压强度（精确至 0.1MPa）。

### 5.2.6 顺纹抗拉强度测定

1. 试验目的

测定木材沿纹理方向承受拉力荷载的最大能力。

2. 试验机夹具要求

试验机的十字头、卡头或其他夹具行程不小于 400mm，夹钳的钳口尺寸为 10~20mm 并具有球面活动接头，以保证试样沿纵轴受拉，防止纵向扭曲。

3. 试样

试样形状和尺寸如图 5-2 所示。试样纹理必须通直，年轮的切线方向应垂直于试样有效部分（指中部 60mm 长的一段）的宽面。有效部分与两端夹持部分之间的过渡弧应平滑，并与试样中心线相对称。

软质木材试样，必须在两端被夹持部分的窄面，附以 90mm×14mm×8mm 的硬木夹垫，用胶粘剂固定在试样上，如图5-4所示。硬质木材试样，可不用木夹垫。

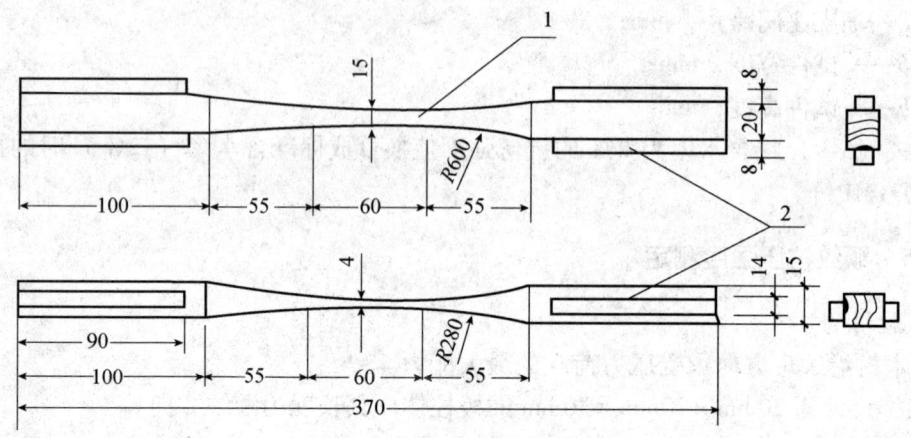

图5-4　顺纹抗拉试验
1—试样；2—木夹垫

4. 试验步骤

（1）在有效部分的中央，用卡尺测量厚度 $t$ 和宽度 $b$（精确至0.1mm）。

（2）将试样两端夹紧在试验机钳口中，使试样宽面与钳口相接触，两端靠近弧形部分露出20~25mm，竖直地安装在试验机上。

（3）试验以均匀速度加荷，在1.5~2.0min内使试样破坏。记录破坏荷载 $P_{max}$，准确至100N。如拉断处不在试样的有效部分，试验结果应予舍弃。

（4）试验后，立即对试样的有效部分选取一段，测定其含水率。

5. 结果计算

试样含水率为 $W\%$ 的顺纹抗拉强度 $\sigma'_W$，按下式计算（精确至0.1MPa）：

$$\sigma'_W = \frac{P'_{max}}{b't'} \tag{5-7}$$

式中　$\sigma'_W$——含水率为 $W\%$ 的顺纹抗拉强度，MPa；

$P'_{max}$——破坏荷载，N；

$t'$——试件有效部分厚度，mm；

$b'$——试件有效部分宽度，mm。

应按式（5-9）将含水率为 $W\%$ 的顺纹抗拉强度值换算成标准含水率（12%）时的顺纹抗拉强度（精确至0.1MPa）。

### 5.2.7　顺纹抗剪强度测定

1. 试验目的

测定木材沿纹理方向抵抗剪应力的最大能力。

2. 试样

试样形状和尺寸如图5-5所示，应使受剪面为正确的弦面或径面，长度为顺纹方向。

试样所有尺寸的允许误差，不得超过±0.5mm，试样缺角部分角度应为106°40′，应采用角规检查，允许误差为 ±20′。

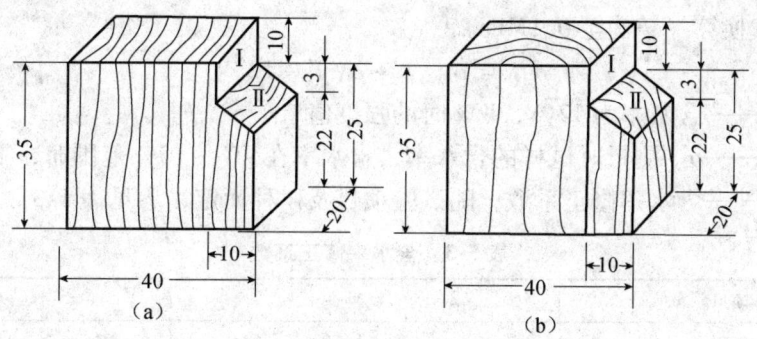

图 5-5　顺纹抗剪试样的形状与尺寸
（a）弦面抗剪试样；（b）径面抗剪试样

3. 试验步骤

（1）用卡尺测量试样受剪面的宽度 $b$ 和长度 $l$，（精确至 0.1mm）。

（2）将试样装于试验装置的垫块 3 上（图5-6），调整螺杆 4 和 5，使试样的顶端和 Ⅰ 面（图5-4）上部贴紧试验装置上部凹角的相邻两侧面，至试样不动为止。再将压块 6 置于试样斜面 Ⅱ 上，并使其侧面紧靠试验装置的主体。

（3）将装好试样的试验装置放在试验机上，使压块 6 的中心对准试验机上压头的中心位置。

（4）试验以均匀速度加荷，在 1.5~2.0min 内使试样破坏。记录破坏荷载 $P_{max}$，准确至 10N。

（5）试验后立即测定其含水率。

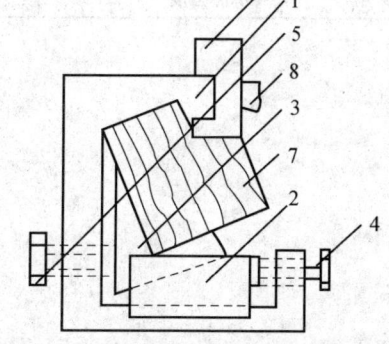

图 5-6　顺纹抗剪试验附件及试验装置
1—附件主体；2—楔块；3—斜 L 型垫块；
4，5—螺杆；6—压块；7—试样；8—圆头螺钉

4. 结果计算

试样含水率为 $W\%$ 的顺纹抗剪强度 $\tau_W$，按下式计算（精确至 0.1MPa）：

$$\tau_W = \frac{0.96 P_{max}}{bl} \tag{5-8}$$

式中　$\tau_W$——含水率为 $W\%$ 的抗剪强度，MPa；
　　　$P_{max}$——破坏荷载，N；
　　　$b$——试件受剪宽度，mm；
　　　$l$——试件受剪面长度，mm。

应按式（5-9）将含水率为 $W\%$ 的顺纹抗剪强度值换算成标准含水率（12%）时的顺纹抗剪强度（精确至 0.1MPa）。

### 5.2.8　标准含水率时强度换算

含水率对木材强度的影响很大，同一树种或不同树种的木材进行强度比较时，须将含水

率为 $W\%$ 的各项强度换算成标准含水率 12% 时的强度，才能相互比较。标准含水率时的各项强度，按下式换算（精确至 0.1MPa）：

$$\sigma_{12} = \sigma_W[1 + \alpha(W - 12)] \tag{5-9}$$

式中　$\sigma_{12}$、$\sigma_W$——含水率为 12%，$W\%$ 时的强度值；
　　　$W$——$\sigma_W$ 测量时试样的含水率，含水率在 9%~15% 范围时，上述计算有效；
　　　$\alpha$——含水率修正系数，随试验项目及树种而定，参见表 5-3。

表 5-3　含水率修正系数

| 试验项目 | 树种 | $\alpha$ |
|---|---|---|
| 顺纹抗压强度 | 所有树种 | 0.050 |
| 顺纹抗拉强度 | 阔叶树 | 0.015 |
| | 针叶树 | 0.000 |
| 抗弯强度 | 所有树种 | 0.040 |
| 顺纹抗剪强度 | 所有树种 | 0.030 |

## 5.3 烧结普通砖抗压强度试验

### 5.3.1 采用标准

《砌墙砖试验方法》（GB/T 2542—2003）。
《烧结普通砖》（GB 5101—2003）。
《砌墙砖检验规则》（JC 466—1996）。

### 5.3.2 取样方式

1. 检验批的构成

构成检验批的基本原则是尽可能使批内砖质量分布均匀，具体实施中应做到：

（1）不正常生产与正常生产的砌墙砖不能混批；
（2）原料变化或不同配料比例的砌墙砖不能混批；
（3）不同质量等级的砌墙砖不能混批。

检验批的批量宜在 3.5~15 万块范围内，但不得超过一条生产线的日产量。

2. 取样数量

进行抗压强度试验应抽取砖样 10 块。

3. 抽样方式

（1）从由随机数目确定的 10 个砖垛和砖垛中的抽样位置各抽取一块砖样，共 10 块组成一组用于抗压强度试验，或从已顺序编号经非破坏性检验（如外观质量检验）后的砖样中间隔抽取 10 块组成一组砖样。

（2）不论抽样位置上砌墙砖质量如何，不允许以任何理由以别的砖替代。抽取样品后，在样品上标志表示检验内容的编号，检验时也不允许变更检验内容。

### 5.3.3 试验设备

（1）压力试验机：示值相对误差不大于 ±1%，试件预期破坏荷载应在量程的 20%~50% 之间。

（2）切砖机或钢锯、量尺及馒刀等。

### 5.3.4 试样制备与养护

制样方法有两种：普通制样法与磨具制样法。

1. 普通制样法

（1）测定抗压强度砖样数量 10 块（样品用随机抽样法从外观质量和尺寸偏差检验后的样品中抽取）。将砖样切成两个半截砖，断开的半截砖长不得小于 100mm，如果不足 100mm，应另取备用试样补足。

（2）将已断开的半截砖放入室温的净水中浸 10~20min 后取出，并以断口相反方向叠放，两者中间抹以厚度不超过 5mm 的用 32.5 强度等级的普通硅酸盐水泥调制成稠度适宜的水泥净浆粘结，上下两面用厚度不超过 3mm 的同种水泥净浆抹平。制成的试件上下两面须相互平行，并垂直于侧面。

（3）制成的抹面试件应置于不低于10℃的不通风室内养护3d，再进行试验。

2. 磨具制样法

（1）测定抗压强度砖样数量10块（样品用随机抽样法从外观质量和尺寸偏差检验后的样品中抽取）。将砖样切成两个半截砖，断开的半截砖长不得小于100mm，如果不足100mm，应另取备用试样补足。

（2）将已断开的半截砖放入室温的净水中浸20～30min后取出，在铁丝网架上滴水20～30min，以断口相反方向装入制样模具中。用插板控制两个半砖间距为5mm，砖大面与模具间距3mm，砖断面、顶面与模具间垫以橡胶垫或其他密封材料，模具内表面涂油或脱模剂。制样模具及插板如图5-7所示。

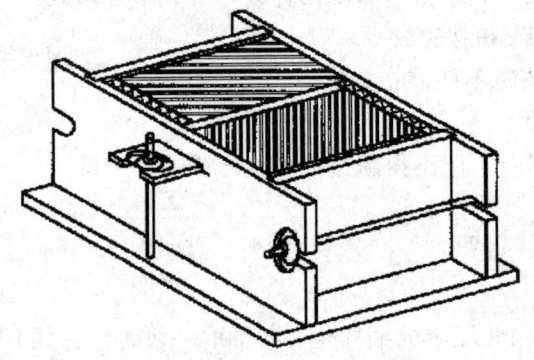
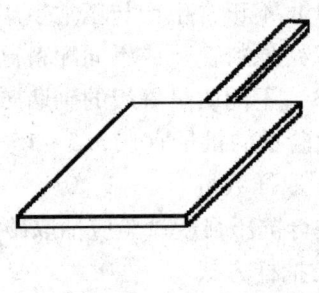

图5-7　制样模具及插板

（3）将经过1mm筛的干净细砂2%～5%与强度等级为32.5或42.5的普通硅酸盐水泥，用砂浆搅拌机调制砂浆，水灰比为0.5～0.55。

（4）将装好砖样的模具置于振动台上，在砖样上加少量水泥砂浆，接通振动台电源，边振动边向砖缝及砖模缝间加入水泥砂浆，加浆及振动过程为0.5～1min。关闭电源，停止振动，稍事静置，将模具上表面刮平整。

（5）机械制样的试件连同模具在不低于10℃的不通风室内养护24h后脱模，再在相同条件下养护48h，进行试验。

两种制样方法并行使用，仲裁检验采用模具制样。

### 5.3.5　试验步骤

（1）试验前，测量每块试件连接面的长、宽尺寸各两个，分别取其平均值，精确至1mm。

（2）将试件平放在压力机的承压板中央（图5-8），启动压力机并调整其零点后，开始加荷。加荷速度应控制在4kN/s为宜，加荷时应均匀平稳，不得发生冲击或振动，直至试件破坏为止，记录破坏荷载$P(N)$。

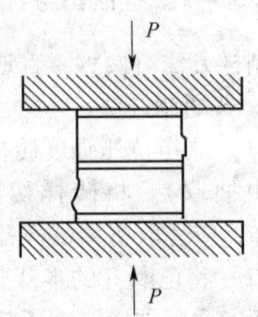

图5-8　砖的抗压强度试验示意图

### 5.3.6 结果计算与评定

(1) 每块试件的抗压强度 $R_p$ 按下式计算,精确至 0.1MPa:

$$R_p = \frac{P}{LB} \tag{5-10}$$

式中 $R_p$——砖的抗压强度,MPa;
$P$——最大破坏荷载,N;
$L$——试件受压面(连接面)的长度,mm;
$B$——试件受压面(连接面)的宽度,mm。

(2) 10 块试件的强度标准值 $f_k$,按下式计算,精确至 0.1MPa:

$$f_k = \overline{R}_p - 2.1S \tag{5-11}$$

$$S = \sqrt{\frac{1}{9}\sum_{i=1}^{10}(R_{pi} - \overline{R}_p)^2} \tag{5-12}$$

式中 $f_k$——强度标准值,MPa;
$\overline{R}_p$——10 块试件的抗压强度算术平均值,MPa;
$R_{pi}$——单块试件的抗压强度值,MPa;
$S$——10 块试件的抗压强度标准差,MPa。

试验结果以试样抗压强度的算术平均值和标准值或单块最小值表示,精确至 0.1MPa。

## 5.4 石油沥青试验

### 5.4.1 采用标准

《石油沥青取样法》(GB/T 11147—1989)。
《沥青针入度测定法》(GB/T 4509—1998)。
《沥青软化点测定法》(GB/T 4507—1999)。
《沥青延度测定法》(GB/T 4508—1999)。

### 5.4.2 取样方法

**1. 取样方式**

从桶、袋、箱中取样应在样品表面以下及容器侧面以内至少5cm处采取。若沥青是能够打碎的,则用干净的适当工具打碎后取样;若沥青是软的,则用干净的适当工具切割取样。

**2. 取样数量**

(1) 同批产品的取样数量

当能确认是同一批生产的产品时,应随机取出一件按上述取样方式取4kg供检验用。

(2) 非同批产品的取样数量

当不能确认是同一批生产的产品或按同批产品取样取出的样品,经检验不符合规格要求时,则须按随机取样的原则,选出若干件后再按上述取样方式取样,其件数等于总件数的立方根。表5-4给出了不同装载件数所要取出的样品件数。每个样品的质量应不少于0.1kg,这样取出的样品,经充分混合后取出4kg供检验用。

表5-4 石油沥青取样数量

| 装载件数 | 选取件数 |
| --- | --- |
| 2~8 | 2 |
| 9~27 | 3 |
| 28~64 | 4 |
| 65~125 | 5 |
| 126~216 | 6 |
| 217~343 | 7 |
| 344~512 | 8 |
| 513~729 | 9 |
| 730~1000 | 10 |
| 1001~1331 | 11 |

### 5.4.3 针入度测定

**1. 试验目的**

针入度反映了石油沥青的黏滞性,是评定牌号的主要依据。

2. 试验设备

(1) 针入度计（图5-9）：试验温度为25℃时，标准针、连杆与附加砝码的合重为(100±0.1)g。

(2) 标准针：硬化回火的不锈钢针，针长约50mm，直径为1.00~1.02mm。

(3) 盛样皿：金属制，圆柱形平底皿。

(4) 恒温水浴：容量不小于10L，能保持温度在试验温度的±0.1℃范围内。水中应备有一带孔的支架，位于水面下不少于100mm，距浴底不少于50mm处。

(5) 平底保温皿：容量不小于350mL。内设一个不锈钢三腿支架，能使试样皿稳定。

(6) 秒表：刻度≤0.1s。

温度计：分度为0.1℃。

筛的孔径为0.3~0.5mm。金属皿或瓷皿（熔化试样用）、砂浴（用煤气炉或电炉加热）。

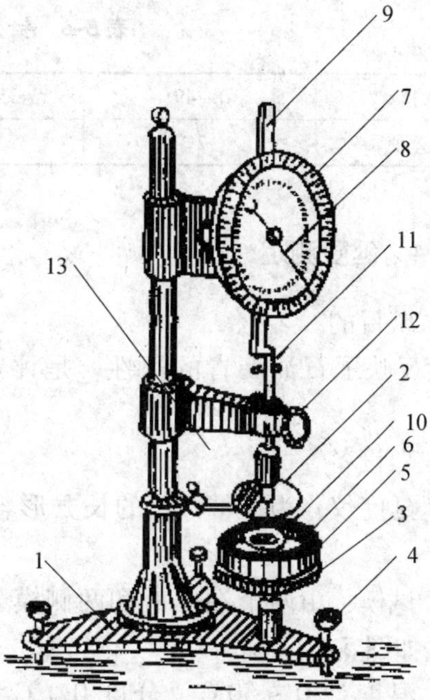

3. 准备工作

小心加热样品，不断搅拌以防局部过热，加热到使样品能够流动。加热时焦油沥青的加热温度不超过软化点的60℃，石油沥青不超过软化点的90℃。加热时间不超过30min。加热、搅拌过程避免试样中进入气泡。

图5-9 针入度计
1—底座；2—小镜；3—圆形平台；4—调平螺丝；
5—保温皿；6—试样；7—刻度盘；8—指针；9—活杆；
10—标准针；11—连杆；12—按钮；13—砝码

将试样倒入预先选好的试样皿中。试样深度应大于预计穿入深度10mm，同时将试样倒入两个试样皿。

松松盖住试样皿以防灰尘落入。在室温下冷却1~1.5h（小试样皿）或1.5~2h（大试样皿），然后将两个试样皿和平底玻璃皿一起放入恒温水浴中，水面应没过试样表面10mm以上。小皿恒温1~1.5h，大皿恒温1.5~2h。

4. 试验步骤

(1) 调节针入度计的水平，检查连杆，使能自由滑动，洗净擦干并装好标准针。

(2) 将已恒温到试验温度的试样皿和平底皿取出，放于圆形平台上，慢慢放下连杆，使针尖与试样表面恰好接触。拉下活杆使与连杆顶端接触，调节刻度盘使指针指零。

(3) 开动秒表，同时用手紧压按钮，使标准针自由地穿入沥青中，经过5s，停压按钮，使指针停止下沉。

(4) 再拉下活杆与标准针连杆顶部接触。这时刻度盘指针的读数即为试样的针入度。

(5) 同一试样重复测定至少3次，在每次测定前都应检查并调节保温皿内水温，每次调定后都应将标准针取下，用浸有溶剂（煤油、苯、汽油或其他溶剂）的布或棉花擦净，再用干布或棉花擦干。每次穿入点相互距离及与盛样皿边缘距离都不得小于10mm。

5. 结果评定

取 3 次测定针入度的平均值，取至整数作为试验结果。3 次测定的针入度值相差不应大于表 5-5 所列数值，否则试验应重做。

表 5-5　针入度测试允许最大差值　　$\frac{1}{10}$mm

| 针入度 | 0~49 | 50~149 | 150~249 | 250~350 |
| --- | --- | --- | --- | --- |
| 最大差值 | 2 | 4 | 6 | 8 |

### 5.4.4　延度测定

1. 试验目的

延度反映了石油沥青的塑性，是评定牌号的依据之一，并且能够测定沥青材料拉伸性能。

2. 仪器设备

（1）延度仪：为一带标尺的长方形容器，内装有移动速度为（5±0.5）cm/min 的拉伸滑板。

（2）试模：由两个端模 1 和两侧模 2 组成，其形状尺寸如图 5-10 所示。

（3）温度计 0~50℃，分度 0.1℃ 和 0.5℃ 各一支。

（4）瓷皿或金属皿（熔沥青用）、筛（筛孔 0.3~0.5mm）、刀（切沥青用）、金属板（附有夹紧模具的活动螺丝）、砂浴（用煤气炉或电炉加热）、甘油滑石粉隔离剂（甘油 2 份，滑石粉 1 份，以质量计）等。

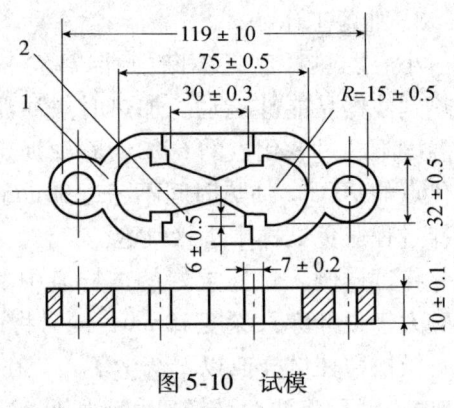

图 5-10　试模

3. 准备工作

（1）将隔离剂拌合均匀，涂于磨光的金属板上及侧模的内侧面，将试模在金属垫板上卡紧。

（2）将除去水分的试样，在砂浴上加热熔化、搅拌。石油沥青样品加热至倾倒温度的时间不超过 2h，其加热温度不得高于试样估计软化点 110℃；用筛过滤，并充分搅拌，勿使混入气泡。然后将试样自模的一端至他端往返多次，缓缓注入模中，并略高出模具。

（3）浇注好的试样在 15~30℃ 的空气中冷却 30min 后，然后放入水浴中，保持 85~90min 后取出，用热刀将高出模具部分的沥青刮去，使沥青面与模面齐平。沥青刮法应自模的中间刮至两边，表面应刮得平整光滑。将试件连同金属板浸入（25±0.1）℃ 的水浴中 1~1.5h。

（4）检查延度仪滑板的移动速度是否符合要求，然后移动滑板使其指针正对标尺的零点。保持水槽中水温为（25±0.5）℃。

4. 试验步骤

(1) 试件移至延度仪水槽中，然后将模具两端的孔分别套在滑板及槽端的金属柱上，并取下试件侧模。水面距试件表面应不少于25mm。

(2) 开动延度仪，此时仪器不得有振动，观察沥青的延伸情况。在测定时如沥青细丝浮于水面或沉于槽底时，则加入乙醇（酒精）或食盐水调整水的比重至与试样的比重相近后，再进行测定。

(3) 正常试验应将试样拉成锥形，直至在断裂时实际横断面面积接近于0。

(4) 试件拉断时指针所指标尺上的读数，即为试样的延度（以cm表示）。

5. 结果评定

取平行测定的三个结果的平均值作为测定结果。若三次测定值不在其平均值的5%以内、但其中两个较高值在平均的5%之内，则弃去最低测定值，取两个较高值的平均值作为测定结果。

### 5.4.5 软化点测定

1. 试验目的

软化点反映了石油沥青的温度稳定性，用于沥青分类，是沥青产品标准中的重要技术指标。

2. 仪器与材料

(1) 沥青软化点测定仪（包括温度计、80mL烧杯、测定架、黄铜环、套环、钢球）（图5-11）。

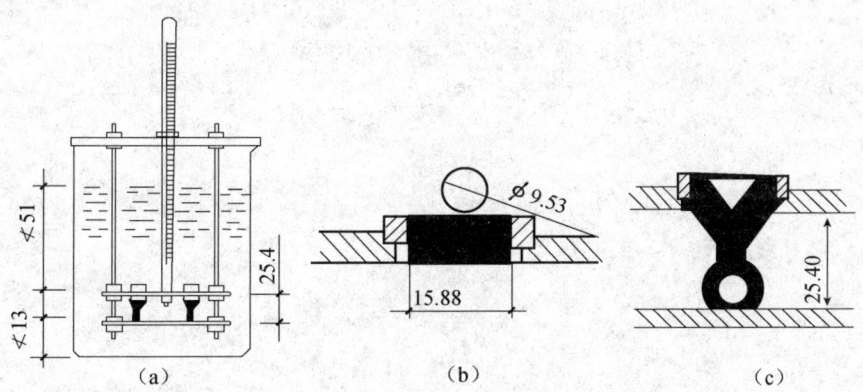

图5-11 软化点测定仪
(a) 软化点测定仪装置图；(b), (c) 试验前后钢球位置

(2) 电炉或其他加热器、金属板（一面必须磨至光洁度▽8）或玻璃板、刀（切沥青用）、筛（筛孔0.3~0.5mm）、甘油滑石粉隔离剂、新煮沸的蒸馏水、甘油。

3. 准备工作

(1) 所有石油沥青试样的准备和测试必须在6h内完成，加热至倾倒温度的时间不超过2h，其加热温度不超过预计软化点110℃。

(2) 将黄铜环置于涂有隔离剂的金属板或玻璃上，将预先脱水的试样加热熔化，搅拌、过筛后注入黄铜环内至略高于环面为止,如估计软化点在120℃以上时,应将铜环与金属板预热至80~100℃。

(3) 向每个环中倒入略过量的沥青试样,让试件在室温下至少冷却30min。对于在室温下较软的样品,应将试件在低于预计软化点10℃以上的环境中冷却30min。从开始倒试样时起至完成试验的时间不得超过240min。

(4) 当试样冷却后,用稍加热的小刀或刮刀干净地刮去多余沥青,使得每一个圆片饱满且与环的顶部齐平。

(5) 加热介质的选取遵循以下：新煮沸过的蒸馏水适于软化点为30~80℃的沥青,起始加热介质温度应为(50±1)℃；甘油适于软化点为80~157℃的沥青,起始加热介质温度应为(30±1)℃。

4. 试验步骤

(1) 从水浴或甘油保温槽中取出盛有试样的黄铜环置在环架中层板上的圆孔中,并套上套环（钢球定位用）,把整个环架放入烧杯内,调整水面或甘油液面至深度标记,环架上任何部分不得有气泡。将温度计由上层板中心孔垂直插入,使水银球与铜环下面齐平。

(2) 移烧杯至放有石棉网的三脚架上或电炉上,然后将钢球放在试样上（须使各环的平面在全部加热时间内完全处于水平状态）立即加热,使烧杯内水或甘油温度在3min后保持每分钟上升(5±0.5)℃,否则重做。

(3) 试样受热软化下坠至与下层底板面接触时的温度即为试样的软化点。

5. 结果评定

取平行测定两个结果的算术平均值作为测定结果,重复测定两个结果间的差数不得大于1.2℃。

## 5.5 沥青混合料表观密度、稳定度试验

### 5.5.1 采用标准

《公路工程沥青及沥青混合料试验规程》（JTJ 052—2000）。

### 5.5.2 试验目的

用标准击实法制作沥青混合料试样，测定沥青混合料的表观密度以及马歇尔稳定度和流值，并按组成材料原始数据计算其空隙率、沥青体积百分率、矿料间隙率和沥青饱和度等物理指标，根据沥青混合料技术标准确定沥青最佳用量。

### 5.5.3 沥青混合料的制备

1. 试验器具

（1）击实仪：能将击实锤举起，从457.2mm高度沿导向棒自由落下击实，击实锤质量4536kg。

（2）标准击实台：用以固定试模。

（3）试验室用沥青混合料拌合机：能保证拌合温度并充分拌合均匀。

（4）脱模器：可无破损地推出圆柱体试件。

（5）试模：包括内径101.6mm，高87.0mm的圆柱形钢筒、底座（直径120.6mm）和套筒（内径101.6mum，高69.8m）。

（6）烘箱：大、中型各一台。

（7）天平或电子秤：用于称量矿粉的感量不大于0.5g，用于称量沥青的感量不大于0.1g。

（8）沥青运动黏度测定设备：毛细管黏度计或赛波特重油黏度计。

（9）温度计：分度值不大于1℃。

（10）其他：插刀或大螺丝刀、电炉或煤气炉、沥青熔化锅、拌合铲、试验筛、滤纸（或普通纸）、胶布、卡尺、秒表、粉笔、棉纱等。

2. 准备工作

（1）确定制作沥青混合料试件的拌合与压实温度

①用毛细管黏度计测定沥青的运动黏度，绘制黏度 - 温度曲线。当使用石油沥青时，以运动黏度为（170±20）$mm^2/s$时的温度为拌合温度；以（280±30）$mm^2/s$时的温度为压实温度。亦可用赛氏黏度计测定赛波特黏度，以（85±10）s时的温度为拌合温度；以（140±15）s时的温度为压实温度。

②当缺乏运动黏度测定条件时，试件的拌合温度可选130~160℃，压实温度可选110~130℃。针入度小，稠度大的沥青取高限；针入度大，稠度小的沥青取低限，一般取中值。

③常温沥青混合料的拌合及压实在常温下进行。

（2）将各种规格的矿料置于（105±5）℃的烘箱中烘干至恒重，一般不少于4~6h。根据

需要，可将粗细集料过筛后，用水冲洗再烘干备用。

（3）分别测定不同粒径粗、细集料及填料（矿粉）的表观密度，并测定沥青的密度。

（4）将烘干分级的粗细集料，按每个试件设计级配成分要求称其质量，在一金属盘中混合均匀；矿粉单独加热，置烘箱中预热至沥青拌合温度以上约15℃（石油沥青通常为163℃）备用。一般按一组试件（每组3~6个）备料，但进行配合比设计时宜对每个试件分别备料。

（5）将沥青试样，用电热套或恒温烘箱熔化加热至规定的沥青混合料拌合温度备用。

（6）用沾有少许黄油的棉纱擦净试模、套筒及击实座等，并置于100℃左右烘箱中加热1h备用。

3. 混合料拌制

（1）将沥青混合料拌合机预热至拌合温度以上10℃左右备用。

（2）将每个试件预热的粗细集料置于拌合机中，用小铲适当混合，然后再加入需要数量的已加热至拌合温度的沥青，开动拌合机一边搅拌，一边将拌合叶片插入混合料中拌合1~1.5min，然后暂停拌合，加入单独加热的矿粉，继续拌合至均匀为止，并使沥青混合料保持在要求的拌合温度范围内，标准的总拌合时间为3min。

4. 试件成型

（1）将拌好的沥青混合料，均匀称取一个试件所需的用量（约1200g）。当一次拌合几个试件时，宜将其倒入经预热的金属盘中，用小铲拌合均匀分成几份，分别取用。

（2）从烘箱中取出预热的试模及套筒，用沾有少许黄油的棉纱擦拭套筒、底座及击实锤底面，将试模装在底座上（也可垫一张圆形的吸油性小的纸），按四分法从四个方向用小铲将混合料铲入试模中，用插刀沿周边插捣15次，中间10次。插捣后将沥青混合料表面整平成凸圆弧面。

（3）插入温度计，至混合料中心附近，检查混合料温度。

（4）待混合料温度符合要求的压实温度后，将试模连同底座一起放在击实台上固定（也可在装好的混合料上垫一张吸油性小的圆纸），再将装有击实锤及导向棒的压实头插入试模中，然后开启马达（或人工）将击实锤从457mm的高度自由落下击实规定的次数（75次、50次或35次）。

（5）试件击实一面后，取下套筒，将试模掉头，装上套筒，然后以同样的方式和次数击实另一面。

（6）试件击实结束后，如上下面垫有圆纸，应立即用镊子取掉，用卡尺量取试件离试模上口的高度并由此计算试件高度，如高度不符合要求时，试件应作废，并按下式调整试件的混合料数量，使高度符合（63.5±1.3）mm的要求。

$$调整后混合料质量 = 原用混合料质量 \times \frac{63.5}{所得试件的高度}$$

（7）卸去套筒的底座，将装有试件的试模横向放置冷却至室温后，置脱模机上脱出试件。将试件仔细置于干燥洁净的平面上，在室温下静置过夜（12h以上）供试验用。

### 5.5.4 沥青混合料密度试验

**1. 试验器具**

(1) 浸水天平或电子秤：有测量用的挂钩。当最大称量在 3kg 以下时，感量不大于 0.1g；最大称量 3kg 以上时，感量不大于 0.5g；最大称量 10kg 以上时，感量不大于 5g。

(2) 网篮。

(3) 溢流水箱：如图 5-12 所示，使用洁净水，有水位溢流装置，保持试件和网篮浸入水中后的水位一定。

(4) 试件悬吊装置：天平下方悬吊网篮及试件的装置，吊线应采用不吸水的细尼龙线绳，并有足够的长度。

(5) 秒表、毛巾、电扇或烘箱。

**2. 试验方法**

(1) 选择适宜的浸水天平（或电子秤），最大称量应不小于试件质量的 1.25 倍，且不大于试件质量的 5 倍。

(2) 除去试件表面的浮粒，称取干燥试件在空气中的质量（$m_a$）。

(3) 挂上网篮，浸入溢流水箱的水中，调节水位，将天平调平或复零，把试件置于网篮中（注意不要使水晃动）；待天平稳定后，立即读数，称取水中质量（$m_w$）。

若天平读数持续变化，不能在数秒钟内达到稳定，说明试件吸水较严重，不适用于此法测定，应改用表干法或封蜡法测定。

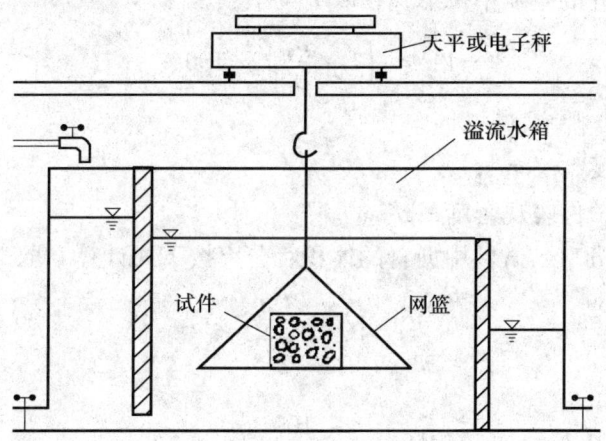

图 5-12 水中称量方法示意图

**3. 计算物理常数**

(1) 表观密度　密实的沥青混合料试件的表观密度，按下式计算（取 3 位小数）：

$$\rho_s = \frac{m_a}{m_a - m_w} \rho_w \tag{5-13}$$

式中　$\rho_s$——试件的表观密度，g/cm³；

$m_a$——干燥试件在空气中的质量，g；

$m_w$——试件在水中的质量，g；

$\rho_w$——常温水的密度，取 $1\text{g/cm}^3$。

（2）理论密度

①当试件沥青按油石比 $P_a$ 计时，试件的理论密度 $\rho_t$ 按下式计算（取 3 位小数）：

$$\rho_t = \frac{100 + P_a}{\dfrac{P_1}{\gamma_1} + \dfrac{P_2}{\gamma_2} + \cdots + \dfrac{P_n}{\gamma_n} + \dfrac{P_a}{\gamma_a}} \cdot \rho_w \qquad (5\text{-}14)$$

②当沥青按沥青含量 $P_b$ 计时，试件的理论密度 $\rho_t$ 按下式计算：

$$\rho_t = \frac{100}{\dfrac{P'_1}{\gamma_1} + \dfrac{P'_2}{\gamma_2} + \cdots + \dfrac{P'_n}{\gamma_n} + \dfrac{P'_a}{\gamma_a}} \cdot \rho_w \qquad (5\text{-}15)$$

式中　　$\rho_t$——理论密度，$\text{g/cm}^3$；

$P_1, \cdots, P_n$——各种矿料的配合比（矿料总和为 $\sum_1^n P_i = 100$）；

$P'_1, \cdots, P'_n$——各种矿料的配合比（矿料与沥青之和为 $\sum_1^n P'_i + P_b = 100$）；

$\gamma_1, \cdots, \gamma_n$——各种矿料与水的相对密度；

$P_a$——油石比（沥青与矿料的质量比），%；

$P_b$——沥青含量（沥青质量占沥青混合料总质量的百分率），%；

$\gamma_b$——沥青的相对密度（25/25℃）。

（3）空隙率　试件的空隙率按下式，取 1 位小数。

$$VV = \left(1 - \frac{\rho_s}{\rho_t}\right) \times 100\% \qquad (5\text{-}16)$$

式中　$VV$——试件的空隙率，%；

$\rho_t$——理论密度，$\text{g/cm}^3$；

$\rho_s$——实测的试件表观密度，$\text{g/cm}^3$。

（4）沥青体积百分率　试件中沥青的体积百分率按下式计算，取 1 位小数。

$$VA = \frac{P_b \rho_s}{\gamma_b \rho_w} \qquad (5\text{-}17)$$

或

$$VA = \frac{100 P_a \rho_s}{(100 + P_a)\gamma_b \rho_w} \qquad (5\text{-}18)$$

式中　$VA$——沥青混合料试件的沥青体积百分率，%。

（5）矿料间隙率　试件的矿料间隙率按下式计算，取 1 位小数。

$$VMA = VA + VV \qquad (5\text{-}19)$$

式中　$VMA$——沥青混合料试件的矿料间隙率，%。

（6）沥青饱和度　试件沥青饱和度按下式计算，取 1 位数。

$$VFA = \frac{VA}{VA + VV} \times 100\% \qquad (5\text{-}20)$$

式中　$VFA$——沥青混合料试件的沥青饱和度，%。

### 5.5.5 沥青混合料马歇尔稳定度试验

1. 试验器具

（1）沥青混合料马歇尔试验仪（图 5-13）：最大荷载不小于 25kN，测定精度 100N，加载速率应保持（50±5）mm/min，并附有测定荷载与试件变形的压力环（或传感器），流值计（或位移计）。钢球（直径 16mm）和上下压头（曲度半径为 50.8mm）等组成。

（2）恒温水槽：能保持水温于测定温度 ±1℃ 的水槽，深度不少于 150mm。

（3）真空饱水容器：由真空泵和真空干燥器组成。

（4）烘箱。

（5）天平：感量不大于 0.1g。

（6）温度计：分度 1℃。

（7）卡尺或试件高度测定器。

（8）其他：棉纱、黄油。

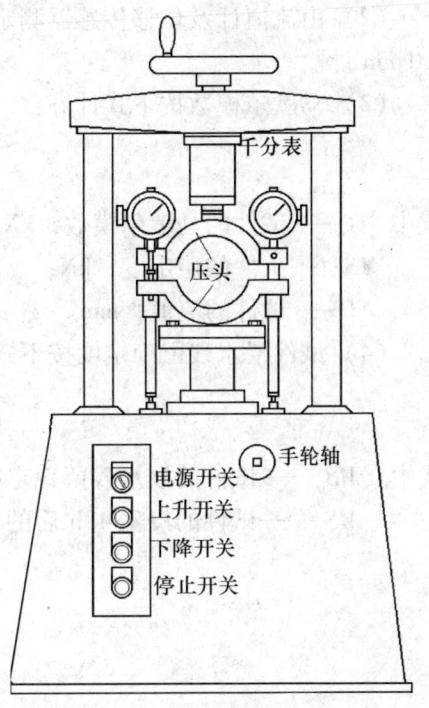

图 5-13 马歇尔试验仪

2. 标准马歇尔试验

（1）将测定密度后的试件置于（60±1）℃（石油沥青）或（37.8±1）℃（煤沥青）的恒温水槽中，试件应架起，离水槽底部不小于 5cm，如此保持温度不少于 30min。

（2）将马歇尔试验仪的上下压头放入水槽或烘箱中达到同样温度。将上下压头从水槽或烘箱中取出拭干净内面。为使上下压头滑动自如，可在下压头的导棒上涂少量黄油，再将试件取出置下压头上，盖上上压头，然后装在加载设备上。

（3）在上压头的球座上放妥钢球，并对准荷载测定装置（应力环或传感器）的压头，然后调整应力环中百分表对准零或将荷重传感器的读数复位为零。

（4）当采用压力环和流值计时，将流值测定仪安装在导棒上，使导向套管轻轻地压住上压头，同时将流值仪读数调零。

（5）启动加载设备，使试件承受荷载，加载速度为（50±5）mm/min。当试验荷载加到最大值的瞬间，取下流值计，同时读取应力环中百分表或荷载传感器读数及流值计的流值读数。

（6）从恒温水槽中取出试件至测出最大荷载值的时间，不应超过 30s。

3. 浸水马歇尔试验

浸水马歇尔试验方法是将沥青混合料试件，在规定温度［黏稠沥青混合料为（60±1）℃］的恒温水槽中保温 48h，然后测定其稳定度。其余方法与标准马歇尔试验方法相同。

4. 结果计算

（1）由荷载测定装置读取的最大值即为试样的稳定度。当用应力环百分表测定时，根据应力环标定曲线，将应力环中百分表的读数换算为荷载值，即试件的稳定度（$MS$），以 kN 计。

(2) 由流值计及位移传感器测定装置读取的试件垂直变形,即为试件的流值（$FL$）以 0.1mm 计。

(3) 马歇尔模数按下式计算：

$$T = \frac{MS}{FL} \tag{5-21}$$

式中　$T$——试件的马歇尔模数，kN/mm；
　　　$MS$——试件的稳定度，kN；
　　　$FL$——试件的流值，mm。

(4) 试件浸水残留稳定度按下式计算：

$$MS_0 = \frac{MS_1}{MS} \times 100\% \tag{5-22}$$

式中　$MS_0$——试件的浸水残留稳定度，%；
　　　$MS_1$——试件的浸水 48h 后的稳定度，kN。

## 5.6 建筑密封材料试验

### 5.6.1 采用标准

《建筑密封材料试验方法》（GB/T 13477—2002）。
《建筑密封材料术语》（GB/T 14682—2006）。

### 5.6.2 试验目的

建筑密封材料的检测包括密度、挤出性、表干时间、渗出性、下垂度、低温柔性、拉伸-压缩性、定伸粘结性、恢复率、剥离粘结性、拉伸-压缩循环性等性能测试。本节从中节选部分内容进行介绍，主要适用于以有机硅、聚硫、聚氨酯等膏状非定型密封材料的检测。

### 5.6.3 试验基材

1. 水泥砂浆基材
（1）基材尺寸：75mm×25mm×12mm。
（2）原材料
①水泥：质量符合 GB 175 的规定，强度等级 42.5。
②砂子：质量符合 GB/T 17671 的规定。
③水：蒸馏水。
（3）基材的制备
①一般规定
水泥砂浆基材表面应具有足够的内聚强度，以承受密封材料试验过程中产生的应力。与密封材料粘结的表面应无浮浆、无松动沙粒和脱模剂。
②砂浆的混合
砂浆的配合比（质量比）为水泥:砂:水=1:2:0.4，按 GB/T 17671 规定进行搅拌混合。
③制备方法一
将砂浆在 2min 内分两层填入模具，每层以约 3kHz 的频率振实，用刮刀刮平表面。在（20±1）℃和（90±5）%相对湿度环境中养护基材。
24h 后拆模，将基材在（20±1）℃的水中放置 28d。然后湿磨砂浆基材的表面，或用金刚石锯片注水锯切。取出干燥至恒重后备用。
此法制备的水泥砂浆基材表面光滑平整，允许有少量小孔。
④制备方法二
将砂浆一次填满模具，并使砂浆少许富余，按 GB/T 2419 规定用跳桌振动砂浆（30次），在（20±1）℃和（90±5）%相对湿度下放置。装模 2~3h 后修饰砂浆，除去浮沫并刮平表面，在（20±1）℃和（90±5）%相对湿度下养护。
成型约 20h 后，用金属丝刷沿长度方向用力刷基材表面，直至砂粒暴露。然后拆模并将基材放入（20±1）℃水中养护 28d，取出干燥至恒重后备用。
此法制备的水泥砂浆基材的表面粗糙，不允许有任何孔洞。

2. 玻璃基材
从公称厚度（6.0±0.1）mm、透射率 0.85 的清洁浮法玻璃板上制取基材。玻璃板的质量应符合 GB 11614 的规定。如果在试验标准中光的照射不作为影响因素的话,则其公称厚度可较大,如 8mm。

对于高模量密封材料,应提供足够增强的平板玻璃基材。

3. 阳极氧化铝基材

(1) 基材尺寸:75mm×12mm×5mm。

(2) 板材:化学成分应符合 GB/T 3190 的规定。供应状态为 T5 或 T6。

(3) 阳极氧化处理:按 GB/T 8013 进行阳极氧化处理,并符合以下要求:

①无色阳极氧化铝。

②阳极氧化膜厚度为 AA 15 或 AA 20 级。

③按 GB/T 8753 的规定,氧化膜吸附能力的损失为:染色强度不大于 2。

④氧化膜封闭质量按 GB/T 8013 检查。

### 5.6.4 密度的测定

1. 基本原理

在已知容积的金属环内填充等体积的试样,测量试样的质量。以试样的质量和体积计算密度。

2. 一般规定

试验室标准试验条件为:温度 (23±2)℃、相对湿度 (50±5)%。试验前,待测样品及所用器具应在标准条件下放置至少 24h。

3. 试验设备

(1) 金属环:如图 5-14 所示,用黄铜或不锈钢制成。高 12mm,内径 65mm,厚 2mm,环的上表面和下表面平整光滑,与上、下板密封良好。

(2) 上板和下板:用玻璃板,表面平整,与金属环密封良好。上板有 V 形缺口,上板厚度为 2mm,下板为 3mm,尺寸均为 85mm×85mm。

(3) 滴定管:容量 50mL。

(4) 天平:感量 0.1g。

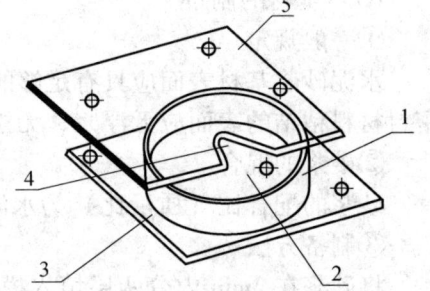

图 5-14 密度试验器具
1—铜环;2—填充试样;3—下板;
4—缺口;5—上板

4. 试验步骤

(1) 金属环容积的标定

将环置于下板中部,与下板密切接合。为防止滴定时漏水,可用密封材料等密封下板与环的接缝处,用滴定管往金属环中滴注约 23℃的水,即将满盈时盖上上板,继续滴注水,直至环内气泡消除。从滴定管的读数差求取金属环的容积 $V$(mL)。

(2) 质量的测定

把金属环置于下板中部,测定其质量 $m_0$。在环内填充试样,将试样在环和下板上填嵌密实,不得有空隙,一直填充到金属环的上部,然后用刮刀沿环上部刮平,测定质量 $m_1$。

(3) 试样体积的校正

对试样表面出现凹陷的试件应采取以下步骤进行体积校正:

将上板小心盖在填有试样的环上,上板的缺口对准试样凹陷处,用滴定管往试样表面的凹陷处滴注水，直至环内气泡全部消除。从滴定管的读数差求取试样表面凹陷处的容积$V_c$(mL)。

5. 试验结果计算

密度按式（5-23）计算，取三个试件的平均值，精确至 0.01g/cm³：

$$\rho = \frac{m_1 - m_0}{V - V_c} \tag{5-23}$$

式中　$\rho$——密度，g/cm³；

　　　$V$——金属环的容积，cm³ 或 mL；

　　　$m_0$——下板和金属环的质量，g；

　　　$m_1$——下板、金属环和试样的质量，g；

　　　$V_c$——试样凹陷处的容积，cm³ 或 mL。

### 5.6.5 使用标准器具测定密封材料挤出性的测定

1. 基本原理

利用压缩空气在规定条件下从标准器具中挤出规定体积的密封材料。对单组分密封材料，以单位时间内挤出的密封材料体积报告其挤出性；对多组分密封材料，以绘图的方法报告其适用期。

2. 一般规定

试验室标准试验条件为：温度（23±2）℃、相对湿度（50±5）%。

3. 试验设备

（1）挤出器：挤出器的试验体积约为 250mL 或 400mL，根据有关产品标准的规定或各方面的商定选用喷口，喷口挤出孔直径约为 2mm、4mm、6mm 或 10mm，采用气动进行操作。

（2）空气压缩机：配有阀门和压力表，以便将压缩空气源的压力保持在（200±2.5）kPa；配有挤出器适当连接装置。

（3）恒温箱：温度可调节至（5±2）℃。

（4）玻璃量筒：容积为 1000mL。

（5）秒表：精度为 0.1s。

（6）天平：精度为 0.1g。

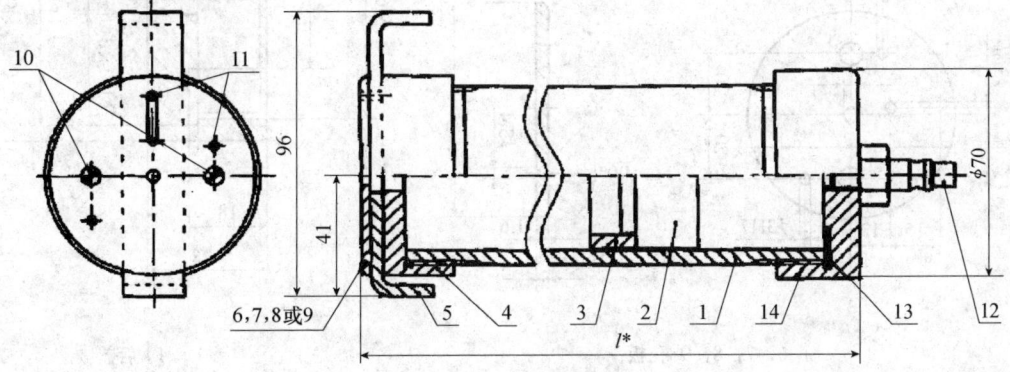

图 5-15　标准挤出器

1—挤出筒；2—活塞；3—活塞环；4—前盖；5—滑板；6，7，8，9—孔板；
10—螺钉；11—销；12—插入式管接头；13—垫圈；14—后盖

*：当试样量为 250mL 时，$l$ = 160mm。
　　当试样量为 400mL 时，$l$ = 240mm。

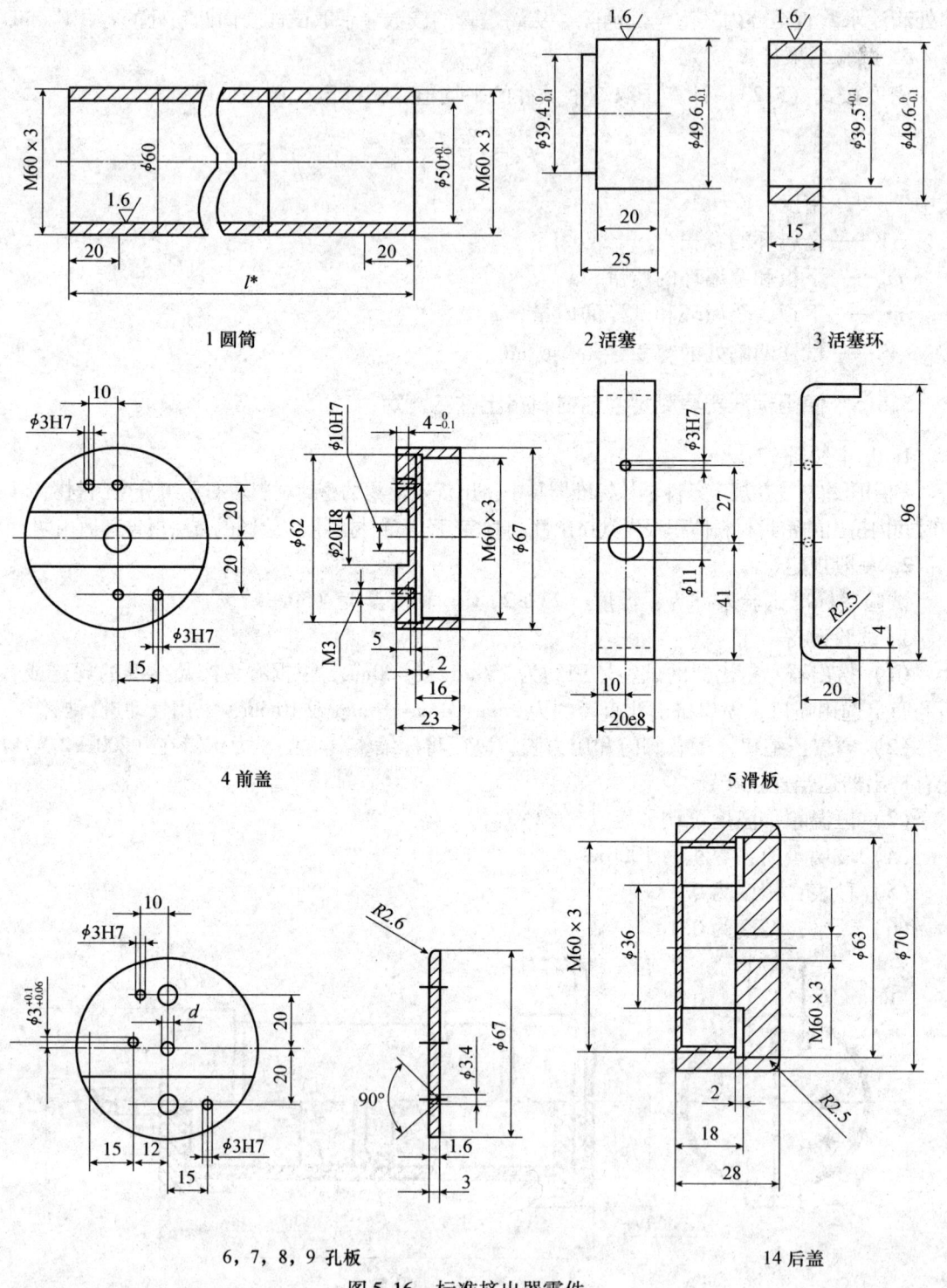

图 5-16 标准挤出器零件

**4. 试验步骤**

（1）单组分密封材料挤出性的测定

将图 5-16 所示活塞和活塞环装在一起，放入挤出筒中，活塞环的一侧朝向挤出孔。将试样填入挤出筒中,注意勿混入空气。将填满的试样表面修平,然后将前盖、滑板、孔板及后盖装在挤出筒上。

使滑板处于关闭状态,将组装好的挤出器与空压机相连接。使挤出器置于 (200±2.5)kPa 的空气压力之下,在整个试验过程中保持压力稳定。

测试之前先挤出 2~3cm 长的试样,使试样充满挤出器的挤出孔。

以 (200±2.5)kPa 的压缩空气一次挤完挤出器中的试样,同时用秒表记录所需时间。根据挤出筒的体积和所用的挤出时间计算试样的挤出率(mL/min),精确至 1mL/min。

(2) 多组分密封材料挤出性的测定

① A 法

将蒸馏水倒入带刻度的量筒中,读出水的体积。以 (200±2.5)kPa 的压缩空气从挤出筒中往盛有水的量筒中挤入大约 50mL 试样,记下所用的时间。同时读出量筒内水的体积增量,记作试样第一次挤出的体积 (mL)。第一次挤出应在各组分开始混合后 15min 时进行。

上述操作至少应重复三次,即每隔适当时间挤出大约 50mL 试样。记录每次挤出时间和挤出试样的体积,计算各次挤出率 (mL/min)。描绘出混合各次挤出时间间隔与挤出率的关系曲线,读取产品标准规定或各方商定的挤出率所对应的时间,即为适用期 (h)。

② B 法

以 (200±2.5)kPa 的压缩空气从挤出筒中挤出试样至天平上,挤出 50g~100g,记录挤出时间。称取挤出试样的质量,精确至 0.1g。然后每隔适当时间重复一次,第一次挤出应在各组分开始混合后 15min 时进行。

上述操作至少应重复三次。计算各次的挤出量 (g/min),根据试样的密度计算各次挤出率 (mL/min)。按 A 法规定求得适用期 (h)。

### 5.6.6 表干时间的测定

1. 基本原理

在规定条件下将密封材料试样填充到规定形状的模框中,用在试样表面放置薄膜或指触的方法测量其干燥程度。报告薄膜或手指上无粘附试样所需的时间。

2. 一般规定

试验室标准试验条件为:温度 (23±2)℃、相对湿度 (50±5)%。

3. 试验设备

(1) 黄铜板:尺寸 19mm×38mm,厚度约 6.4mm。

(2) 模框:矩形,用钢或铜制成,内部尺寸 25mm×95mm,外形尺寸 50mm×120mm,厚度 3mm。

(3) 玻璃板:尺寸 80mm×130mm,厚度 5mm。

(4) 聚乙烯薄膜:2张,尺寸 25mm×130mm,厚度约 0.1mm。

(5) 刮刀。

(6) 无水乙醇。

4. 试件制备

用丙酮等溶剂清洗模框和玻璃板。将模框居中放置在玻璃板上,用在 (23±2)℃下至少放置过 24h 的试样小心填满模框,勿混入空气。多组分试样在填充前应按生产厂的要求将各组分混合均匀。用刮刀刮平试样，使之厚度均匀。同时制备两个试件。

5. 试验步骤

（1）A法

将制备好的试件在标准条件下静置一定的时间，然后在试样表面纵向1/2处放置聚乙烯薄膜，薄膜上中心位置加放黄铜板。30s后移去黄铜板，将薄膜以90°角从试样表面在15s内匀速揭下。相隔适当时间在另外部位重复上述操作，直至无试样粘附在聚乙烯条上为止。记录试件成型后至试样不再粘附在聚乙烯条上所经历的时间。

（2）B法

将制备好的试件在标准条件下静置一定的时间，然后用无水乙醇擦净手指端部，轻轻接触试件上三个不同部位的试样。相隔适当时间重复上述操作，直至无试样粘附在手指上为止。记录试件成型后至试样不粘附在手指上所经历的时间。

6. 表干时间的数值

（1）表干时间少于30min时，精确至5min。

（2）表干时间在30min～1h之间时，精确至10min。

（3）表干时间在1～3h之间时，精确至30min。

（4）表干时间超过3h时，精确至1h。

### 5.6.7 流动性的测定

1. 基本原理

在规定条件下，将非下垂型密封材料填充到规定尺寸的模具中，在不同温度下以垂直或水平位置保持规定时间，报告试样流出模具端部的长度。

在规定条件下，将自流平型密封材料注入规定尺寸的模具中，以水平位置保持规定时间，报告试样表面流平情况。

2. 试验设备

（1）下垂度模具：无气孔且光滑的槽形模具，宜用阳极氧化或非阳极氧化铝合金制成（图5-17）。长度（150±0.2）mm，两端开口，其中一端底面延伸（50±0.5）mm，槽的横截面内部尺寸为：宽（20±0.2）mm，深（10±0.2）mm。其他尺寸的模具也可使用，例如宽（10±0.2）mm，深（10±0.2）mm。

（2）流平性模具：两端封闭的槽形模具，用1mm厚耐蚀金属制成（图5-18），槽的内部尺寸为150mm×20mm×15mm。

（3）鼓风干燥箱：温度能控制在（50±2）℃、（70±2）℃。

（4）低温恒温箱：温度能控制在（5±2）℃。

（5）钢板尺：刻度单位为0.5mm。

（6）聚乙烯条：厚度不大于0.5mm，宽度能遮盖下垂度模具槽内侧底面的边缘。在试验条件下，长度变化不大于1mm。

3. 试验方法

（1）下垂度的测定

将下垂度模具用丙酮等溶剂清洗干净并干燥。把聚乙烯条衬在模具底部，使其盖住模具上部边缘，并固定在外侧，然后把已在（23±2）℃下放置24h的密封材料用刮刀填入模具内，制备试件时应注意：避免形成气泡；在模具内表面上将密封材料压实；修整密封材料的表面，使其与模具的表面和末端齐平；放松模具背面的聚乙烯条。

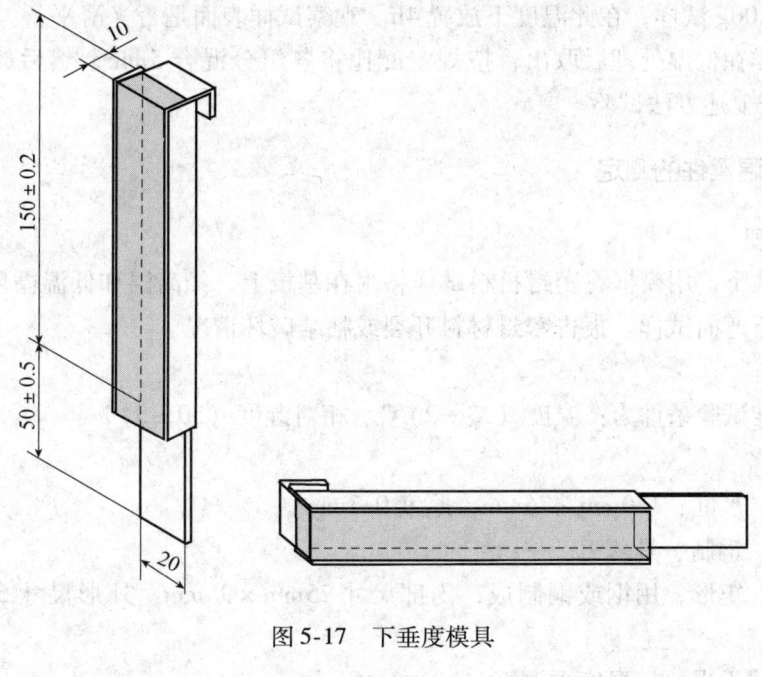

图5-17 下垂度模具

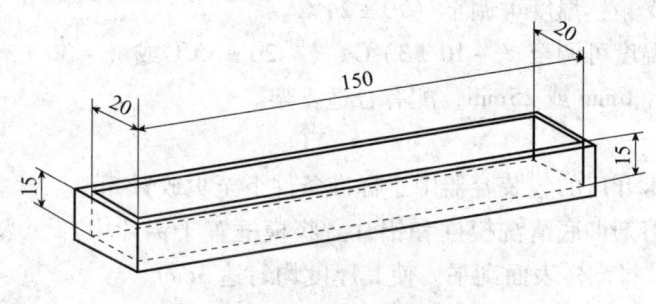

图5-18 流平性模具

对每一试验温度70℃和/或50℃和/或5℃及试验步骤A或试验步骤B，各测试一个试件：

①试验步骤A

将制备好的试件立即垂直放置在已调节至（70±2）℃和/或（50±2）℃的干燥箱和/或（5±2）℃的低温箱内，模具的延伸端向下（如图5-17左所示）。放置24h。然后从干燥箱或低温箱中取出试件。用钢板尺在垂直方向上测量每一试件中试样从底面往延伸端向下移动的距离（mm）。

②试验步骤B

将制备好的试件立即水平放置在已调节至（70±2）℃和/或（50±2）℃的干燥箱和/或（5±2）℃的低温箱内。使试样的外露面与水平面垂直（如图5-17右所示），放置24h。然后从干燥箱或低温箱中取出试件。用钢板尺在水平方向上测量每一试件中试样超出槽形模具前端的最大距离（mm）。

（2）流平性的测定

将流平性模具用丙酮溶剂清洗干净并使之干燥。然后将试样和模具在（23±2）℃下放置至少24h，每组制备一个试件。

将试样和模具在（5±2）℃的低温箱中处理16~24h。然后沿水平放置的模具的一端到另一端注入约100g试样，在此温度下放置4h。观察试样表面是否光滑平整。

多组分试样在低温处理后取出，按规定配比将各组分混合5min，然后放入低温箱内静置30min，再按上述方法试验。

### 5.6.8 低温柔性的测定

1. 基本原理

在规定条件下，用模框将密封材料试样粘附在基板上，经高温和低温循环处理后，在规定的低温条件下弯曲试样。报告密封材料开裂或粘结破坏情况。

2. 一般规定

试验室标准试验条件为：温度（23±2）℃、相对湿度（50±5）%。

3. 试验设备

（1）铝片：尺寸：130mm×76mm，厚度0.3mm。

（2）刮刀：钢制、具薄刃。

（3）模框：矩形，用钢或铜制成，内部尺寸25mm×95mm，外形尺寸50mm×120mm，厚度3mm。

（4）鼓风式干燥箱：温度可调至（70±2）℃。

（5）低温箱：温度可调至（-10±3）℃、（-20±3）℃或（-30±3）℃。

（6）圆棒：直径6mm或25mm，配有合适支架。

4. 试件制备

（1）将试样在未开口的包装容器中于标准条件下至少放置5h。

（2）用丙酮等溶剂彻底清洗模框和铝片。将模框置于铝片中部，然后将试样填入模框内，防止出现气孔。将试样表面刮平，使其厚度均匀达3mm。

（3）沿试样外缘用薄刃刮刀切割一周，垂直提起模框，使成型的密封材料粘牢在铝片上。同时制备三个试件。

5. 试件处理

（1）将试件在标准试验条件下至少放置24h。其他类型密封材料试件在标准试验条件下放置的时间应与其固化时间相当。

（2）将时间按如下温度周期处理三个循环：于（70±2）℃处理16h；与（-10±3）℃、（-20±3）℃或（-30±3）℃处理8h。

6. 试验步骤

在第三个循环处理周期结束时，使低温箱里的试件和圆棒同时处于规定的试验温度下，用手将试件绕规定直径的圆棒弯曲。弯曲时试件粘有试样的一面朝外，弯曲操作在1~2s内完成。弯曲之后立即检查试样开裂、部分分层及粘结损坏情况。微小的表面裂纹、毛细裂纹或边缘裂纹可忽略不计。

### 5.6.9 浸水后拉伸粘结性的测定

**1. 基本原理**

将待测密封材料粘结在两个平行基材的表面之间，制成试件。将试件拉伸至规定宽度，并在规定条件下保持这一拉伸状态。记录密封材料粘结或内聚的破坏情况，以及拉伸性能的应力-应变曲线。

**2. 一般规定**

试验室标准试验条件为：温度（23±2）℃、相对湿度（50±5）%。

**3. 试验设备**

（1）粘结基材：符合 GB/T 13477.1 规定的水泥砂浆板、玻璃板或铝板。用于制备试件（每个试件用两个基材），基材的形状及尺寸如图 5-19 和图 5-20 所示。

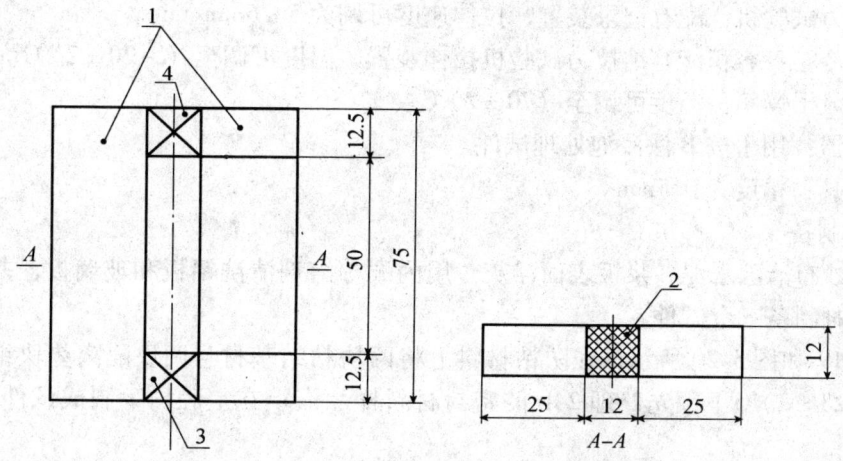

图 5-19　定伸粘结性能用试件（水泥砂浆板）
1—水泥砂浆板；2—试样；3，4—隔离垫块

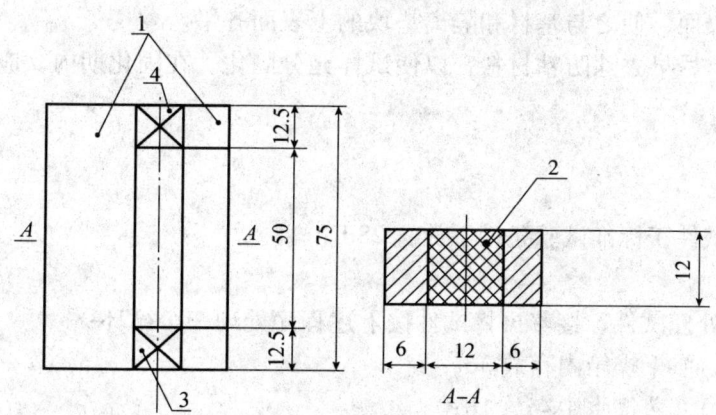

图 5-20　定伸粘结性能用试件（铝板或玻璃板）
1—水泥砂浆板；2—试样；3，4—隔离垫块

（2）隔离垫块：表面应防粘，用于制备密封材料截面为 12mm×12mm 的试件（如图

5-19和图 5-20 所示)。另应注意：如隔离垫块的材质与密封材料相粘结，其表面应进行防粘处理，如薄涂蜡层)。

(3) 防粘材料：防粘薄膜或防粘纸，如聚乙烯薄膜等，用于制备试件。

(4) 定位垫块：用于控制被拉伸的试件宽度，使试件保持绝对伸长率为 25%、60% 或 100%（表 5-6）。

表 5-6　试件拉伸后的接缝宽度

| 拉伸宽度与初始宽度之比（%） | 最终缝宽（mm） |
| --- | --- |
| 25 | 15.0 |
| 60 | 19.2 |
| 100 | 24.0 |

(5) 拉力试验机：配有记录装置，拉伸速度可调为 5~6mm/min。

(6) 制冷箱：容积能容纳拉力试验机拉伸装置，温度可调至 $(-20\pm2)℃$。

(7) 鼓风干燥箱：温度可调至 $(70\pm2)℃$。

(8) 容器：用于按 B 法浸泡处理试件。

(9) 量具：精度为 0.5mm。

4. 试件制备

用脱脂纱布清除水泥砂浆板表面浮灰。用丙酮等溶剂清洗铝板和玻璃板，并使之干燥。每种基材同时制备三个试件。

如图 5-19 和图 5-20 所示，在防粘材料上将两块粘结基材与两块隔离垫块组装成空腔。然后将在 $(23\pm2)℃$ 下预先处理 24h 的密封材料样品嵌填在空腔内，制成试件。嵌填试样时必须注意：

①避免形成气泡；

②将试样挤压在基材的粘结面上，粘结密实；

③修整试样表面，使之与基材和隔离垫块的上表面齐平。

将试件侧放，尽早去除防粘材料，以使试样充分固化。在固化期内，应使隔离垫块保持原位。

5. 试件处理

(1) A 法

将制备好的试件于标准试验条件下放置 28d。

(2) B 法

先按照 A 法处理试件，接着再将试件按下述程序处理三个循环：

①在 $(70\pm2)℃$ 干燥箱内存放 3d；

②在 $(23\pm2)℃$ 蒸馏水中存放 1d；

③在 $(70\pm2)℃$ 干燥箱内存放 2d；

④在 $(23\pm2)℃$ 蒸馏水中存放 1d。

上述程序也可以改为③—④—①—②，另外应注意：B 法是利用热和水的影响的一般处理程序，不宜给出有关密封材料耐久性的信息。

6. 试验步骤

分别在 (23±2)℃和 (-20±2)℃温度下进行定伸试验。每一温度条件下测试三个试件。在-20℃测量时，试件事先要在 (-20±2)℃温度下放置4h。

将试件除去隔离垫块，置入拉力机夹具内，以 5~6mm/min 的拉伸速度将试件拉伸至原宽度的 25%、60% 或 100%，记录应力-应变曲线。然后用相应尺寸的定位垫块插入已拉伸至规定宽度的试件中，并在相应试验温度下保持24h。

检查试件粘结或内聚破坏情况，并用精度为 0.5mm 的量具测量粘结或内聚破坏的深度 (mm)。

在-20℃试验时，应将试件从制冷箱中取出并待其融化后方能检查、测量其粘结或内聚破坏情况。

## 5.7 建筑防水涂料试验

### 5.7.1 采用标准

《建筑防水涂料试验方法》（GB/T 16777—2008）。

### 5.7.2 试验目的

测定防水涂料的物理力学性能，了解其防水性能。其中包括：耐热度、粘结性、延伸性、拉伸性、低温柔性、不透水性等的测定。

### 5.7.3 试验条件

试验室标准试验条件为：温度（23±2）℃、相对湿度（50±10）%。

严格条件可选择：温度（23±2）℃、相对湿度（50±5）%。

### 5.7.4 固含量的测定

1. 试验设备

（1）天平：感量0.001g。
（2）电热鼓风烘箱：控温精度±2℃。
（3）干燥器、培养皿等。

2. 试验步骤

将样品（对于固含量试验不能添加稀释剂）搅匀后，取（6±1）g的样品倒入已干燥称量的培养皿（$m_0$）中并铺平底部，立即称量（$m_1$），再放入加热到表5-7规定温度的烘箱中，恒温3h，取出放入干燥器中，在标准试验条件下冷却2h，然后称量（$m_2$）。对于反应型涂料，应在称量（$m_1$）后在标准试验条件下放置24h，再放入烘箱。

表5-7 涂料加热温度

| 涂料种类 | 水性 | 溶剂型、反应型 |
| --- | --- | --- |
| 加热温度（℃） | 105±2 | 120±2 |

3. 结果计算

固含量按式（5-24）进行计算，结果取两次平行试验平均值，结果精确到1%：

$$X = \frac{m_2 - m_0}{m_1 - m_0} \times 100 \tag{5-24}$$

式中  $X$——固含量（质量分数），%；
  $m_0$——培养皿质量，g；
  $m_1$——干燥前试样和培养皿质量，g；
  $m_2$——干燥后试样和培养皿质量，g。

### 5.7.5 耐热性的测定

1. 试验设备

(1) 电热鼓风烘箱：控温精度 ±2℃。

(2) 铝板：厚度不小于 2mm，面积大于 100mm×50mm，中间上部有一小孔。

2. 试验步骤

将样品搅匀后，将样品按要求分 2~3 次涂覆（每次间隔不超过 24h）在已清洁干净的铝板上，涂覆面积为 100mm×50mm，总厚度 1.5mm，最后一次刮平。养护后将铝板垂直悬挂在已调节到规定温度的电热鼓风干燥箱内，试件与干燥箱壁间的距离不小于 50mm，试件中心宜与温度及的探头在同一位置，在规定温度下放置 5h 后取出，观察表面现象。共试验 3 个试件。

3. 结果评定

试验后所有试件都不应产生流淌、滑动、滴落现象，试件表面无密集气泡。

### 5.7.6 粘结强度的测定

粘结强度的测定包括 A 法和 B 法两种，在此仅以 B 法为例进行叙述。

1. 试验设备

(1) 拉伸试验机：测量值在量程的 15%~85% 之间，示值精度不低于 1%，拉伸速度 (5±1) mm/min。

(2) 电热鼓风烘箱：控温精度 ±2℃。

(3) "8" 字形金属模具，如图 5-21 所示。

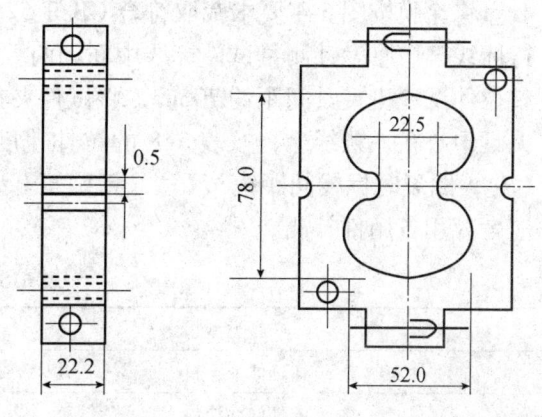

图 5-21 "8" 字形金属模具

2. 试验步骤

试验前制备好的砂浆块、工具、涂料应在标准条件下放置 24h 以上。

取 5 对砂浆块用砂纸清除表面浮浆，必要时先将涂料稀释后在砂浆块断面上打底，干燥后按要求将样品混合后搅拌 5min（单组分防水涂料样品直接使用）涂抹在成型面上，将两个砂浆块断面对接、压紧，砂浆块间涂料的厚度不超过 0.5mm。然后将制得的试件按要求养护，共需制备 5 个试件。

将试件安装在试验机上，保持试件表面垂直方向的中线与试验机夹具中心在一条线上，以 (5±1) mm/min 速度拉伸至试件破坏，记录最大拉力。

3. 结果计算

粘结强度按式（5-25）计算：

$$\sigma = \frac{F}{ab} \tag{5-25}$$

式中 $\sigma$——粘结强度，MPa；

$F$——试件的最大拉力，N；

$a$——试件粘结面的长度，mm；
$b$——试件粘结面的宽度，mm。

去除表面未被粘结住面积超过 20% 的试件，粘结强度以剩下的不少于 3 个试件的算术平均值表示，不足三个试件应重新试验，结果精确到 0.01MPa。

### 5.7.7 拉伸性能的测定

1. 试验设备

（1）拉伸试验机：测量值在量程的 15%～85% 之间，示值精度不低于 1%，伸长范围大于 500mm。

（2）电热鼓风烘箱：控温精度 ±2℃。

（3）紫外线箱：500W 直管汞灯，灯管与箱底平行，与试件表面的距离为 47～50cm。

（4）厚度计：接触面直径 6mm，单位面积压力 0.02MPa，分度值 0.01mm。

（5）氙弧灯老化试验箱：符合 GB/T 18244 要求的氙弧灯老化试验箱。

2. 试验步骤

拉伸性能测试包括无处理、热处理、碱处理、酸处理、紫外线、人工气候老化等方面，本节主要介绍无处理拉伸试验的基本方法。

将涂膜按图 5-4 要求裁取符合 GB/T 528 要求的哑铃 I 型试件，并划好间距 25mm 的平行标线，用厚度计测量试件标线中间和两端三点的厚度，取其算术平均值作为试件厚度。调整拉伸试验机夹具间距约 70mm，将试件夹在试验机上，保持试件长度方向的中线与试验机夹具中心在一条线上，按表 5-8 的拉伸速度进行拉伸至断裂，记录试件断裂时的最大荷载（$P$），断裂时标线间距离（$L_1$），精确至 0.1mm，测试 5 个试件，若有试件断裂在标线外，应舍弃用备用件补测。

表 5-8 拉伸速度

| 产品类型 | 拉伸速度（mm/min） |
| --- | --- |
| 高延伸率涂料 | 500 |
| 低延伸率涂料 | 200 |

3. 结果计算

（1）拉伸强度

试件拉伸强度按式（5-26）进行计算：

$$T_L = \frac{P}{BD} \tag{5-26}$$

式中 $T_L$——拉伸强度，MPa；
$P$——最大拉力，N；
$B$——试件中间部位宽度，mm；
$D$——试件厚度，mm。

取 5 个试件的算术平均值作为试验结果，结果精确到 0.01MPa。

(2) 断裂伸长率

断裂伸长率按式（5-27）进行计算：

$$E = \frac{L_1 - L_0}{L_0} \times 100 \tag{5-27}$$

式中　$E$——断裂伸长率，%；
　　　$L_0$——试件起始标线间距离，25mm；
　　　$L_1$——试件断裂时标线间距离，mm。

取5个试件的算术平均值作为试验结果，结果精确到1%。

(3) 保持率

拉伸性能保持率按式（5-28）计算：

$$R_t = \frac{T_1}{T} \times 100 \tag{5-28}$$

式中　$R_t$——样品处理后拉伸性能保持率，%，结果精确到1%；
　　　$T$——样品处理前平均拉伸强度；
　　　$T_1$——样品处理后平均拉伸强度。

### 5.7.8　低温柔性的测定

1. 试验设备

（1）低温冰柜：控温精度±2℃。

（2）圆棒或弯板：直径10mm、20mm、30mm。

2. 试验步骤

本节主要介绍无处理情况下试样低温柔性的测定。将涂膜按要求裁取100mm×25mm试件3块进行试验。将试件和弯板或圆棒放入已调节到规定温度的低温冰柜的冷冻液中，温度计探头应与试件在同一水平位置，在规定温度下保持1h。然后在冷冻液中将试件绕圆棒或弯板在3s内弯曲180°，弯曲3个试件（无上、下表面区分），立即取出试件用肉眼观察试件表面有无裂纹、断裂。

3. 结果评定

所有试件应无裂纹。

### 5.7.9　低温弯折性的测定

1. 试验设备

（1）低温冰柜：控温精度±2℃。

（2）弯折仪、6倍放大镜等。

2. 试验步骤

将涂膜按要求裁取100mm×25mm试件3块进行试验，沿长度方向弯曲试件，将端部固定在一起，如此弯曲3个试件。调节弯折仪的两个平板间的距离为试件厚度的3倍。

放置弯曲试件在试验机上，放置翻开的弯折试验机和试件于调好规定温度的低温箱中。在规定温度放置1h后，在规定温度弯折试验机从超过90°的垂直位置到水平位置，1s内合上，保持该位置1s，整个操作过程在低温箱中进行。从试验机中取出试件，恢复到 $(23\pm5)$℃，用6倍放大镜检查试件弯折区域的裂纹或断裂。

3. 结果评定

所有试件应无裂纹。

### 5.7.10 不透水性的测定

1. 试验设备

(1) 不透水仪。

(2) 金属网：孔径为0.2mm。

2. 试验步骤

按要求裁取3个约为150mm×150mm试件，在标准条件下放置2h，试验在$(23\pm5)$℃进行，将装置中充水直到满出，彻底排除装置中空气。

将试件放置在透水盘上，再在试件上加一相同尺寸的金属网，盖上7孔圆盘，慢慢夹紧。用布或压缩空气干燥试件的非迎水面，慢慢加压到规定的压力。

达到规定压力后，保持压力$(30\pm2)$min。试验时观察试件的透水情况（水压突然下降或试件的非迎水面有水）。

3. 结果评定

所有试件在规定时间应无透水现象。

## 5.8 绝热材料稳态热性能试验

### 5.8.1 采用标准

《绝热材料稳态热阻及有关特性的测定　防护热板法》（GB/T 10294—2008）。

### 5.8.2 试验目的

测定绝热材料稳态热阻、传递系数，了解材料的绝热性质。

### 5.8.3 测定原理

在稳态条件下，在具有平行表面的均匀板状试件内，建立类似于以两个平行的温度均匀的平面为界的无限大平板中存在一维的均匀热流密度。

通过测定稳定状态下流过计量单元的一维恒定热流量、计量单元的面积和试件冷、热表面的温度差，可计算出试件的热阻。

### 5.8.4 试验设备

根据测定原理可建造两种形式的防护热板装置——双试件式和单试件式。双试件式装置中，由两个几乎相同的试件中夹一个加热单元，加热单元由一个圆或方形的中间加热器和两块金属面板组成。热流量由加热单元分别经两侧试件传递给两侧冷却单元（圆或方形的、均温的平板组件）[图5-22（a）]。

单试件式装置中，加热单元的一侧用绝热材料和背防护单元代替试件和冷却单元[图5-22（b）]。绝热材料的两表面应控制温差为零。

为便于试验室之间比较，推荐装置的标准尺寸系列如下：

①直径（或边长）为0.3m；

②直径（或边长）为0.5m；

③直径（或边长）为0.2m（仅用于测定匀质材料）；

④直径（或边长）为1.0m（用于测定厚度超过0.5m装置允许厚度的试件）。

### 5.8.5 试验过程

1. 概述

在进行测量之前，确定能用防护热板装置进行有效测量后，必须做出一系列决定，这些决定与希望或要求作为直接测量的结果的特定性质（如导热系数或热阻），或者与测量特性中任何相互关系（如导热系数或温度的函数或在给定温度下导热系数为密度的函数）有关，这些决定受以下因素影响：

（1）装置的尺寸和形式

一个特定尺寸的装置也许不能满足对所有厚度试件进行试验以直接测定，可以从它的最大极限厚度的测量值中内插得到所有要求的热特性。

（2）试件尺寸和数量

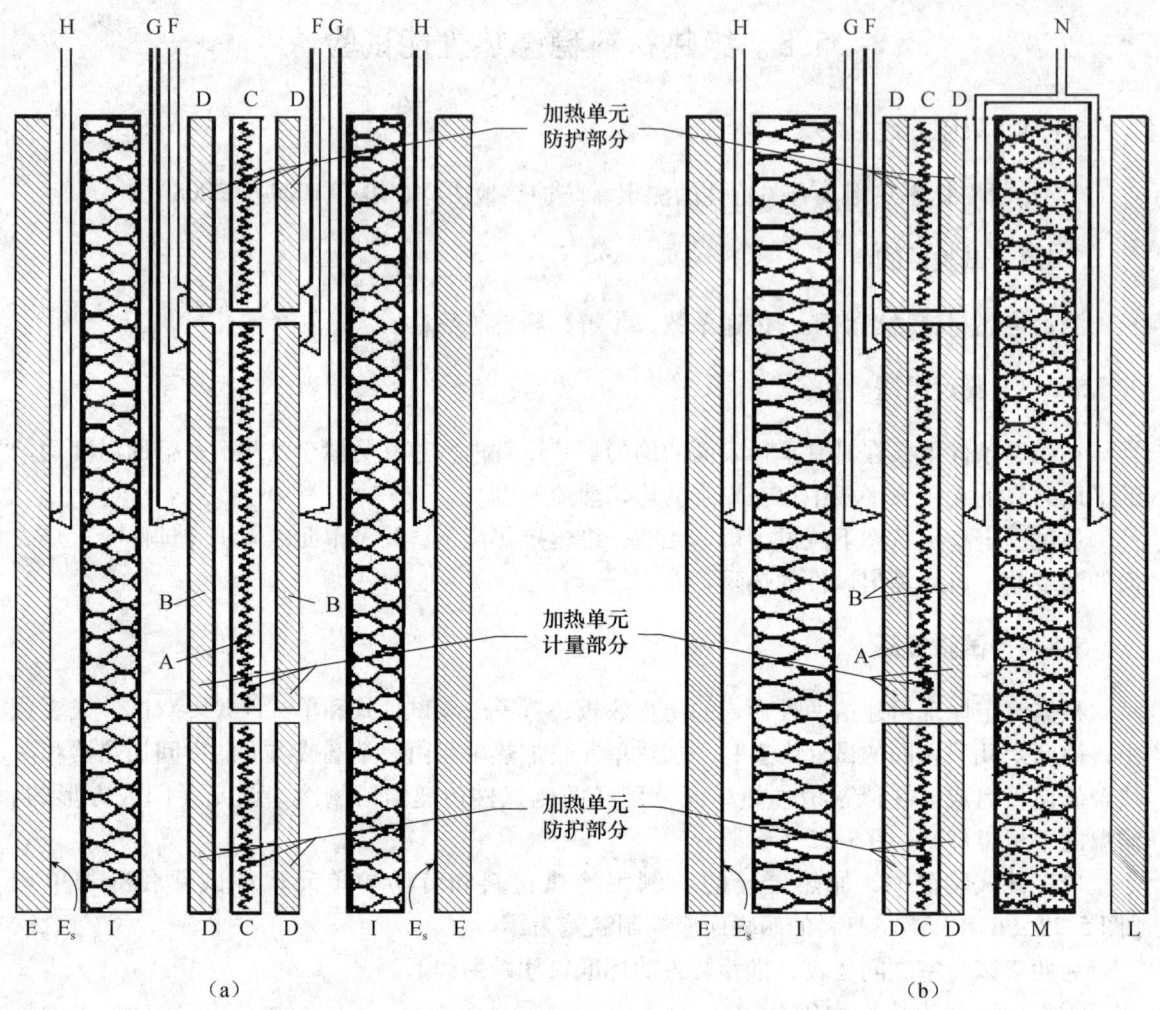

图 5-22 双试件和单试件防护热板法装置的一般特点

A—计量加热器；G—加热单元表面热电偶；B—计量面板；H—冷却单元表面热电偶；
C—防护加热器；I—试件；D—防护面板；L—背防护加热器；E—冷却单元；
M—背防护绝热层；$E_s$—冷却单元面板；N—背防护单元温差热电偶；F—温差热电偶

如果材料或系统在性质上是高度各向异性体，那么首先应决定防护热板法能否适用。

（3）在试件和装置之间插入低热阻薄片和在试件上安装温度传感器

该项旨在正确测量低热阻和硬质试件表面的温度。对于高热导率的试件，尤其是各向异性体材料，一些试验室将试件加工成与所用装置的计量单元、防护单元尺寸相应的中心和防护两部分或将试件制成与中心计量单元尺寸相同，而隔缝和防护单元部分用合适的绝热材料代替。

（4）试件放于防水汽套内

防止干燥后吸收湿气或在状态调节后含湿量变化。

（5）采用厚度支柱或在试件上施加压力

试件的平整度未达到保证与面板的良好接触，或者未达到要求中的平行度，或者在最终使用厚度相差很多的情况下采用该法。

2. 试件

（1）选择和尺寸

采用任何一种构造的装置，由于受边缘绝热、辅助防护加热单元和环境温度的影响，试件边缘的边界条件将制约试件的最大厚度。对于非均质的、复合的或层状试件，每层的平均导热系数应小于其他任何层的 2 倍。

试件的最小厚度受到接触热阻的限制。当要求测量导热系数、表观导热系数、热阻系数或传递系数时，还受到测厚仪表准确度的限制。

（2）制备

除松散试件外的材料，试件表面应用适当方法（常用砂纸、车床切削和研磨）加工平整，使试件与面板或插入的薄片能紧密接触。

测定松散材料时，试件的厚度至少为松散材料中的珠、颗粒、小薄片等平均尺寸的 10 倍。当这些颗粒是刚性时是最严格的情况。当不能满足要求时，应考虑用其他试验方法。

（3）状态调节

测定试件质量后，必须把试件放在干燥器或通风烘箱里，以材料适宜的温度（或材料产品标准中规定的温度）将试件调节到恒定的质量。

3. 测量

（1）测定质量

测定试件质量准确到 ±0.5%，称量后立即将试件放入装置中测定。

（2）测量厚度和密度

试件在测定状态的厚度由加热单元和冷却单元位置或在测定时测得的试件厚度确定。根据试件尺寸、质量计算试件在测定状态下的密度。

有些材料（如低密度的纤维材料）测量以计量区域为界的那部分密度，而不是整个试件的密度。这样可得到较正确的传热性质与密度之间的关系。

试验过程监视试件的厚度变化。

（3）温差选择

传热过程与试件的温差有关，应按照测定目的选择温差：

①按照材料产品标准中要求；

②按被测定试件或样品的使用条件；

③确定温度与热性质之间的关系时，温差尽可能小 5~10K；

④当要求试件内的传质减到最小时，按测定温差所需的准确度选择最低的温差。

（4）环境条件

当需要测定试件在空气中的传热性质时，调节防护热板组件周围气体的相对湿度，使其露点温度至少比冷却单元温度低 5K。当把试件封入气密性封袋内避免试件吸湿时，封袋与试件冷面接触的部分不应出现凝结水。

当在其他气体中测定时，应该在冷却之前用干气体吹除空气，温度在 77~230K 之间时，用干气体作为充填气体，并将装置放入密封箱中。

当需要测定试件在真空中的热性质时,在冷却之前先把系统抽真空。

(5) 热流量的测定

测量施加于计量面积的平均电功率,精确到±0.2%。

(6) 冷面控制

当使用双试件装置时,调节冷却面板温度使两个试件的温差差异不大于2%。

(7) 温差检测

测量加热面板和冷却面板的温度或试件表面温度以及计量与防护部分的温度不平衡程度。

(8) 过渡时间和测量间隔

为得到热性质的准确值,装置和试件必须有充分的热平衡时间。热平衡时间与装置的构造、控制方式、几何尺寸以及试件的热性质和厚度有关。热平衡时间延续到连续四组读数给出的热阻值的差别不超过±1%,并且不是单调地朝一个方向改变时结束。当试件内部有传质现象时,测定至少持续24h。

(9) 最终质量和厚度测量

所述的读取完成以后,测量试件的最终质量和厚度。

### 5.8.6 结果计算

1. 密度

计算测定时试件的密度:

$$\rho_d = \frac{M_2}{V} \tag{5-29}$$

$$\rho_s = \frac{M_3}{V} \tag{5-30}$$

式中 $\rho_d$——测定时干试件的密度,$kg/m^3$;

$\rho_s$——经过更复杂的调节过程后的试件的密度,$kg/m^3$;

$M_2$——干燥后试件的质量,kg;

$M_3$——更复杂调节过程后的试件质量,kg;

$V$——干燥或调节后试件所占体积,$m^3$。

2. 质量变化

计算材料因干燥所致的相对质量变化 $M_r$,或因更复杂的调节后的相对质量变化 $M_c$:

$$M_r = \frac{M_1 - M_2}{M_2} \tag{5-31}$$

$$M_c = \frac{M_1 - M_3}{M_3} \tag{5-32}$$

式中 $M_1$——接收受状态的材料质量,kg。

3. 热阻、传递系数

$$R = \frac{A(T_1 - T_2)}{\Phi} \tag{5-33}$$

$$T = \frac{\Phi d}{A(T_1 - T_2)} \tag{5-34}$$

式中 $R$——热阻，$m^2 \cdot K/W$；

$\Phi$——加热单元计量部分的平均加热功率，W；

$T_1$——试件热面温度平均值，K；

$T_2$——试件冷面温度平均值，K；

$d$——试件平均厚度，m；

$A$——试件的计量面积（双试件装置需乘以2），$m^2$。

4. 导热系数、热阻系数

材料的导热系数或热阻系数可用下式计算：

$$\lambda = \frac{\Phi d}{A(T_1 - T_2)} \tag{5-35}$$

$$r = \frac{1}{\lambda} = \frac{A(T_1 - T_2)}{\Phi d} \tag{5-36}$$

式中 $\lambda$——导热系数，$W/(m \cdot K)$；

$r$——热阻系数，$m \cdot K/W$。

# 5.9 建筑吸声产品吸声系数测量试验

## 5.9.1 采用标准

《声学 混响室吸声测量》（GB/T 20247—2006）。
《建筑吸声产品的吸声性能分级》（GB/T 16731—1997）。

## 5.9.2 试验目的

测定建筑吸声产品的吸声系数或吸声量，评定其吸声性能。

## 5.9.3 试验设备

1. 混响室：混响室容积不应小于 $150m^3$。容积超过 $500m^3$ 的混响室可能由于空气吸收而不能准确测量出高频段的吸声。
2. 声源设备。
3. 接收设备。

## 5.9.4 试件

1. 平面试件应为一整体，试件面积应为 $10\sim12m^2$。如果混响室容积大于 $200m^3$，则试件面积上限应乘以 $(V/200)^{2/3}$。
2. 平面试件形状为矩形时，其长宽比值应为 $0.7\sim1.0$。
3. 试件应距房间任何边界不小于 $1m$，但至少 $0.75m$。如果较重的试件可沿着墙壁垂直安装并直接落在地上，此时可不考虑距边界至少 $0.75m$ 的要求。
4. 分立物体（如坐椅、人等）宜按实际应用情况进行布置。
5. 以分立物体为试件时，测得的吸声量的改变量应为 $1\sim12m^2$。
6. 分立物体间距应至少 $2m$，如果试件只是一个物体，至少要测三个位置，每个位置间距至少 $2m$，并将测量结果平均。

## 5.9.5 混响时间的测量

1. 混响时间指声音已达到稳态后停止声源，平均声能密度自原始值衰变百万分之一（60dB）所需要的时间，单位为秒（s）。
2. 混响时间的测量应对以下中心频率的1/3倍频程序列进行测量：

| 100 | 125 | 160 | 200 | 250 | 315 | 400 | 500 | 630 |
| 800 | 1000 | 1250 | 1600 | 2000 | 2500 | 3150 | 4000 | 5000 |

3. 应设不同的传声器位置，位置间距至少 $1.5m$，距声源至少 $2m$，距房间任何表面和试件至少 $1m$。不同传声器位置测得的衰变曲线不应以任何方式合并。

空间独立测量的衰变曲线至少为 12 条。因此，传声器位置数与扬声器位置数的乘积至少为12，其中传声器位置数最少为3，声源位置数最少为2。

4. 中断声源法，使用扬声器作为声源，反馈给扬声器的信号为具有连续频谱的宽带或窄带噪声信号。当使用宽带噪声信号和实时分析仪时，该噪声信号的频谱应使混响室内两个相邻的 1/3 倍频程声压级的差值不超过 6dB。

声激励时间应足够长，在停止之前应能在需测的所有频带里产生稳态的声压级，声激励试件至少是混响时间预估值的一半。

必须将在某一传声器/扬声器位置测得的多个数据进行平均，以减小因统计偏差而引起测量不确定度，至少应有 3 个数据平均。如果希望中断声源法的可重复性与脉冲响应积分法的可重复性处于同一范围，则至少应有 10 个数据平均。

5. 脉冲响应积分法。脉冲响应可用脉冲声源，比如气球爆破、电火花或其他能产生足够频率宽度和能量的声源，直接进行测量。也可以用一种特殊声信号，只需对传声器信号做特殊处理即可得到脉冲响应。

6. 用于计算混响时间的衰变曲线应在稳态声级以下 5~25dB 范围内呈直线性。混响时间应为该段之平均斜率。所取线段的底端应比背景噪声至少高 15dB，并应注意不要过分延伸 20dB 的直线性范围至非直线性部分。

7. 按直线性的衰变曲线来处理的折线形衰变曲线时，应满足以下条件：每一段不应小于 10dB；将每段延长后，各自量得的斜率的差不应大于 10%。不符合要求的衰变曲线应从计算中排除。

8. 每一个 1/3 倍频程的混响时间应由每一个传声器或扬声器位置的每一次激发的所得结果求得算术平均值。空室的混响时间（$T_{60-1}$）和放入材料后的混响时间（$T_{60-2}$）都应计算到小数点后两位。

每一个 1/3 倍频程所测的衰变曲线数不应少于表 5-9 的规定。

表 5-9 衰变曲线数允许值

| 测量频率（Hz） | 衰变曲线数（条） | 每传声器或扬声器点的衰变曲线条数（条） |
| --- | --- | --- |
| 100~250 | 18 | 3 |
| 315~800 | 9 | 3 |
| 1000~5000 | 6 | 2 |

若被测试件在低频段的吸声系数较大时，应适当增加测量的曲线数。也可采用符合上述要求数目的曲线条数自动重叠读出平均值。

9. 在测量空室混响时间和放入材料的混响时间期间，室内的温度和相对湿度的变化应满足表 5-10 的要求。

表 5-10 测量期间的温度、湿度变化差值

| 相对湿度 | 相对湿度差值 | 温度差值（℃） | 最低温度（℃） |
| --- | --- | --- | --- |
| 40%~60% | 3% | 3 | 10 |
| 60% 以上 | 5% | 5 | 10 |

### 5.9.6 结果表达

1. 混响时间 $T_1$ 和 $T_2$ 的计算

混响室各个频带的混响时间由在该频带测得的所有混响时间的算术平均值表达。

空场混响室和有试件情况下分别测得的各个频带混响时间的平均值，$T_1$ 和 $T_2$，保留小数点后两位有效数字。

2. $A_1$、$A_2$ 和 $A_T$ 的计算

空场混响室的吸声量 $A_1$（单位：$m^2$）：

$$A_1 = \frac{55.3V}{c_1 T_1} - 4Vm_1 \tag{5-37}$$

式中  $V$——空场混响室容积，$m^3$；

　　　$c_1$——空场混响室条件下声音在空气中的传播速度，m/s；

　　　$T_1$——空场混响室的混响时间，s；

　　　$m_1$——空场混响室条件下的声强衰减系数，$m^{-1}$。可根据 $m = \dfrac{\alpha}{10\lg(e)}$ 计算求得，式中 $\alpha$ 为衰减系数。

放入试件后混响室的吸声量 $A_2$（单位：$m^2$）：

$$A_2 = \frac{55.3V}{c_2 T_2} - 4Vm_2 \tag{5-38}$$

式中  $c_2$——放入试件后混响室条件下声音在空气中的传播速度，m/s；

　　　$T_2$——放入试件后混响室的混响时间，s；

　　　$m_2$——放入试件后混响室条件下的声强衰减系数，$m^{-1}$。

试件吸声量 $A_T$（单位：$m^2$）：

$$A_T = A_2 - A_1 = 55.3V\left(\frac{1}{c_2 T_2} - \frac{1}{c_1 T_1}\right) - 4V(m_2 - m_1) \tag{5-39}$$

3. 吸声系数 $\alpha_s$ 的计算

$$\alpha_s = \frac{A_T}{S} \tag{5-40}$$

式中  $S$——试件面积，$m^2$。

4. 分立吸声体吸声量的计算

对于分立吸声体，通常用单个物体的吸声量 $A_{obj}$ 来表示结果：

$$A_{obj} = \frac{A_T}{n} \tag{5-41}$$

式中  $n$——被测物体数量。

对于规定的物体排列，用吸声系数来表示结果。

5. 结果表述

对于所有测量频带，应在测量报告中以表格和图形的方式给出下列结果：

（1）对于平面吸声体，吸声系数 $\alpha_s$。

(2) 对于单个物体,单个物体吸声量 $A_{obj}$。

(3) 对于规定的物体排列,吸声系数 $\alpha_s$。

试件吸声量应修约到 $0.1m^2$,吸声系数修约到 $0.01$。

图形表示中各数据点应用直线连接,横坐标以对数刻度表示频率,纵坐标以线性刻度表示吸声量或吸声系数。纵坐标上由 $A_T = 0$ 至 $A_T = 10m^2$ 或由 $\alpha_s = 0$ 至 $\alpha_s = 1$ 的距离与横坐标上 5 倍频程的距离之比应为 2:3。对于测量结果 $A_T \leq 3m^2$,纵坐标刻度范围可选择 $A_T = 0$ 至 $A_T = 5m^2$。

## 5.10 建筑材料色度、白度和光泽度测定

### 5.10.1 采用标准

《彩色建筑材料色度测量方法》（GB 11942—1989）。
《建筑材料与非金属矿产品白度测量方法》（GB/T 5950—2008）。
《建筑饰面材料镜向光泽度测定方法》（GB/T 13891—2008）。

### 5.10.2 试验目的

理解色度、白度和光泽度的定义，熟悉相关测试方法。

### 5.10.3 色度的测定

1. 适用范围

本节介绍的试验方法适用于非荧光彩色建筑材料（如陶瓷、涂料、玻璃钢、玻璃、水泥及壁纸等新型装饰材料）的色度测量。

2. 试验设备

（1）光谱光度计（带积分球的分光光度计）。
（2）简易型光谱光度计，应符合下列规定：
①波长范围为 400～700nm；
②波长半宽度应在 20nm 以内；
③测光精度在测光范围内满刻度的 0.5% 以内；
④仪器的标称波长与实际波长的偏离值不大于 0.5nm。
（3）光电积分类测色仪，应满足以下规定：
①全系统的光谱灵敏度满足标准色度系统的色匹配函数，并能直接测量物体的三刺激值和色品坐标；
②对选择中灰样品的测量，其宜复性应满足色差 $\Delta E(L^*、a^*、b^*) \leq h$；
③仪器对中灰样品的 $Y$ 值重复性不大于 0.2；
④仪器的稳定性在达到规定预热时间后半小时内 $Y$ 值漂移不大于 0.5；
⑤同型号仪器的 $Y$ 值台间差不大于 1%。

3. 试样的制备

（1）取样

粉末状或成型制品的样品按有关产品质量标准规定的取样方法取样。没有取样方法标准的产品，应取有代表性的试样。成型制品每批取样一般不少于三块（件）。

（2）试样的处理或试样板的制备

①粉体试样板的制备：采用恒压粉体压样器压制的粉体试样板，其表面应平整、无纹理、无疵点和污点。每批产品须压制三块试样板。

②成型制品试样的处理：在一般情况下不必烘样，但试样受潮影响其测量结果时，须将其置于 105～1100℃ 干燥箱中烘 1h。对干不耐高温的试样，须将其置于 60～65℃ 干燥箱中烘

1h 取出，置于干燥器中冷却至室温备用。

4. 测量

（1）仪器调校

按仪器使用说明预热，用黑筒和标准白板调校仪器。也可以用与试样颜色相近的工作色板定标。

（2）三刺激值的测量

①粉体试样的测量：分别将三块粉体试样板置于测量孔上，测量每块试样板的三刺激值，取三块测量结果的平均值。

②块状成型制品的测量：分别将三块块状制品的试样置于测量孔上，测量每块试样的三刺激值，取三块试样测量结果的平均值。

③异状成型制品的测量：异状成型制品须测量其可见部分的相同的平整部位。无平整部位的试样，可用小探头测量其规定的相同部位。对有特殊要求的产品，可根据需要确定其测量部位。分别测量三件试样的三刺激值，取三件试样测量结果的平均值。

（3）色差的测量

①每批产品须取一有代表性试样作为标准样与每一分割样进行对比测量，测量出该批产品的色差 $\Delta E$。

②对于大件成型制品，以表面任一点为标准与其他部位点进行对比测量，测量出该产品的色差 $\Delta E$。

5. 测量结果的计算和表示方法

（1）不同照明体下的色品坐标采用下列公式计算：

$$x_{10} = \frac{X_{10}}{X_{10} + Y_{10} + Z_{10}} \tag{5-42}$$

$$y_{10} = \frac{Y_{10}}{X_{10} + Y_{10} + Z_{10}} \tag{5-43}$$

$$z_{10} = \frac{Z_{10}}{X_{10} + Y_{10} + Z_{10}} = 1 - x_{10} - y_{10} \tag{5-44}$$

$$x = \frac{X}{X + Y + Z} \tag{5-45}$$

$$y = \frac{Y}{X + Y + Z} \tag{5-46}$$

$$z = \frac{Z}{X + Y + Z} = 1 - x - y \tag{5-47}$$

式中 $X_{10}$、$Y_{10}$、$Z_{10}$ 和 $X$、$Y$、$Z$——分别为 10°和 2°视场的三刺激值；

$x_{10}$、$y_{10}$、$z_{10}$ 和 $x$、$y$、$z$——分别为 10°和 2°视场的色品坐标。

计算结果修约至小数点后四位。以刺激值 $Y_{10}$（或 $Y$）和色品坐标 $x_{10}$、$y_{10}$（或 $x$、$y$）表示结果。

（2）试样的 $L^*$、$a^*$、$b^*$ 按下列公式计算：

$$L^* = 116(Y/Y_n)^{1/n} - 16 \tag{5-48}$$

$$Y/Y_n > 0.008856$$

$$L^* = 903.3(Y/Y_n) \tag{5-49}$$
$$Y/Y_n \leqslant 0.008856$$
$$a^* = 500[f(X/X_n) - f(Y/Y_n)] \tag{5-50}$$
$$b^* = 200[f(Y/Y_n) - f(Z/Z_n)] \tag{5-51}$$

式中  $f(X/X_n) = (X/X_n)^{1/8}$

  $X/X_n > 0.008856$

  $f(X/X_n) = 7.787(X/X_n) + 16/116$

  $X/X_n \leqslant 0.008856$

  $f(Y/Y_n) = (Y/Y_n)^{1/8}$

  $Y/Y_n > 0.008856$

  $f(Y/Y_n) = 7.787(Y/Y_n) + 16/116$

  $Y/Y_n \leqslant 0.008856$

  $f(Z/Z_n) = (Z/Z_n)^{1/8}$

  $Z/Z_n > 0.008856$

  $f(Z/Z_n) = 7.787(Z/Z_n) + 16/116$

  $Z/Z_n \leqslant 0.008856$

$X$、$Y$、$Z$——试样的三刺激值；

$X_n$、$Y_n$、$Z_n$——完全反射散射体在标准照明体下的三刺激值（表5-11）。

表5-11  完全反射漫射在标准照明体下的三刺激值和色品坐标

| 三刺激值及色品坐标 | $\lambda = 380 \sim 780$nm | $\Delta\lambda = 15$nm |
|---|---|---|
|  | 2℃ | 10°$D_{60}$ |
| $X_n$ | 98.07 | 94.81 |
| $Y_n$ | 100.00 | 100.00 |
| $Z_n$ | 118.23 | 107.32 |
| $x_n$ | 0.3101 | 0.3138 |
| $y_n$ | 0.3162 | 0.3310 |

计算结果修约至小数点后两位，以明度指数 $L^*$ 和色品指数 $a^*$、$b^*$ 表示结果。

（3）色差 $\Delta E_{ab}^*$ 按下式计算：

$$\Delta E_{ab}^* = [(\Delta L^*)^2 + (\Delta a^*)^2 + (\Delta b^*)^2]^{1/n} \tag{5-52}$$

式中  $\Delta E_{ab}^*$——两被测试样间的色差；

  $\Delta L^*$——两被测试样的明度指数之差；

  $\Delta a^*$、$\Delta b^*$——两被测试样的色品指数之差。

计算结果修约至小数点后一位。

（4）颜色按习惯也可用明度 $\Delta L^*$ 和彩度 $C_{ab}^*$ 及色调角 $h_{ab}^*$ 表示：

$$C_{ab}^* = (a^{*2} + b^{*2})^{1/2} \tag{5-53}$$

$$h_{ab} = [\arctg(b^*/a^*)] \tag{5-54}$$

式中 $h_{ab}$——在 0°~360°之间。

两试样的明度差 $\Delta L^*$，彩度差 $\Delta C_{ab}^*$ 和色调差 $\Delta H_{ab}^*$ 按下列公式计算：

$$\Delta L^* = L_1 - L_2 \tag{5-55}$$

$$\Delta C_{ab}^* = C_{ab1}^* - C_{ab2}^* \tag{5-56}$$

$$\Delta H_{ab}^* = K_H |[(\Delta E_{ab}^*)^2 - (\Delta L^*)^2 - (\Delta C_{ab}^*)^2]^{1/2}| \tag{5-57}$$

式中 $K_H = +1$，$(a_2^* b_1^* - a_1^* b_2^*) \geq 0$；
$K_H = -1$，$(a_2^* b_1^* - a_1^* b_2^*) < 0$。

计算结果修约至小数点后一位。明度差 $\Delta L^*$、彩度差 $\Delta C_{ab}^*$ 和色调差 $\Delta H_{ab}^*$ 表示结果。

### 5.10.4 白度的测定

1. 试验方法

当光谱反射比均为1的理想完全反射漫射体的白度为100，光谱反射比均为0的绝对黑体白度为0时，根据相关标准测出试样的三刺激值，再用所规定的公式计算白度。

2. 试验设备

（1）光谱测色仪。
（2）光电积分类测色仪。
（3）标准白板。

3. 试样

（1）取样和处理

①按样品标准规定的取样方式取样，没有取样方法标准的产品应取有代表性的试样，成型制品一般不少于3件。

②滑石粉的水分应不大于0.2%，高岭土试样全部通过0.106mm筛孔后于80~90℃烘干至水分不大于1.5%，并在干燥器中冷却至室温后备用。以喷雾干燥器等非研磨工艺成型的高岭土产品，应取适量试样加水调成糊状后，烘干研磨成粉体并全部通过0.106mm筛孔后备用。白色陶瓷试样一般情况下不必烘样，如试样受潮影响白度时，需在105~110℃干燥箱中烘4h，置于干燥器中冷至室温备用。制样过程中应防止试样的污染。

（2）制样

①白色粉末状试样板的制备。取一定量的粉末状试样放入压样器中，压制成表面平整、无纹理、无疵点、无污点的试样板。每批试样在相同条件下压制3件试样板。

②其他白色试样如陶瓷、涂料等，参照其标准制样。

4. 测量

（1）仪器的调校：按仪器使用说明预热稳定仪器，调零。使用标准白板调校仪器。
（2）按照前述方法测量三刺激值。

5. 测量结果的计算

白度 $W$ 和 $W_{10}$ 分别按照下列式子进行计算：

$$W = Y + 800(x_n - x) + 1700(y_n - y) \tag{5-58}$$

$$W_{10} = Y_{10} + 800(x_{n,10} - x_{10}) + 1700(y_{n,10} - y_{10}) \tag{5-59}$$

式中　$W$——样品在 $XYZ$ 色度学系统的白度；
　　　$Y$——样品在 $XYZ$ 色度学系统的的三刺激值中 $Y$ 的值；
　　$x$、$y$——样品在 $XYZ$ 色度学系统的三色坐标中的 $x$、$y$ 值；
　　$x_n$、$y_n$——完全反射漫反射体在 $XYZ$ 色度学系统的三色坐标中 $x_n$、$y_n$ 值（表5-12）；
　　$W_{10}$——样品在 $X_{10}$、$Y_{10}$、$Z_{10}$ 色度学系统的白度；
　　$Y_{10}$——样品在 $X_{10}$、$Y_{10}$、$Z_{10}$ 色度学系统的三色坐标中 $Y_{10}$ 值；
　$x_{10}$、$y_{10}$——样品在 $X_{10}$、$Y_{10}$、$Z_{10}$ 色度学系统的三色坐标中 $x_{10}$、$y_{10}$ 值；
$x_{n,10}$、$y_{n,10}$——完全反射漫反射体在 $X_{10}$、$Y_{10}$、$Z_{10}$ 色度学系统的三色坐标中 $x_{n,10}$、$y_{n,10}$ 值（表5-12）。

表 5-12　完全反射漫反射体在 $D65$ 标准照明体下的三刺激值和三色坐标

| 项目 | | 5nm | 10nm |
|---|---|---|---|
| XYZ 色度学系统 | $X_n$ | 95.04 | 95.02 |
| | $Y_n$ | 100.00 | 100.00 |
| | $Z_n$ | 108.88 | 108.81 |
| | $x_n$ | 0.3127 | 0.3127 |
| | $y_n$ | 0.3290 | 0.3290 |
| | $X_{n,10}$ | 94.81 | 94.83 |
| | $Y_{n,10}$ | 100.00 | 100.00 |
| | $Z_{n,10}$ | 107.32 | 107.38 |
| | $x_{n,10}$ | 0.3138 | 0.3138 |
| | $y_{n,10}$ | 0.3310 | 0.3309 |

6. 结果处理

以三块试样板的白度平均值作为试样的白度。当三块粉体试样板的白度值中有一个超过平均值的 ±0.5 时，应予以剔除，取其与两个测量值的平均值作为白度结果；如果有两个超过平均值的 ±0.5 时，应重新测量。同一试验室内偏差不应超过 0.5。

### 5.10.5　镜向光泽度的测定

1. 镜向光泽度

镜向光泽度是指在规定的光源和接收角的条件下，从物体镜向方向的反射光通量与折射率为 1.567 的玻璃上镜向方向的反射光通量的比值。为了测定镜向光泽度，对于 20°、60° 和 85° 几何角度采用折射率为 1.567 的完善抛光黑玻璃规定其光泽度值为 100。

2. 试验设备

（1）光泽度计

光泽度计利用光反射原理对试样的光泽度进行测量。即：规定入射角和规定光束条件下照射试样，得到镜向反射角方向的光束。其主要构造包括光源、透镜、接收器和显示仪表等。其测量原理如图5-23所示。

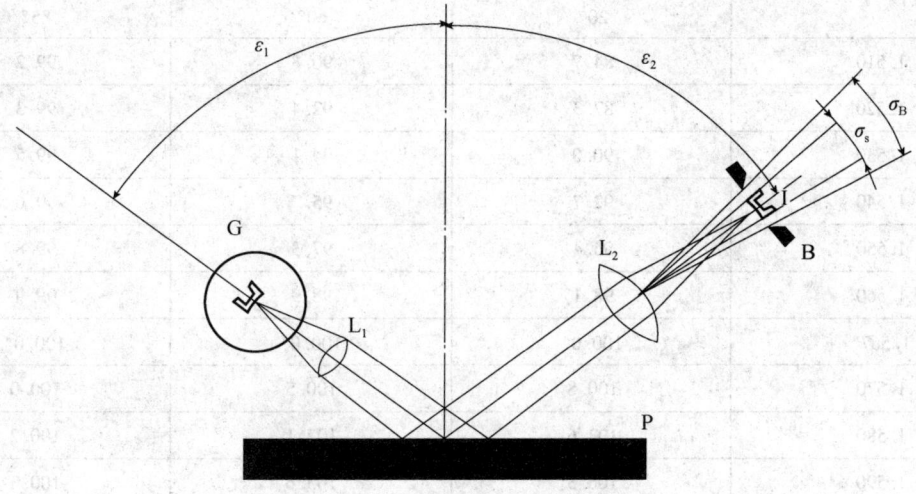

图5-23 光泽度计装置示意图

G—光源；$L_1$，$L_2$—透镜；B—接收器视场光阑；P—被测试样；
$\varepsilon_1 = \varepsilon_2$；$\sigma_B$—接收器孔径角；$\sigma_s$—光源像角；I—光源影像

（2）标准版

①基准板：以完善抛光的黑玻璃作为基准板，当用干涉光方法进行测定时，上表面每厘米内干涉条纹不大于两条。

玻璃应该具有一定的折射率，在波长为587.6nm处折射率为1.567的光泽度值规定为100。如果没有这种折射率的玻璃，必须进行校正。三种入射角在黑玻璃上的光泽度值见表5-13。

表5-13 抛光黑玻璃镜向光泽度值

| 折射率 $n$ | 反射角 | | |
|---|---|---|---|
| | 20° | 60° | 85° |
| 1.400 | 57.0 | 71.9 | 96.6 |
| 1.410 | 59.4 | 73.7 | 96.9 |
| 1.420 | 61.8 | 75.5 | 97.2 |
| 1.430 | 64.3 | 77.2 | 97.5 |
| 1.440 | 66.7 | 79.0 | 97.6 |
| 1.450 | 69.2 | 80.7 | 98.0 |
| 1.460 | 71.8 | 82.4 | 98.2 |
| 1.470 | 74.3 | 84.1 | 98.4 |
| 1.480 | 76.9 | 85.8 | 98.6 |
| 1.490 | 79.5 | 87.5 | 98.8 |
| 1.500 | 82.0 | 89.1 | 99.0 |

续表

| 折射率 n | 反射角 | | |
|---|---|---|---|
| | 20° | 60° | 85° |
| 1.510 | 84.7 | 90.8 | 99.2 |
| 1.520 | 87.3 | 92.4 | 99.3 |
| 1.530 | 90.0 | 94.1 | 99.5 |
| 1.540 | 92.7 | 95.7 | 99.6 |
| 1.550 | 95.4 | 97.3 | 99.8 |
| 1.560 | 98.1 | 98.9 | 99.9 |
| 1.567[a] | 100.0[a] | 100.0[a] | 100.0[a] |
| 1.570 | 100.8 | 100.5 | 100.0 |
| 1.580 | 103.6 | 102.1 | 100.2 |
| 1.590 | 106.3 | 103.6 | 100.3 |
| 1.600 | 109.1 | 105.2 | 100.4 |
| 1.610 | 111.9 | 106.7 | 100.5 |
| 1.620 | 114.3 | 108.4 | 100.6 |
| 1.630 | 117.5 | 109.8 | 100.7 |
| 1.640 | 120.4 | 111.3 | 100.8 |
| 1.650 | 123.2 | 112.8 | 100.9 |
| 1.660 | 126.1 | 114.3 | 100.9 |
| 1.670 | 129.0 | 115.8 | 101.0 |
| 1.680 | 131.8 | 117.3 | 101.1 |
| 1.690 | 134.7 | 118.8 | 101.2 |
| 1.700 | 137.6 | 120.3 | 101.2 |
| 1.710 | 140.5 | 121.7 | 101.3 |
| 1.720 | 143.4 | 123.2 | 101.3 |
| 1.730 | 146.4 | 124.6 | 101.4 |
| 1.740 | 149.3 | 126.1 | 101.4 |
| 1.750 | 152.2 | 127.5 | 101.5 |
| 1.760 | 155.2 | 128.9 | 101.5 |
| 1.770 | 158.1 | 130.4 | 101.6 |
| 1.780 | 161.1 | 131.8 | 101.6 |
| 1.790 | 164.0 | 133.2 | 101.6 |
| 1.800 | 167.0 | 134.6 | 101.7 |

a 标准板

②工作板：可用瓷砖、不透明玻璃和抛光黑玻璃或其他光泽一直的材料做成，但必须有极平的平面，并在指定的区域和照射方向上，对照标准板进行校正。

③零标准板：应该使用适当的标准（例如一个装有黑缎面、黑毛毡的盒子）检查光泽度计的零点。

(3) 钢板尺：最小刻度1.0mm。

3. 试样

(1) 试样要求：试样表面应平整、光滑，无翘曲、波纹、突起等外观缺陷。

(2) 试样规格：每组试样的数量和抽样方法由相关产品标准规定，规格和测点见表5-14。

表5-14 试样规格和测点

| 试样 | 规格 $a \times b$(mm) | 测点（个） |
| --- | --- | --- |
| 大理石板材<br>花岗石板材<br>水磨石板材 | $>600 \times 600$<br>$\leq 600 \times 600$ | 9<br>5 |
| 陶瓷砖 | $>600 \times 600$<br>$\leq 600 \times 600$ | 9<br>5 |
| 塑料地板 | $300 \times 300$ | 5 |
| 玻璃纤维增强塑料板材 | $150 \times 150$ | 10 |

注：特殊形状或规格尺寸的试样，测点熟料与位置根据实际情况而定。

4. 试验步骤

(1) 仪器准备

在每一个操作周期开始和操作过程中应有足够的频次对仪器进行校准。

(2) 零点核对

在光泽度计开机稳定后，使用零标准板检查，调节零点。若无调零装置，则使用零标准板检查零点。如果读数不在 $0 \pm 0.1$ 光泽单位内，在以后的读数中要减去偏移数。

(3) 测量

对光泽度计进行检查后，按图5-24所示测点位置进行测定。其中：

①大理石、花岗石、水磨石、陶瓷砖等规格不大于 $(600 \times 600)$mm 的试样，五个测点。即板材中心与四角定四个测点，如图5-24（a）所示；规格大于 $(600 \times 600)$mm 的试样，九个测点，即四周边三个测点，中心一个测点，如图5-24（b）所示。

②塑料地板、纤维增强塑料板材，共确定10个测点。即板材中心与四角定四个测点，然后再将光泽度计转90°，再测定五个测点，如图5-24（a）所示、图5-24（c）所示。

(4) 在每组试样测量中应该保持相同的几何角度。

5. 结果计算

(1) 测定大理石、花岗石、水磨石、陶瓷砖等取五点或九点的算术平均值作为该试样的试验结果；测定塑料地板与纤维增强塑料板材光泽度时，取每块试样10点的算术平均值作为该试样的试验结果。计算精确至0.1光泽单位。

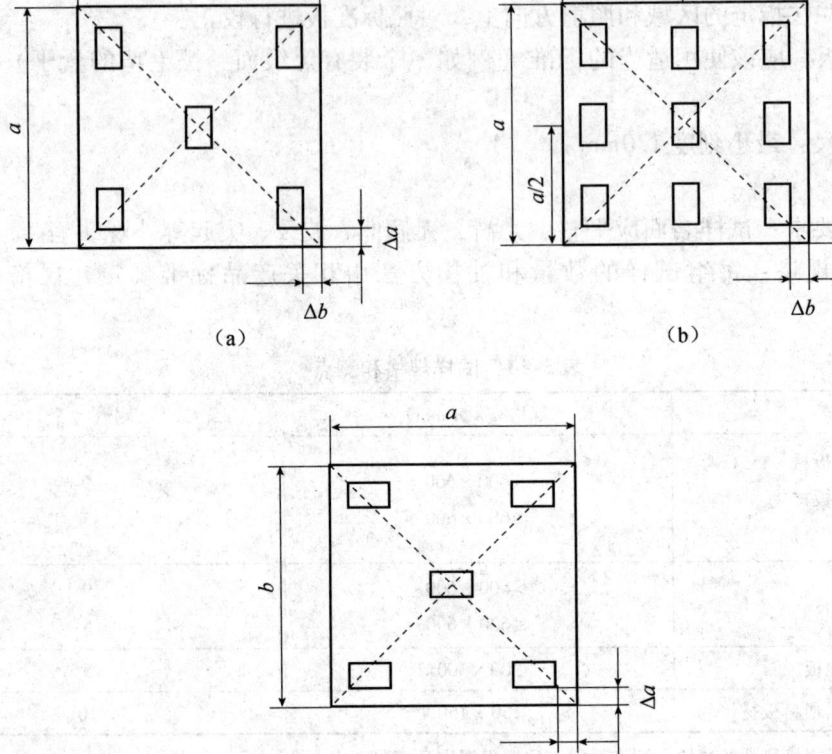

图 5-24 测点布置示意图

$\Delta a$、$\Delta b$：光泽度计边缘与试样边缘的距离/陶瓷砖为30mm；其他试样为10mm。

（2）以每组试样的平均值作为被测建筑饰面材料的镜向光泽度值。

# 附录　本书引用与涉及的有关标准

（1）《天然饰面石材试验方法　第3部分：体积密度、真密度、真气孔率、吸水率试验方法》（GB/T 9966.3—2001）
（2）《水泥化学分析方法》（GB/T 176—2008）
（3）《水泥原料易磨性测试方法》（JC/T 734—2005）
（4）《水泥生料易烧性试验方法》（JC/T 735—2005）
（5）《用于水泥中的粒化高炉矿渣》（GB/T 203—2008）
（6）《用于水泥和混凝土中的粉煤灰》（GB/T 1596—2005）
（7）《水泥细度检验方法　筛析法》（GB/T 1345—2005）
（8）《水泥比表面积测定方法　勃氏法》（GB/T 8074—2008）
（9）《勃氏透气仪》（JCT 956—2005）
（10）《化学分析滤纸》（GB/T 1914—2007）
（11）《水泥细度和比表面积标准样品》（GSB 14—1511—2007）
（12）《水泥标准稠度用水量、凝结时间、安定性检验方法》（GB/T 1346—2001）
（13）《净浆搅拌机》（JC/T 729—2005）
（14）《水泥胶砂强度检验方法（ISO）》（GB/T 17671—1999）
（15）《行星式水泥胶砂搅拌机》（JC/T 681—2005）
（16）《水泥胶砂试模》（JC/T 726—2005）
（17）《水泥胶砂试体成型振动台》（JC/T 682—2005）
（18）《水泥胶砂电动抗折试验机》（JC/T 724—2005）
（19）《40mm×40mm 水泥抗压夹具》（JC/T 683—2005）
（20）《水泥胶砂流动度测定方法》）（GB/T 2419—2005）
（21）《水泥胶砂流动度测定仪》（JC/T 958—2005）
（22）《水泥水化热测定方法》（GB/T 12959—2008）
（23）《分析实验室用水规格和试验方法》（GB/T 6682—2008）
（24）《膨胀水泥膨胀率试验方法》（JC/T 313—2009）
（25）《建筑石灰试验方法　物理试验方法》（JC/T 478.1—1992）
（26）《建筑石膏》（GB/T 9776—2008）
（27）《建筑石膏一般试验条件》（GB/T 17669.1—1999）
（28）《建筑石膏结晶水含量的测定》（GB/T 17669.2—1999）
（29）《建筑石膏力学性能的测定》（GB/T 17669.3—1999）
（30）《建筑石膏净浆物理性能的测定》（GB/T 17669.4—1999）

(31)《建筑砂浆基本性能试验方法》(JGJ/T 70—2009)
(32)《普通混凝土用砂、石质量及检验方法标准》(JGJ 52—2006)
(33)《普通混凝土拌合物性能试验方法》(GB/T 50080—2002)
(34)《普通混凝土力学性能试验方法》(GB/T 50081—2002)
(35)《普通混凝土长期性能和耐久性能试验方法标准》(GB/T 50082—2009)
(36)《混凝土外加剂》(GB 8076—2008)
(37)《高强高性能混凝土用矿物外加剂》(GB/T 18736—2002)
(38)《用于水泥和混凝土中的粒化高炉矿渣粉》(GB/T 18046—2008)
(39)《预应力高强混凝土管桩用硅砂粉》(JC/T 950—2005)
(40)《金属材料 室温拉伸试验方法》(GB 228—2002)
(41)《金属材料 弯曲试验方法》(GB 232—1999)
(42)《钢筋混凝土用热轧带肋钢筋》(GB 1499.2—2007)
(43)《钢筋混凝土用热轧光圆钢筋》(GB 1499.1—2008)
(44)《木材物理力学试验方法总则》(GB/T 1928—2009)
(45)《木材含水率测定方法》(GB/T 1931—2009)
(46)《木材顺纹抗压强度试验方法》(GB/T 1935—2009)
(47)《木材抗弯强度试验方法》(GB/T 1936.1—2009)
(48)《木材顺纹抗剪强度试验方法》(GB/T 1937—2009)
(49)《木材顺纹抗拉强度试验方法》(GB/T 1938—2009)
(50)《砌墙砖试验方法》(GB/T 2542—2003)
(51)《烧结普通砖》(GB 5101—2003)
(52)《砌墙砖检验规则》(JC 466—1996)
(53)《石油沥青取样法》(GB/T 11147—1989)
(54)《沥青软化点测定法》(GB/T 4507—1999)
(55)《沥青延度测定法》(GB/T 4508—1999)
(56)《沥青针入度测定法》(GB/T 4509—1998)
(57)《公路工程沥青及沥青混合料试验规程》(JTJ 052—2000)
(58)《建筑密封材料试验方法》(GB/T 13477—2002)
(59)《建筑密封材料术语》(GB/T 14682—2006)
(60)《建筑防水涂料试验方法》(GB/T 16777—2008)
(61)《绝热材料稳态热阻及有关特性的测定 防护热板法》(GB/T 10294—2008)
(62)《声学 混响室吸声测量》(GB/T 20247—2006)
(63)《建筑吸声产品的吸声性能分级》(GB/T 16731—1997)
(64)《彩色建筑材料色度测量方法》(GB 11942—1989)
(65)《建筑材料与非金属矿产品白度测量方法》(GB/T 5950—2008)
(66)《建筑饰面材料镜向光泽度测定方法》(GB/T 13891—2008)

# 参考文献

[1] 施惠生. 无机材料实验 [M]. 上海：同济大学出版社, 2003.
[2] 施惠生. 土木工程材料——性能、应用与生态环境 [M]. 北京：中国电力出版社, 2008.
[3] 吴科如, 张雄. 土木工程材料（第二版）[M]. 上海：同济大学出版社, 2008.
[4] 陈志源, 李启令. 土木工程材料 [M]. 武汉：武汉理工大学出版社, 2003.
[5] 施惠生, 孙振平, 邓恺. 混凝土外加剂实用技术大全 [M]. 北京：中国建材工业出版社, 2008.
[6] 王忠德, 张彩霞, 方碧华, 崔国庆. 实用建筑材料试验手册（第三版）[M]. 北京：中国建筑工业出版社, 2008.
[7] 施惠生. 材料概论（第二版）[M]. 上海：同济大学出版社, 2009.
[8] 冯乃谦. 实用混凝土大全 [M]. 北京：科学出版社, 2001.
[9] 钱觉时. 粉煤灰特性与粉煤灰混凝土 [M]. 北京：科学出版社, 2002.
[10] 姜玉英. 水泥工艺实验 [M]. 武汉：武汉工业大学出版社, 1992.
[11] 中国建筑材料科学研究院水泥所. 水泥及其原材料化学分析 [M]. 北京：中国建筑工业出版社, 1995.
[12] 中国建材院水泥所. 水泥性能及其检验 [M]. 北京：中国建材工业出版社, 1994.
[13] 吴中伟, 张鸿直. 膨胀混凝土 [M]. 北京：中国铁道出版社, 1990.
[14] 刘秉京. 混凝土技术 [M]. 北京：人民交通出版社, 2001.
[15] 张承志. 商品混凝土 [M]. 北京：化学工业出版社, 2006.
[16] 赵述智, 王忠德. 实用建筑材料试验手册 [M]. 北京：中国建筑工业出版社, 1998.
[17] 冯乃谦. 高性能混凝土 [M]. 北京：中国建筑工业出版社, 1996.
[18] 张雄. 建筑功能外加剂 [M]. 北京：化学工业出版社, 2004.
[19] 迟培云, 吕平, 周宗辉. 现代混凝土技术 [M]. 上海：同济大学出版社, 1999.
[20] 施惠生. 无机非金属材料实验 [M]. 上海：同济大学出版社, 1999.